石羊河流域水资源承载力评价研究

张恒嘉　主编

中国水利水电出版社
www.waterpub.com.cn
·北京·

内 容 提 要

　　本书共分为 6 章，在兼收并蓄国内外相关水资源评价和利用研究成果的基础上，旨在探索石羊河流域水资源承载力及其可持续利用，包括民勤荒漠绿洲过渡带斑块状植被区土壤水分空间异质性及其动态模拟、民勤绿洲地下水埋深动态变化及其影响因子研究、民勤绿洲生态适宜程度评价与绿洲干旱驱动机制解析、基于改进模糊综合法的民勤绿洲水资源承载力评价研究、基于组合赋权法和主成分分析法的武威市水资源承载力评价和基于改进生态足迹模型的民勤绿洲水资源可持续利用评价。

　　本书作为一部学术专著，注重理论和方法创新，更注重技术的集成与应用，可供本专业学者和研究人员阅读参考，也可作为水利和农业科研院所、大专院校及水利、园林管理部门相关人员的参考用书。

图书在版编目（CIP）数据

石羊河流域水资源承载力评价研究 / 张恒嘉主编.
北京 ： 中国水利水电出版社，2025. 2. -- ISBN 978-7
-5226-3137-0
　　Ⅰ. TV213.4
中国国家版本馆CIP数据核字第2025ZT0992号

书　　名	**石羊河流域水资源承载力评价研究** SHIYANG HE LIUYU SHUIZIYUAN CHENGZAILI PINGJIA YANJIU
作　　者	张恒嘉　主编
出 版 发 行	中国水利水电出版社 （北京市海淀区玉渊潭南路 1 号 D 座　100038） 网址：www. waterpub. com. cn E - mail：sales@mwr. gov. cn 电话：（010）68545888（营销中心）
经　　售	北京科水图书销售有限公司 电话：（010）68545874、63202643 全国各地新华书店和相关出版物销售网点
排　　版	中国水利水电出版社微机排版中心
印　　刷	北京印匠彩色印刷有限公司
规　　格	184mm×260mm　16 开本　15.5 印张　377 千字
版　　次	2025 年 2 月第 1 版　2025 年 2 月第 1 次印刷
定　　价	**78.00 元**

本 书 编 委 会

主　编　张恒嘉　（聊城大学）

副主编　周晨莉　（聊城大学）

编　者（按姓氏拼音排序）

陈谢田　邓浩亮　纪永福　姜田亮

李福强　任晓燕　石媛媛　孙栋元

王雅云　杨　斌　殷　强　张德仲

前 言
FOREWORD

石羊河是我国西北干旱内陆河之一,其下游的民勤绿洲是甘肃武威盆地的绿色屏障,有效缓解了巴丹吉林沙漠和腾格里沙漠的进一步合围之势,对河西地区乃至整个西北的生态环境建设有着极其重要的作用。过去几十年里,由于缺乏对水资源的合理规划和管理,石羊河中上游水资源利用过度,下游来水量锐减,人们为了生存被迫开采地下水,导致地下水位连年下降,依赖地下水生存的绿洲防风固沙林和灌丛草地植物大面积枯死,绿洲退化、土地沙化等生态问题日益突出,严重影响流域生态环境稳定和社会经济可持续发展。究其原因,是流域内水资源开发利用已远超其承载能力。因此,对石羊河流域尤其是下游民勤绿洲水资源承载力进行综合评价,探明区域水资源、社会经济和生态环境构成的复杂系统组分间的关系,揭示该系统各变量间的协调关系,分析评价绿洲水资源可持续利用现状,对流域生态环境改善和社会经济发展具有重要的指导意义。《石羊河流域水资源承载力评价研究》就是作者及其负责的"作物水分高效利用与节水机理"学术团队和"特色园林园艺植物水土环境调控"科研团队在此领域多年探索的结晶。

本书涉及的研究内容得到聊城大学高层次人才科研启动费项目(318042401)、国家自然科学基金(52269008,51669001)、甘肃省重点研发计划项目(18YF1NA073,1604NKCA047)、甘肃省高等学校产业支撑计划项目(2022CYZC-51)和聊城大学风景园林强特色学科开放课题(31946221236)的资助。在本书付梓之际,我们要感谢上述项目的资助。

本书共分为6章,在兼收并蓄国内外相关水资源评价和利用研究成果的基础上,积极吸收农业水土工程学科和生态水文学科最新研究成果,详细论述了石羊河流域水资源承载力评价研究的理论与技术,旨在探索石羊河流域水资源承载力及其可持续利用。第1章主要论述民勤荒漠绿洲过渡带斑块状植被区土壤水分空间异质性及其动态模拟，第 2 章主要论述民勤绿洲地下水埋深动态变化及其影响因子研究，第 3 章主要论述民勤绿洲生态适宜程度评价与绿洲干旱驱动机制解析，第 4 章主要论述基于改进模糊综合法的民勤绿洲水资源承载力评价研究，第 5 章主要论述基于组合赋权法和主成分分析法的武威市水资源承载力评价，第 6 章主要论述基于改进生态足迹模型的民勤绿洲水资源可持续利用评价。

本书作为一部学术专著，既注重理论和方法创新，同时又注重技术集成与应用，相关研究结论是石羊河流域水资源承载力评价与可持续利用研究的新进展，不仅可供本专业学者和研究人员阅读参考，也是水利和农业科研院所、大专院校及水利、园林管理部门相关人员的有益参考书。

鉴于编者水平有限，难免存在缺陷与纰漏，欢迎广大读者批评指正。

作者

2024 年 9 月

目　录

CONTENTS

第1章 民勤荒漠绿洲过渡带斑块状植被区土壤水分空间异质性及其动态模拟

1.1 研究背景及意义

1.1.1 研究背景

西北干旱区位于中纬度地带的欧亚大陆腹地，远离海洋，地貌格局具有高大山、盆相间的特点。受此地貌格局的影响，东南沿海的海洋水汽无法大量穿越到达大陆中心，形成了西北内陆降雨稀少、气候干燥的气象特点，属于典型的干旱或极度干旱气候。水资源严重匮乏和分布不均匀是西北干旱区最突出的环境特征，也是限制该区社会发展与经济繁荣的主要因子之一。近年来，人类不合理的社会活动及大环境下全球气候变暖的影响加剧了西北内陆干旱区水资源短缺、水土流失严重、荒漠化程度不断扩大、绿洲沙进人退等一系列生态失调和水资源脆弱性问题，干旱问题已严重危及西北地区的生存与发展。随着社会经济的快速发展，人类对大自然的肆意破坏和对包括水资源在内的自然资源的疯狂掠夺加重了干旱地区生态失衡和环境恶化程度，加剧了人与自然之间的矛盾，完全违背了人与自然和谐相处的生态理念。习近平总书记提出"绿水青山就是金山银山"的理念。如果西北地区当前这些问题不能引起我们足够的重视与关注，不但会严重制约该地区的长远发展，甚至还会影响全国社会经济的整体繁荣。

绿洲是被风沙侵蚀的独特环境中人们赖以生存和发展的一片"净土"。但是随着绿洲人口数量增加和经济发展及对水资源不合理利用等现象出现，绿洲水资源日趋匮乏，局部区域已出现严重的生态危机。加之人类对绿洲环境的肆意破坏，绿洲面积逐年缩减，给绿洲生态环境和社会经济造成了极大的危害。荒漠绿洲过渡带是保护绿洲免受沙漠侵蚀的一道天然屏障，也是绿洲抵抗沙漠侵蚀进而向外延伸的关键区域，更是受荒漠生态系统和绿洲生态系统共同作用的干旱区内陆盆地典型生态环境交错区，它不仅对荒漠侵蚀绿洲起到很好的缓冲作用，更在稳定和保障绿洲生态安全方面发挥着重要作用。该过渡带由于受区域气候、地质水文和人类活动等因素的影响变得相当敏感，尤其是一些近地风沙频繁发生、土壤地表水与地下水高度变异、自然降水稀少、过度放牧等导致荒漠绿洲过渡带斑块状植被分布特征更加明显，生态环境面临严峻的挑战。

在西北干旱区内陆河流域的民勤荒漠绿洲过渡带分布着许多呈非地带性斑块状天然植被。这些斑块状植被尽管结构简单、株高和冠幅矮小、物种单一，但对保持土壤水分、防止沙漠化、增强控制土壤侵蚀能力和稳定与修复绿洲生态系统发挥着显著作用。过渡带要形成斑块状植被分布特征，除了必要的土壤物质和养分以外，土壤水分含量也是形成和维

1

持这种地貌特征的必要前提条件之一。在干旱区，天然植被大多通过根系吸收土壤中的水分和营养物质来供给植物生长发育所需的能量，即土壤含水量是植被生存和生长发育的关键制约因素，也对修复受损的生态系统和恢复、稳定绿洲生态系统发挥着至关重要的作用。此外，在荒漠绿洲区土壤耗水量远大于降水量，形成土壤含水量时间与空间分布差异，从而导致过渡区斑块状植被空间分布格局的变异性特征。因此，研究过渡带土壤水分分布规律及其变化特征可为稳定荒漠绿洲生态系统、保持系统结构与功能正常、防止斑块状植被再退化及稳定修复绿洲生态系统提供科学的参考依据。由于本研究选取的样地范围较小，影响土壤水分变化的因素——微地形变化、气候条件和立地条件基本不对该典型区域土壤水分变异产生显著影响。

1.1.2 研究目的及意义

石羊河流域是唯一一条流经民勤绿洲的河流，维系着民勤人民的生活和生产，更是稳定绿洲生态系统的重要生态因子。石羊河流域属典型的大陆干旱性气候，降水稀少且多集中在 7—9 月，地表蒸发强烈，水资源时空分布不均，流域内一切水源完全依赖于祁连山雪水汇集而成的地表径流。流域水系沿途蒸发量极大且渗漏损失比较严重，加之沿途各行政区的拦截，到达下游民勤绿洲的水资源已非常有限。在 20 世纪 70 年代地表水资源严重短缺的情况下，人们开始疯狂开采地下水，虽然暂时解决了民勤绿洲的用水需求，但是这种饮鸩止渴的办法完全切断了地表水对地下水的补给，导致地下水位逐年下降，长期依赖地下水生存的植被日渐枯败甚至死亡，导致大面积的植被覆盖区成为斑块状地貌甚至变为裸地。同时，由于地下水位下降，地下水矿化度急剧上升，地下水灌溉也极易导致土壤盐碱化。截至 2005 年，流经民勤绿洲的地表水已不足 $1.0 \times 10^{8} \mathrm{m}^{3}$，沙丘覆盖率也降至 15%，与 1950 年相比，地表径流下降超过 80%，沙丘覆盖率下降 30%。如果水资源被认为是绿洲生态系统的血液，那么植被就是支撑生态系统的骨架，在生态系统中发挥着举足轻重的支撑作用，其不仅能够影响人类和一切有生命特征的生物生存，而且是生态系统物质和能量循环与转化的桥梁。在地表水和地下水双重匮乏的情况下，民勤绿洲生态系统遭到了空前的破坏。面对此种情形，我们曾经为挽救民勤绿洲提出"绝不让民勤成为第二个罗布泊"的口号。民勤绿洲的稳定不仅关乎武威绿洲和河西走廊地区的生态安全，甚至对甘肃河东乃至华北地区的生态安全具有重要的战略地位。

民勤绿洲虽然面积狭小，但其存在截断了腾格里沙漠和巴丹吉林沙漠的合围，是武威绿洲和整个河西走廊地区生态环境安全的一道天然屏障。一旦民勤绿洲被沙漠吞噬，国内排名第三、第四的两大沙漠将"会师"南下，迅速席卷整个武威绿洲。届时，整个河西走廊将被沙漠"腰斩"，风沙将继续向东长驱直入，危及甘肃河东乃至华北地区。

民勤绿洲生态问题的日趋严重引起了党和政府的高度重视，提出了一系列有效的治理措施，并且投入了大量的人力物力实施治理。所提出的治理措施主要有以下几种：

（1）生态移民。生态移民虽然缓解了民勤局部区域人口与资源环境的压力，但因实际操作过程中存在局限性，这一措施并未取得明显成效。

（2）发展高效农业节水。改变传统农业灌溉方式，利用节水灌溉新技术，使有限的水资源发挥更大的作用，同时培育作物新品种，改变传统的种植模式和种植结构等以实现农业节水的目的。

（3）工程措施。已兴建的亚洲最大的人工沙漠水库——红崖山水库仍持续对调蓄石羊河下游农业灌溉用水、促使地表水资源高效利用及保护地下水资源发挥着巨大作用，而每年实施的工程压沙、人工造林及义务植树活动等也对民勤绿洲生态系统稳定和修复重建做出了卓越贡献。

虽然上述系列措施取得了一定的成效，但是仍不能改变"沙进人退"绿洲被蚕食的现状。一直以来，国内外学者对沙漠绿洲的治理与重建付出了大量的心血，但是由于相关理论的局限性，研究成果仍未从源头上解决人与沙漠间的千年之争。

鉴于此，本研究以民勤荒漠绿洲过渡带斑块状植被区为例，将经典的统计学和地统计学理论相结合，借助 Hydrus 模拟软件对荒漠绿洲过渡带土壤水分进行分析研究，深入探索荒漠绿洲过渡带土壤水分异质性及其动态变化的机理，为揭示和预测民勤荒漠绿洲过渡带斑块状植被区土壤剖面水分分布及运动规律提供了理论参考，也进一步丰富和完善了荒漠绿洲水资源管理与保护理论。

1.2 概述

1.2.1 土壤水分研究

土壤水分是构成土壤的重要成分之一，不仅控制着土壤中物质与能量的运输，而且还制约着地表植被的种类、生理特性及空间分布。同时，土壤水分也是大气循环的重要载体，与当地降雨量、土壤质地、有机质及植被分布等因素有密切的联系。对土壤水分的研究由来已久。自从 Richards 提出非饱和流方程以后，人们对土壤水分的研究已由定性描述发展到定量计算。Philip 在 20 世纪 60 年代提出土壤—植物—大气连续体（SPAC）理论，详细解释了土壤水分运动状况。目前已发展成地下水—土壤—植物—大气连续体（GSPAC）理论，更加符合水分运动规律。1977 年在我国召开的第一届土壤物理学术会议中首次将 SPAC 理论引入国内，自此我国对土壤水分的研究迈上了一个新台阶。

目前，国内外许多学者对土壤水分进行了广泛的研究。Hearn 等通过建立水平衡模型描述植物根系的水分状况。Lubchenco 等在植被生态需水研究中发现，限制干旱半干旱区植被恢复与重建的最大因子就是土壤水分含量。Hendrick 等指出，在干旱半干旱区植被生长发育受水分的胁迫，水分充足时枝叶与根系生长量都会增加。Gardner 等利用多孔陶土围成的简易设备进行了土壤水分量测定，Roger 等将多孔陶土杯与真空计连接组合起来测定土壤水的毛管势，Skierucha 等对比了几种土壤水分的测定方法，得出时域反射仪（TDR）测定土壤水分含量要比传统土钻法更为快捷方便，但成本相对较高。Rosema 等在热惯量模型研究基础上提出利用遥感技术监测土壤水分的新方法。

我国早期对土壤水分的研究较少。20 世纪 70 年代以后，学者们才逐渐开始对土壤水分进行深入研究。我国最早提出的是 SPAC 系统水分运移电模拟程式和水分通量数学模型。邵明安等通过人工模拟植物根系吸水测定的资料，依据水流电模拟理论定量研究了 SPAC 系统水流阻力各分量的大小变化及其规律。进入 80 年代以后，土壤水分运动的数值模拟在我国逐渐广泛应用。杨诗秀等通过 FORTRAN 语言构建了非饱和水在一维流动情况下的数值模拟计算模型，而且在实验室作了验证实验。周维博通过野外试验获得在蒸发条件下裸地土壤水分运动的上边界条件，并结合实例利用数值模拟分析了降雨条件下层状土壤水分运动和转化关系。康绍忠等在前人研究基础上分别提出了蒸发蒸腾模拟模型、作物根区土壤水分动态模拟模型及作物根系吸水模拟模型等三个子系统的 SPAC 系统水分传输动态模拟模型，并且设计了 SPAC 系统水分传输模拟相关软件。

目前，国内测定土壤水分的方法和设备已非常成熟。土壤水分测定的直接方法主要有烘干法、酒精燃烧法、红外线烘干法、时域反射仪法（TDR）、中子仪法、张力计法以及频率反射仪法（FDR）；间接方法主要有 γ 射线法、遥感法、压盘法、电容传感器法和探地雷达等。其中，最为经典的土壤水分测定方法是烘干法，其他几种方法均通过烘干法来进行校正。烘干法简单精确且费用低，但在实际操作过程中耗时费力，对原生土壤也有破坏作用且在石质土研究区很难使用。

1.2.2　地统计学在土壤水分研究中的应用

地统计学（geostatistics）是 20 世纪 60 年代由法国著名统计学家 G. Matheron 率先提出并创建的一门新型统计学分支。起初，地统计学基本上局限于应用在地质学领域，如地质学、采矿学等学科。直到 20 世纪 70 年代以后，地统计学才逐渐被应用于土壤学与水资源研究。区别于经典统计学，地统计学是以区域化变量理论为基础，依托变异函数为有效工具，针对一些在空间分布上既具有随机性又兼有结构性的系统变量进行统计研究的学科，不仅能够有效描述和定量研究变量在空间上的分布特征、变异程度和空间自相关性，而且还能充分揭示研究变量空间的格局与生态过程和生态功能之间的联系。目前，地统计学是被认为研究包括土壤水分在内的生态因子空间特征及其变化规律最为行之有效的方法之一。土壤水分特性的空间异质性定量研究一直是土壤学与生态学关注的热点问题，国内外众多学者对土壤空间变异性进行了深入探究并取得丰硕的成果。

Campbell 在研究不同土壤制图单元中砂粒含量与 pH 值空间变异时首次应用地统计学方法发现土壤的一些理化性质能够被很好地模拟出来。Owe 等研究发现，如果土壤平均含水率处于中等水平时土壤水分的空间变异性最高。Greenholtz 用地统计学方法研究了田间土壤水分的空间变异，结果表明除饱和导水量外其他土壤水分特性均符合指数模型。Riru 借助协克里金空间插值法并以土壤沙粒量为辅助变量预测了研究区域内土壤有效含水量。Fitzjohn 等在研究土壤水分空间变异性时发现土壤水分空间变异程度与土壤平均含水量间存在反比关系。Entin 等探究了不同尺度下土壤水分空间变异的影响因素，发现影响土壤水分异质性的主要因素有土壤质地、地形及研究尺度等。J. M. H. Hendrickx 等通过处理来自不同地区（国家）土壤水分数据，发现不同地理位置的土壤水分表现出诸多随机性。Herbst 等分别用 SWMS‐3D 模型和地统计学理论研究了流域小尺度土壤水分空间异质性，并对两种方法的精确性做了对比。Junior 等分析了巴西铁铝土中土壤水分的变异性，发现 0～40cm 土层土壤水分空间变异程度为弱变异。Penna 在研究地形对土壤含水量影响的空间变异性时发现表层土壤水分的变异程度大于深层土壤。Coppola 等研究分析了意大利东南海岸农场的土壤水分空间变异程度，结果显示各层土壤水分均具有较好空间自相关性。Brocca 等研究结果表明，流域大尺度下土壤水分时空变异性较大。Wang 等研究了干旱灌木丛尺度下土壤水分的空间变异，结果表明研究区土壤水分变化具有很强的空间自相关性，究其原因主要是由结构性因素所引起。Feng 等在研究我国黄土高原地区土壤空间异质性和尺度变异影响因素后发现，土壤水分与相对高程、坡度、植被覆盖度均呈负相关。Yang 等研究了黄土高原小流域尺度土壤水分空间变异性后发现，地形特征（主要是高程 h）对土壤空间异质性有存在负面影响。

20 世纪 80 年代初期，我国相关学者开始将地统计学理论应用到土壤特性研究，截至目前已取得大量研究成果。早期沈思渊在《土壤空间变异研究中地统计学的应用及其展望》一文中介绍了地统计学在研究土壤变异方面的基础理论、数学工具及对未调查点的内插估值运用等。王政权也在《地统计学在生态学中的应用》一书中系统介绍了地统计学的基本理论、基本方法及在生态学中的一些应用实例，为后继学者研究生态学尤其是空间变异、格局、尺度等方面的问题提供了科学有效的理论依据。赵文智等研究人工植被对科尔沁沙地土壤水分异质性的影响后发现，人工植被的建立增强了沙地土壤的异质性。王蕙等研究了河西走廊临泽县北部荒漠绿洲过渡带土壤水分与植被空间变异，结果发现土壤水分在样带上有明显的空间异质性，且在小尺度上（<100m）呈随机分布而在其他研究尺度上（100～3110m）呈聚集分布格局。邱开阳等应用地统计学和传统统计学方法对毛乌素沙地南缘沙漠临界区域土壤水分和植被特征空间分布格局进行研究，结果显示 0～5cm 土壤水分具有强空间自相关性，5～10cm 和 10～15cm 土壤水分具有中等程度的空间自相关性。史丽丽等在研究祁连山甘肃臭草群落土壤水分空间异质性时发现，祁连山斑块状臭草浅层剖面土壤水分符合正态分布，且各层土壤水分均存在高度的空间异质性。付同刚等研究了典型喀斯特小流域旱季表层（0～10 cm）土壤含水率的空间变异特征，结果显示土壤含水率半方差函数的最优拟合模型为指数模型，变程为 381.0m，块基比为 0.382，属于中等程度空间相关性。王云强等研究了黄土高原关键带土壤水分变异性，结果显示土壤水分在水平和垂直方向均表现出明显的空间异质性，且各个方位土壤水分控制过程有所差异，源于对土壤管理模式、植被类型、地形要素、土壤质地等多因素综合响应的结果。段凯祥等探讨了干旱区盐沼湿地土壤水分的空间异质性，发现在斑块尺度上各层土壤水分含量和假苇拂子茅盖度的空间结构均具有明显的斑块状分布特点且均存在高度的空间异质性。

1.2.3 Hydrus 模型与土壤水分动态研究

土壤水分在 SPAC 系统中充当链环角色，它把土壤—植物—大气衔接在一起构成一个连续体。土壤水分动态变化是指在不同时空下不同下垫面、不同气候环境、不同土壤质地共同作用的变化特征。随着科技的高速发展，通过计算机软件模拟土壤水分动态变化已成为当前研究的热点。水分运动模型是以达西定律和理查德方程为基础开发的应用较为广泛的软件，如 ISAREG、SWAP、SWMS - 2D、UNSATCHEM、HYDRUS、GSWAP、GISAREG 等模型，而近年来借助 HYDRUS 软件对土壤水分动态的研究日益普遍。HYDRUS 是一款用于模拟恒定或非恒定条件下半饱和介质中水分、能量、溶质运移的新型数值模拟模型，目前已被国内外学者广泛应用于不同领域研究且取得了丰硕的科研成果。

国外方面，Simunek 等利用 Hydrus 模型通过累计入渗量和土壤含水率计算非饱和土壤的水力特征参数。Hermsmeyer 等采用 Hydrus 模型模拟了工业废物土柱中水分运移情况。Simunek 等借助 Hydrus - 1D 模型和 UNSATCHEM 模块有效预测了活性污染物在地下水中的迁移动态。Twarakavi 结合 Hydrus - ID 和地下水 MODFLOW 两个模型，定量研究了地下水与非饱和带之间的水量平衡交换过程。Guber 等选用 Hydrus 模型分析了现有土壤转换函数和多种组合方案，并对比了方案选优预测效果，最后总结出适用于研究区土壤水分运动参数预测的最佳方法。Maziar 等采用 Hydrus - 2D 模型通过数值模拟了黏土与壤土中土壤水分分布情况，发现模拟结果与试验结果高度吻合。Schwen 等基于实测数据进行了土壤水分运移过程的参数模拟验证，结果显示不断改变参数模拟效果比参数恒定情形下的模拟效果更好。Tafteh 等应用 Hydrus - 1D 模型分析了不同灌溉方式（连续和隔沟）对油菜和玉米农田排水量与土壤 N 素深层淋溶损失量的影响，研究表明隔沟灌溉可至少减少两种作物排水量和土壤 N 素深层淋溶损失量的五分之二。Tan 等利用 Hydrus - 1D 模型研究了地下水浅埋区水稻干湿交替与大水漫灌两种方式对农田深层渗漏的影响，认为干湿交替灌溉比大水漫灌减少田间深层渗漏量 23.3%～40.3%，而地下水补给量则从 10.2%～18.1% 增至 26.1%～27.4%。Honari 等将 Hydrus - 3D 和 PILOTE 两种模型结合模拟了大田作物水分吸收和蒸发蒸腾量并采用评价指标对比实测值与模拟值，证明 Hydrus - 3D 模型可较好模拟该农田作物土壤水分运移。

国内方面，曹巧红等利用 Hydrus - 1D 对冬小麦农田水分和氮素运移进行模拟的效果较佳。刘强等模拟了东北地区玉米农田土壤水分动态，其模拟结果能够真实反映田间土壤水分运移规律，为农田土壤水分管理提供了理论支撑。虎胆·吐马尔白等利用室内试验测定的模型相关参数并借助 Hydrus 模型反推室外难以测定的土壤水分传导率，且利用 Van Genuchten 方程对参数进行了拟合。刘建军等以大量实测入渗量试验数据，应用 Hydrus - 1D 模型对土壤水分运动参数进行反演并以此对实测值进行验证模拟，发现两者相对误差均在 15% 以下。马欢等应用 Hydrus - 1D 模型连续模拟华北平原引黄灌区 2006—2009 年田间水分运移结果与 TDR 实测数据对比表明，该模型对土壤含水率的模拟精度较高。李耀刚等研究了涌泉根灌条件下土壤水分运动特征，设计了入渗模型并借助 Hydrus - 3D 模拟软件对设计模型进行求解，通过验证土壤剖面含水率随时间变化的实测值与模拟值，发现二者相对误差在 10% 以内且具有良好的一致性。肖庆礼等针对黑河流域玉米地和防护林地进行了入渗过程研究，利用 Hydrus - 1D 模型和 TDR 分别对土壤水分入渗和再分布过程进行了动态模拟和测定，发现 Hydrus - 1D 模型对绿洲区垂直方向土壤水分运移模拟具有较高的精度。范严伟等采用 Hydrus - 1D 模型模拟了不同土壤质地、初始含水率、压力水头、砂层埋深和砂层厚度条件下的稳渗过程，模拟结果表明稳渗率主要受土壤质地、压力水头和砂层埋深的影响。童永平在黄土高原关键带进行深剖面土壤水分时空分布特征的研究并利用 Hydrus 模型进行了动态模拟，结果表明 0～2m 土层为黄土关键带土壤水分相对活跃区且土壤水分时空动态受植被、降水等气候因子、土壤颗粒组成的限制，而大于 2m 的土壤深层则仅受植被、土壤颗粒组成影响。

1.2.4 土壤水分运动参数确定方法

土壤水分运动参数确定是研究土壤水分运移的关键环节，主要包括确定土壤水分特征曲线和土壤水扩散率，其准确性与土壤水分模拟结果的真实性和可靠性有直接联系。目前，获取土壤水分运动参数的常用方法主要有直接测定法、土壤转化函数法和"试估—校正"法。

1. 直接测定法

直接测定法是利用仪器设备对研究样本参数进行直接测定，或利用已有公式导出参数的简单计算公式，然后设计实验确定参数。直接测定法在理解上相对清晰、容易，但是实际测定过程往往比较费时耗资，而且测定结果经常存在不确定性，这由取样点在空间上的离散性所决定。在研究土壤水分异质性较大的情况下，按照一般处理方法所得测定结果的均值不能准确反映土壤水分运动性质。因推求土壤水力参数存在不确定性，目前尚无成熟有效和被广泛认可的直接测定方法，因而该法目前仅用作教学理论和实验参考。

2. 土壤转化函数法

土壤转化函数法是基于实验实测数据构建土壤基本特性与土壤水分运动参数间的函数关系，最为常用的方法为回归分析法。一般而言，采用人工神经网络法组合成的土壤转换函数参数预测结果与实测值间的精度误差通常最小。Schaap 等将开发的 Rosetta 软件包嫁接到 Hydrus 模拟软件中后可进行土壤水分运动参数预测。Vereecken 等指出，采用土壤转化函数法进行土壤水分运动参数预测存在难以解释和不能忽略的变异。主要原因有：①现有土壤转化函数所需土壤质地、容重及机械组成等主要参数不能完全准确反映土壤水分运动性质；②现行的土壤转化函数法具有一定的局限性，不具备普适性，不同区域甚至同一区域不同研究区的参数也不尽相同，试验时仍均须进行重新确定，因而给研究带来诸多不便，目前该法更多地应用于土壤模拟模型初始值的预测；③土壤转化函数法预测结果的准确性和合理性受土壤水分运动参数的影响。

3. "试估—校正"法

"试估—校正"法是利用实测数据反演土壤水分运动参数的方法。作为一种描述土壤水分特征曲线的数学模型，V-G 模型（Van-Genuchten 模型）已在土壤科学领域被广泛使用，特别在研究土壤水运动性质及土壤水平衡时为其提供了重要基本参数，如饱和含水率、残余含水率、经验参数、饱和导水率、曲线形状参数、进气值、残余吸力值和反弯点的斜率等。该法要先设定参数初始值，然后进行结果模拟并与实测值比较，最后修正模拟参数，直至与实测值间的误差达到最小，此时参数模拟结果最佳。其优点在于：①整个实验测定过程中不需要精密的仪器；②模型初始和边界条件设置均比直接测定法更为灵活，对水的流态要求也相对宽泛，可根据实际情况设定；③可为参数优化提供置信区间，因而广受研究者的关注。但不足之处是反演结果的唯一性和稳定性仍需关注，且实验室所得结果能否较好地适用于野外实验值得探究。辛琛等在黄土高原选取多个不同试验点进行土柱实验，依据不同环境下实测土壤水分累积入渗量，在 HYDRUS 软件中应用以 V-G 模型参数为主的模型反演了土壤水分运动参数并进行验证模拟，三个样点土壤水分运动参数模拟值和实测值误差分别为 1.2%、12% 和 5%。张俊等在推求瞬时出流土壤水力参数时利用数值反演方法表明，一步出流实验增加压力和多步出流实验在目标函数中结合累积出流量和压力水头均可减少反演过程中的非唯一性问题。

1.3 研究内容及技术路线

1.3.1 研究内容

在石羊河下游民勤荒漠绿洲过渡带选择一处典型斑块植被区，通过野外取样和定位观测，依托经典统计学和地统计学方法并借助 Hydrus-1D 模型研究荒漠绿洲过渡带斑块植被区土壤水分空间分布特征及其异质性。

（1）将经典统计学与地统计学理论相结合，对民勤荒漠绿洲过渡带斑块状植被区典型样方 6 月上旬和 9 月中旬两个时间段 0～100cm 土层土壤水分分布规律、变异特征、尺度效应及自相关性进行统计分析，探究研究区土壤水分空间异质性。

（2）运用灰色关联分析法对影响研究区土壤水分变化的环境因素进行关联度分析，并对筛选的环境因子根据关联序进行大小排序，确定影响每一层土壤水分变化的主控因素。

（3）借助 Hydrus‐1D 模拟软件和实测土壤水分含量，结合研究区水文气象资料及剖面土壤质地、容重等数据确定不同土层水力参数，模拟 6 月下旬和 9 月中旬土壤水分运动过程并对模拟结果进行验证，评价 Hydrus‐1D 模拟软件对模拟长期土壤剖面水分运移的可行性。

1.3.2 技术路线

本研究技术路线如图 1‐1 所示。

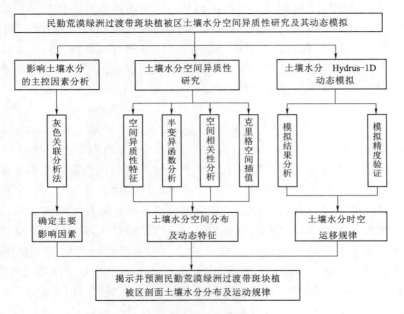

图 1‐1 技术路线图

1.4 研究区概况与研究方法

1.4.1 研究区概况

1. 自然概况

民勤县地处甘肃境内的石羊河流域下游、河西走廊东北，地理位置为北纬 38°04′07″～39°27′38″、东经 101°949′38″～104°911′55″，东、西、北三个方位均被国内排名第三的巴丹吉林沙漠和排名第四的腾格里沙漠包围，是石羊河流域下游唯一现存的荒漠绿洲。民勤绿洲以沙漠、平原及低山丘陵地貌为特点，海拔介于 1298.00～1936.00m，平均海拔为 1400.00m。该区属于典型的温带大陆性荒漠气候，降雨稀少且集中，地表蒸发强烈，常年干燥。多年平均气温 7.4℃；年均降雨量为 116mm，全年降雨变化大且不均匀；年均蒸发量 2644mm，且 5 月、6 月最为剧烈；年日照时数 2832h。自然壤土包括灰棕漠土、风沙土、盐土及草甸土，该县分布最为广泛的是风沙土，由风力作用下，发育于风积母岩，土壤有机质含量少且养分低；耕作土壤主要是灌淤土，母岩多为洪积物和沉积物，受地下水影响小，质地粗且细粒物质少，属于该区开垦种植较早、熟化程度高的农业土壤。植被种类以生产力较低、片层结构简单的荒漠植被为主，主要类型有沙蓬、泡泡刺、沙蒿、沙拐枣、柠条景尖、盐爪爪、梭梭、戈壁针茅、沙冬青、多枝怪柳等。

2. 水资源现状

（1）地表水资源。石羊河源于祁连山积雪融化而汇集成流，是唯一流经民勤绿洲的一条河流，对民勤人民生活和生产及绿洲发展发挥着至关重要的作用。由于石羊河流域上游及中游对水资源的过度掠夺，流经民勤绿洲的地表水资源不足 1.0 亿 m^3，与 20 世纪 50 年代的 5.9 亿 m^3 相比仅为约 1/6，是导致民勤绿洲逐渐退化和生态失衡的主要原因之一。民勤绿洲严重的生态问题引起党和政府的高度重视，开始采取一系列保护和修复民勤绿洲的措施。在 2010 年进入民勤绿洲（蔡旗断面）的水量达 2.6 亿 m^3，2015 年已超过 3.0 亿 m^3，截至 2017 年达 3.9 亿 m^3，与曾经的最低不足 1.0 亿 m^3 比较已超近 4 倍，表明绿洲保护行动取得了显著成就。2000—2017 年民勤上游来水量如图 1-2 所示。从图 1-2 可以看出，2000—2010 年间民勤上游来水量呈下降趋势，而 2010 年以后上游来水量基本趋于平稳。2017 年民勤县用水总量约为 3.58 亿 m^3。其中农业用水（2.15 亿 m^3）、生态用水（1.28 亿 m^3）、工业用水（429 万 m^3）、生活用水（1109 万 m^3）各占 60.0%、35.7%、1.2%、3.1%。2017 年民勤各类用水量占比如图 1-3 所示。

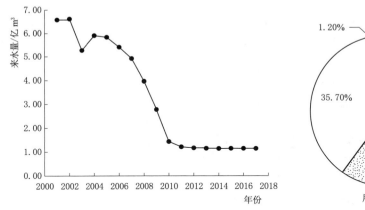

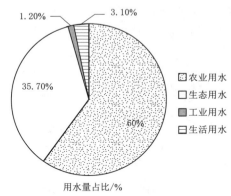

图 1-2　2000—2017 年民勤上游来水量　　　　图 1-3　2017 年民勤各类用水量占比

（2）地下水资源。受地理位置和气候条件的影响，民勤绿洲属于典型的干旱荒漠气候，降雨量稀少且蒸发强烈。当地居民基本依靠石羊河的地表水生活生产。20 世纪 70 年代，石羊河流域流入民勤绿洲的水量锐减，人们过度开采地下水资源，致使民勤绿洲地下水位以（0.6~1.0）m/年的速度下降，大量曾经依赖地下水生长的天然植被因此消失，造成了民勤荒漠绿洲现有的斑块状植被景观。2001—2017 年民勤地下水开采量如图 1-4 所示。由图 1-4 可以看出，在 2001—2010 年以前地下水平均开采量基本保持在 1.14 亿 m^3，在 2010—2017 年内地下水开采量每年平均以 0.2 亿 m^3 急剧上升，17 年的地下水位开采量总体逐年呈上升趋势。随着民勤生态问题不断改善，地下水位缓慢稍有回升，2001—2017 年平均地下水埋深逐年减小，2001—2017 年民勤年均地下水埋深如图 1-5 所示。

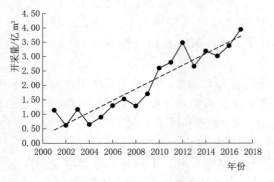

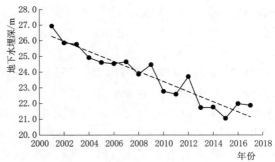

图 1-4　2001—2017 年民勤年均地下水开采量　　　图 1-5　2001—2017 年民勤年均地下水埋深

（3）水资源总量。民勤绿洲水资源主要源自上游来水、地下水开采及民勤调水。2015 年全年蔡旗断面过水量达 3.016 亿 m³，比去年下降 5.4%。2010—2015 年民勤绿洲上游来水量、地下水开采量、民调水量及总用水量情况，如图 1-6 所示。由图可知，2010—2014 年全县总用水量逐渐减少，下降趋势平缓，2014—2015 年总用水量开始上升，比 2014 年增长 0.12%。各年度上游来水量差异明显，2012 年达到年际最大 3.48 亿 m³；2010—2015 年民调水量逐年微增，为缓解民勤绿洲水资源短缺提供了保障。因此，作为西北典型缺水区，该区水资源特点表现为多年平均地表径流量呈下降趋势，民调水量逐年增大，水资源年内分配不均，年际呈周期性变化。

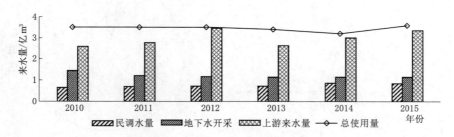

图 1-6　2010—2015 年民勤绿洲各来源来水量及水资源总使用量分布

3. 生态环境演变

由于全球气候变暖和石羊河流域上、中游过度利用水资源，流经民勤绿洲上游的来水量减少。在地表水大量减少后，人们不得不开始大量开采地下水用于生产生活，导致地下水位严重下降。在水资源短缺情况下，民勤绿洲以平均每年 3～4m 的速度被沙漠侵蚀，有些绿洲边缘地带甚至更为严重。地表水和地下水减少导致地表植被退化、土壤荒漠化及盐渍化现象也越来越严重。此种形势下，挽救民勤绿洲刻不容缓，民勤人民采取人工造林、义务植树、工程压沙和封沙造林等一系列措施进行民勤绿洲生态系统保护和修复。2010—2015 年民勤县生态建设成果见表 1-1。

表 1-1   2010—2015 年民勤县生态建设成果

年份	人工造林 /万亩	义务植树 /万亩	工程压沙 /万亩	封沙造林 /万亩	退耕还林 /万亩
2010	7.54	200	4.0	2.8	31.43
2011	11.32	300	4.0	8.5	31.83
2012	17.18	220	4.03	19.0	32.13
2013	19.06	250	4.02	13.8	32.63
2014	16.18	238	4.03	13.0	32.63
2015	14.36	236	6.12	6.0	32.83

由表 1-1 可知，2010—2013 年民勤县人工造林由 7.54 万亩增加到 19.06 万亩，呈直线上升趋势，在 2013 年达到 6 年间造林面积的最大值，自 2014 年以后每年的人工造林面积有所减少，但是数量仍然很可观。义务植树和退耕还林每年基本上均保持在一个相对稳定的数值，变化趋势不大。封沙育林是效果最为显著的人工措施，从 2010 年的 2.8 万亩增加到 2012 年的 19.0 万亩，增长将近 7 倍，年均增长 8.1 万亩。但是 2013 年以后，封沙育林面积开始减少，尤其 2015 年比 2014 年减少超过 50%。工程压沙除 2015 年比 2014 年显著增加 51.9% 左右以外，其他年度基本保持稳定。

1.4.2 研究样地

于 2019 年 6 月上旬、7 月中旬（仅用于土壤水分动态模拟）及 9 月中旬分别在民勤县红崖山水库下游荒漠绿洲过渡带植被斑块区选取了一块人为干扰少、地势相对平坦的代表性长方形样地。样地大小 1600m×300m，沿样地宽度方向设置 7 条相互平行的样线，每条样线相隔 50m，在每条样线上平均间隔 200m 设置一个样点，采用等间距规则格网法（10m×10m）布设样方，共计 63 个样方 189 采样点。

1.4.3 研究方法

1. 数据采集

研究区降水时段主要集中在 7—9 月这三个月。考虑到降水对土壤水分变化影响较大，本研究土壤水分测定时间为 2019 年 6 月上旬和 9 月中旬，主要用于对比雨季前（6 月）与雨季后（9 月）土壤水分时空变化差异。两次取样均在每一个样方内随机选取 3 个样点，每个样点取垂直剖面 0～20cm、20～40cm、40～60cm、60～80cm 和 80～100cm 等 5 个土层深度土壤样品，每个样方内以同一层土壤的 3 个样点混合均匀后作为本样方的样品，并装入已编号的铝盒，每天所取土样当天带回实验室做水分测定。测定时先称取铝盒和土壤湿重，再将铝盒放入烘箱，温度设定为 105℃恒温烘 12h 后取出，然后再称铝盒和土壤干重，最后计算出土壤含水量。

2. 土壤含水量计算及数据处理

（1）土壤含水量计算。土壤含水量采用质量百分数表示，对同一个样方 3 个随机样点所测数据取算术平均值作为每个样方每层土壤的水分含量。其计算公式为

$$W_s = \frac{W_2 - W_3}{W_3 - W_1} \tag{1-1}$$

式中 W_s——土壤含水量；

W_2——烘干前土壤+铝盒质量，g；

W_3——烘干后土壤干重+铝盒质量，g；

W_1——铝盒质量，g。

式（1-1）中除 Hydrus-1D 模型中输入的是体积含水量，其他情形下所涉及的土壤含水量均为质量含水量。

（2）正态变换方法。采用地统计学方法研究土壤水分空间变异性，所有数据均需满足该法对二阶平稳假设条件的要求，在数据处理前须进行正态分布检验，符合要求方可直接使用。对不能满足要求的数据组，为避免出现比例效应，要对数据进行正态变换处理，使该组数据满足正态分布规律后再进行数据处理。本研究利用单个样本柯尔莫哥洛夫—斯米诺夫（Kolomogorov-Semirnov）方法对不同土层土壤含水量进行正态分布检验，设置信度为 0.05，若检验结果 P 值大于 0.05 则拒绝原假设，判定数据呈非正态分布；若 P 值小于 0.05 则判定为正态分布。正态变换常用的方法有对数变换法、平方根变换法、倒数变换法及幂变换法。其中，幂变换中的 Box-Cox 变换包括倒数变换（$\lambda = -1$）、对数变换（$\lambda = 0$）和平方根变换（$\lambda = 1/2$）等。对一些无法使用其他变换方法的数据可通过选择合适的幂参数进行正态变换，变换公式为

$$Y = \begin{cases} \dfrac{X^\lambda - 1}{\lambda}, & \lambda \neq 0 \\ \ln X, & \lambda = 0 \end{cases} \tag{1-2}$$

式中 X——原始数据；

λ——幂变换参数，其值可在 Minitab 中求得。

3. 数据分析方法

（1）经典统计学方法。本研究应用经典统计学方法直观描述过渡带 0～100cm 土层土壤水分空间分布及变异程度。利用 WPS 2019 和 SPASS 25.0 统计处理最小值（Min）、最大值（Max）、均值（Mean）、标准差（SD）、变异系数（C_V）、偏度值（Skewness）、峰度值（Kutosis）及 K-S 检验值的数据。标准差用来反映样本离散程度；偏度值和峰度值用来表示样本数据是否对称和峰度的高低；变异系数，也叫相对标准差，用来解决因单位不同而不能用标准差直接比较的样本，表示单位量的变异，为无量纲数值。变异系数的数学表达式为

$$C_V = \frac{S}{X} \tag{1-3}$$

式中 C_V——变异系数；

S——标准差；

X——平均值。

通常将变异程度分为 3 个等级：若 $C_V \geq 1.0$，属于强变异性；若 $0.1 < C_V < 1.0$，属于中等变异性；若 $C_V \leq 0.1$，则属于弱变异性。

（2）地统计学方法。地统计学方法主要以区域化变量理论为基础，借助半变异函数和克里格插值两大有效工具研究土壤水分在空间上的分布特征及变异尺度。

变异函数，又称半变异函数（semivariograms），是计算变量在空间位置相隔一定距

离下样本的方差值。半变异函数通常以变异曲线图来表示，反映采样点间距 h 与相应的变异函数值 $\gamma(h)$ 的对应关系。当滞后距离为 h 时，半变异函数表达式为

$$\gamma(h) = \frac{1}{2N(h)} \sum_{i=1}^{n} \left[Z(x_i) - Z(x_i + h) \right]^2 \tag{1-4}$$

式中 $\gamma(h)$——半变异函数；

$\quad\quad N(h)$——距离等于 h 时的点对数；

$\quad\quad Z(x_i)$——每个样点 Z 所在位置 i 的实测值；

$\quad Z(x_i + h)$——与 i 相距为 h 点的实测值。

半变异函数曲线的结构参数主要有块金值（nugget，C_0）、基台值（sill，$C_0 + C$）、偏基台值（partial sill，C）及变程（range，A），均可直接用于分析土壤水分空间变量结构。

块金值（C_0）是采样距离趋向于原点时半变异函数的取值，表示在最小取样距离内由于土壤变异性和测量误差引起的方差，反映了在区域化变量内部随机部分的空间异质，主要是由于小于研究取样尺度和实验误差导致的变异。如果实验所得块金值较大，说明存在小于研究取样尺度的某种过程不能被忽略，也是影响研究尺度上变异的因素。偏基台值（C）表示由于结构性因素引起的空间异质性程度。因此，半变异函数既能反映区域化变量的随机部分，也能表达其结构性，但随机因素和结构因素引起空间总变异的程度有所不同。基台值（$C_0 + C$）表示半变异函数曲线随采样间距增加到一定程度后趋于水平出现的平稳值，等于空间块金值和结构值之和，可定量反映区域化变量的总体变异程度。基台值越大，总体的异质性程度也就越高。

当研究区域内任意变量发生变化时，基台值（$C_0 + C$）将不能有效反映空间的变异程度，故引入块金系数 $\left[C_0/(C_0 + C) \right]$，又称基底效应，该系数能够更好地判定空间变量在研究区域内的异质性程度。块金系数反映的是空间变量随机部分引起的变异占总变异的比例，其值较大时表示因随机因素引起的空间异质性程度较高；反之，因结构性因素引起的空间异质性程度较高。根据 Cambardella 提出的划分依据，当 $C_0/(C + C_0) < 25\%$ 时表明变量在研究区域内存在较强的空间相关性，当 $C_0/(C + C_0) > 75\%$ 时表明变量在系统内空间相关性较弱，当 $25\% \leqslant C_0/(C + C_0) \leqslant 75\%$ 时则说明变量具有中等程度的空间相关性。

变程（A）又称自相关距离，为半变异函数曲线趋于稳定时所对应的采样距离，也是区域化变量达到最大变异时的空间距离。变程是区域化变量由空间自相关转为空间不相关的关键点，在变程范围之内，变量间存在空间自相关性；超过变程范围，空间自相关性将不明显或消失。常用的半变异函数有球状模型（spherical model）、指数模型（exponential model）、高斯模型（gaussian model）和线性有基台值模型（linear with sill model）等。

球状模型
$$\gamma(h) = \begin{cases} C_0 + C\left(\frac{3}{2} \times \frac{h}{a} - \frac{1}{2} \times \frac{h^3}{a^3} \right), \ 0 < h \leqslant a \\ C_0 + C, \ h > a \end{cases} \tag{1-5}$$

指数模型
$$\gamma(h) = C_0 + C\left[1 - \exp\left(-\frac{h}{a} \right) \right] \tag{1-6}$$

13

高斯模型 $$\gamma(h)=C_0+C\left[1-\exp\left(-\frac{h^2}{a^2}\right)\right] \tag{1-7}$$

线性模型 $$\gamma(h)=C_0+C\left(\frac{h}{a}\right) \tag{1-8}$$

在上述模型中，球状模型有效变程 $A=a$，指数模型有效变程 $A=3a$，高斯模型有效变程 $A=\sqrt{3}a$，线性模型在整个采样区域内存在空间自相关。

（3）克里格（Kriging）插值法。Kriging 插值法是利用区域化变量的原始数据和变异函数的结构特点对研究区内未采样点的区域化变量取值进行线性无偏最优估计的一种方法，包括点状 Kriging 插值法和块状 Kriging 插值法。本研究采用块状 Kriging 插值法。假设研究区域内某一待估点 x_0 处变量的估值为 $Z(x_0)$，在该点相关范围内已有 n 个实测值 $Z(x_i)$（$i=1$，2，…，n），可对 n 个实测值进行线性组合求其待估点 $Z(x_0)$，数学表达式为

$$Z(x_0)=\sum_{i=1}^{n}\lambda_i(x_i) \tag{1-9}$$

式中　λ_i——第 i 个已知样点对未知样点的权；

　　　λ_i——已测值的权重系数，离待估值点越近，λ_i 值越大。

（4）分形维数法。分形理论被誉为"大自然的几何"，由法国数学家 Mandelbrot（1977）提出，能够描述空间具有自相似的对象和揭示不同尺度下要素的分布特征及复杂程度。分形维数为分形理论的数学工具，能够从几何学的角度描述空间表面现象，是衡量事物复杂程度的重要指标。

本研究是采用分形维数通过将半变异函数 $\gamma(h)$ 与滞后距离 h 之间的关系取双对数曲线计算而来，其斜率即为分形值。计算公式为

$$FD=2-\frac{m}{2} \tag{1-10}$$

式中　FD——分形维数；

　　　m——双对数曲线斜率。

分形维数越大，说明变量对空间的依赖性越弱，连续性和结构性越差，空间分布也就越复杂；反之，分维数越小，说明变量对空间依赖性越强，连续性和结构性越好，空间分布也就越简单。

（5）空间自相关性分析法。空间自相关性分析是检验研究变量空间相邻位置间相互关系的一种统计方法，反映空间某一变量变异对相邻区域变量的依赖程度，可判断是否有自相关性。1948 年由 Moran 提出的全局 Moran's I 系数是空间自相关性分析中应用最为普遍的一种方法，与经典统计学的相关系数相似，其取值范围为 $[-1,1]$。该系数如果大于 0 且显著表示变量之间存在正相关，反之则为负相关，如果不显著则表明变量间不存在空间自相关性。Moran 散点图横坐标表示各研究变量标准化后的属性值，而纵坐标则表示研究变量标准化后由空间权重决定的邻近变量的平均值；四个象限根据其性质分为"高—高"（第一象限）、"低—高"（第二象限）、"低—低"（第三象限）、"高—低"（第四象限）。"高—高"表示某一空间变量与周围变量的属性值都较高，"低—低"也被称为盲

点区，与"高—高"的含义相反，故落入这两个象限的空间变量之间存在较强的空间正相关，也就是有均质性；"高—低"表示某一空间变量的属性值较高，而周围变量则较低，"低—高"则与之相反，故落入这两个象限的空间变量存在较强的空间负相关，即有强烈的异质性。Moran's I 系数的数学表达式为

$$I = \frac{n \sum\limits_{i=1}^{n} \sum\limits_{j=1}^{n} w_{ij}(x_i - \overline{x})(x_j - \overline{x})}{\sum\limits_{i=1}^{n} \sum\limits_{j=1}^{n} w_{ij} \cdot \sum\limits_{i=1}^{n}(x_i - \overline{x})^2} \tag{1-11}$$

式中　n——实验样本数；

x_i——i 样点土壤水分属性值；

x_j——j 样点土壤水分属性值；

$\overline{x}$——所有土壤水分样本数据均值；

w_{ij}——构建空间权重矩阵元素，空间权重矩阵通常是对称矩阵，$w_{ij} = 0$。

全局 Moran's I 系数可通过标准化统计值 $Z(I)$ 检验其显著性水平。$Z(I)$ 数学表达式为

$$Z(I) = \frac{I - E(I)}{\sqrt{Var(I)}} \tag{1-12}$$

$$E(I) = \frac{-1}{n-1}$$

式中　$Var(I)$——Moran's I 系数的理论方差；

$E(I)$——其理论期望。

一般情况下，根据正态分布检验值，当 $P < 0.05$ 时，原假设成立，即空间研究变量在 95% 的概率下存在空间自相关。

（6）灰色关联分析法。20 世纪 80 年代，邓聚龙首次提出灰色系统这一新名词，同时也向学术界阐述了灰色系统理论。灰色关联度分析是在该理论的基础上建立的一种多因素统计分析方法，以各因素的样本数据为依据用灰色关联度来描述因素间关系的强弱、大小及次序。其基本思想是根据序列曲线几何形状的相似程度来判断其联系是否紧密。曲线越接近，其相应序列之间的关联度就越大，反之就越小。关联度用于度量这种紧密关系，其值介于 0~1，越接近 1，说明影响因素之间联系越紧密，反之则关系越不密切，其影响在研究尺度上可以忽略。

灰色关联分析法计算过程如下：

（1）收集评价数据；

（2）确定分析数列；

参考数列：　$S_0 = (S_0(1), S_0(2), S_0(3), S_0(4), \cdots, S_0(k))$; $\tag{1-13}$

比较数列：　$S_i = (S_i(1), S_i(2), S_i(3), S_i(4), \cdots, S_i(n))$; $\tag{1-14}$

（3）对原始数据无量纲化，本研究选用均值法，其公式为

$$x_i(k) = \frac{x_i'(k)}{\frac{1}{N} \sum\limits_{k=1}^{N} x_i'(k)} \tag{1-15}$$

15

（4）计算灰色关联系数，对第 j 个因子，比较数列 S_i 与参考数列 S_0 的灰色关联系数定义为

$$\xi_i(k)=\frac{\min\limits_{i}\min\limits_{k}|S_0(k)-S_i(k)|+\rho\times\max\limits_{i}\max\limits_{k}|S_0(k)-S_i(k)|}{|S_0(k)-S_i(k)|+\rho\times\max\limits_{i}\max\limits_{k}|S_0(k)-S_i(k)|} \tag{1-16}$$

式中　ρ——分辨系数，通常取 $\rho=0.5$。

（5）计算关联度，公式为

$$r_i=\frac{1}{n}\sum_{i=1}^{n}\xi_i(k),i=1,2,\cdots,n \tag{1.17}$$

（6）关联度排序，关联度按大小排序，如果 $r_1<r_2$，则参考数列 S_0 与比较数列 r_2 更紧密。

（7）统计分析。利用 WPS 2019、SPSS 25、GS+7.0 及 OpenGeoDa 软件进行数据统计分析。

1.5　荒漠绿洲过渡带斑块状植被区土壤水分空间异质性

土壤水分通常是指储存在非饱和土壤带里的水分，是探索地表水文过程、地下水（潜水）—土壤—植物—大气连续体（GSPAC 系统）水分循环及能量转换的关键变量，一系列水文过程例如洪水、侵蚀、溶质运移等自然现象均受其影响。土壤水分空间异质性的强弱是研究区域空间异质性特征及上述水文过程的基础。尤其在干旱区，土壤水分更是限制植物生长的关键因子，其空间分布和动态变化很大程度上决定着干旱区植被空间分布格局。荒漠绿洲过渡带是组成荒漠绿洲生态系统的主要部分，对维持绿洲稳定和修复绿洲生态系统举足轻重。研究发现，干旱区土壤水分与植被空间格局的关系是涉及干旱地区生态恢复与重建的重要科学问题，而土壤水分是干旱半干旱地区植被空间格局与 GSPAC 系统循环过程的主要驱动力，植物生长发育、植被景观演替与分异等重要生态过程均由土壤水文过程所决定。此外，植被在空间组成、结构和分布格局等方面的动态变化亦是对土壤水文过程长久性适应的结果。因此，解析干旱区土壤水分与植被空间格局的关系，明晰区域土壤水分环境条件下植被发育特征及影响土壤水分异质性的主要因素是干旱区荒漠绿洲修复与重建的前提。

1.5.1　土壤水分描述性统计

2019 年 6 月和 9 月两个时段内样方 0～100cm 各层土壤水分统计特征见表 1-2。同一时段不同土层及不同时段同一土层的土壤水分变化均有差异。其中，6 月土壤水分剖面值分布在 1.30%～6.12%，0～20cm 土层区间波动最大，波动值达 4.13%；9 月则分布在 1.31%～5.84%，最大波动区间也分布在 0～20cm，波动值为 2.91%，明显 6 月比 9 月土壤水分波动区间大，原因可能是雨季（7 月、8 月、9 月）降水使得土壤水分得到补充，也可能与有些植被在 9 月就已经枯萎，减少了对土壤水分消耗有关，导致 9 月土壤水分波动比 6 月小。但是，6 月和 9 月土壤水分平均值均随土层深度呈现出先增后减的趋势，这两个月的平均最大值均分布在 60～80cm 土层，分别为 4.75% 与 4.70%，表明研究区土壤水分在时间尺度上有较好的均一性。变异系数沿剖面土层深度增加呈逐渐减少趋势，表明随着土层深度增加土壤水分变异程度逐渐减小。6 月和 9 月 60～100cm 土层的变异系数均小于等于 0.1，属于弱变异程度，这两个月其他土层土壤水分变异系数均介于 0.1～1.0

之间，属中等程度变异。偏态系数是衡量数据对称性的指标，对称时等于 0，大于 0 为正偏态，小于 0 为负偏态，说明均有拖尾。表 1-2 中除 6 月 80～100cm 土层是负偏态，有左侧拖尾，其余均属于正偏态，存在右侧拖尾。峰态系数是研究数据与标准正态分布峰高低的对比，大于 0 说明为高狭峰，小于 0 则为低阔峰（计算中已减去 3）。从表 1-2 中可以看出，6 月 0～20cm 土层土壤水分为低阔峰，其余土层均为高狭峰；9 月 20～40cm 和 60～80cm 土层土壤水分为低阔峰，其余土层均为高狭峰。

表 1-2　　　　　　　荒漠绿洲过渡带剖面各层土壤水分统计特征

日期/(年．月)	土层深度/cm	平均值/%	标准差	变异系数	最大值/%	最小值/%	偏态系数	峰态系数	K-S检验
2019.6	0～20	2.60	0.72	0.28	4.20	1.30	0.32	−0.60	0.200[c,d]
	20～40	3.57	0.92	0.25	6.12	1.99	0.70	0.32	0.200[c,d]
	40～60	4.12	0.56	0.14	5.59	3.12	0.65	0.00	0.053[c]
	60～80	4.75	0.28	0.06	5.60	4.15	0.96	1.70	0.054[c]
	80～100	4.40	0.42	0.09	5.52	3.28	−0.30	0.72	0.076[c]
2019.9	0～20	2.72	0.72	0.26	4.28	1.31	0.31	−0.49	0.200[c,d]
	20～40	3.70	0.67	0.18	5.27	2.36	0.36	−0.36	0.200[c,d]
	40～60	4.14	0.54	0.13	5.62	3.11	0.70	0.22	0.070[c]
	60～80	4.70	0.49	0.10	5.84	3.65	0.20	−0.20	0.200[c,d]
	80～100	4.54	0.27	0.06	5.27	3.84	0.16	1.01	0.078[c]

注　c—里利氏显著性标注；d—真显著的下限。

1.5.2　土壤水分空间异质性分析

经典统计学方法虽然可以较好地描述空间土壤水分整体变异程度，但是无法做到局部土壤水分空间变异的描述。因此，要深入研究土壤水分空间异质性必须对土壤水分结构特征进行分析。

本研究借助 GS+软件与 SPSS 软件对原始数据进行处理分析，并选择土壤含水量最优理论模型（表 1-3）和最佳拟合半变异函数曲线图（图 1-7 和图 1-8）。由表 1-3 可知，2019 年 6 月和 9 月 0～20cm 和 80～100cm 土层土壤水分前后的半变异函数模型有所不同。6 月 0～20cm 土层半变异函数最佳模拟理论模型为球状模型（spherical model），80～100cm 土层为指数模型（exponential mode）；而 9 月 0～20cm 土层半变异函数最佳模拟理论模型为高斯模型（gaussion model），80～100cm 土层为球状模型（spherical model）。6 月和 9 月表层（0～20cm）土壤水分理论模型前后有所差异，可能与当地气候条件有关。该区 2019 年降雨多且集中在 7 月、8 月、9 月三个月，气温高，土壤水分蒸发和植被蒸腾强烈，土壤水分多变，因此两次土壤含水量测定结果的模拟模型存在差异。其余各层土壤水分半变异函数拟合模型在间隔的两个月完全相同，20～40cm 土层均为球状模型（spherical model），40～60cm、60～80cm 土层都是指数模型（exponential mode），说明 20～80cm 土壤水分含量在时间上相对稳定，没有受其他因素影响而变异，在时间上连续性较好。

表 1-3 土壤水分特征半变异函数理论模型及相关参数

日期 /(年.月)	土层深度 /cm	理论模型	块金值 /C_0	基台值 /$C+C_0$	块金系数 C_0/C_0+C	变程 A_0/m	分维数
2019.6	0~20	Spherical	0.048	0.532	0.090	93.0	1.997
	20~40	Spherical	0.062	0.849	0.073	105.0	1.990
	40~60	Exponential	0.091	0.336	0.271	120.0	1.981
	60~80	Exponential	0.012	0.080	0.150	120.0	1.979
	80~100	Exponential	0.030	0.175	0.171	132.0	1.965
2019.9	0~20	Gaussian	0.119	0.535	0.222	95.3	1.982
	20~40	Spherical	0.040	0.459	0.087	93.0	1.989
	40~60	Exponential	0.059	0.306	0.193	114.0	1.983
	60~80	Exponential	0.067	0.252	0.266	123.0	1.978
	80~100	Spherical	0.004	0.073	0.055	126.0	1.969

注 Spherical 表示球状模型，Exponential 表示指数模型，Gaussian 表示高斯模型。

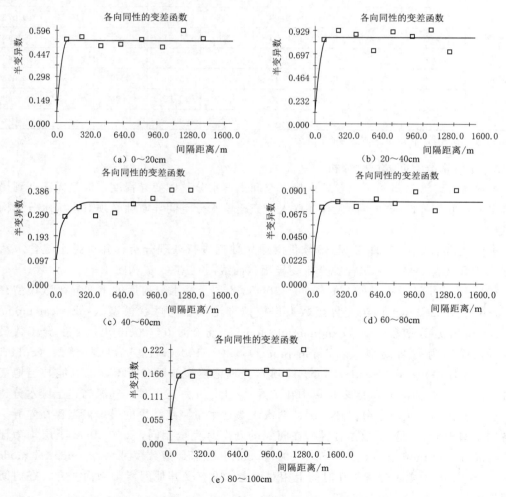

图 1-7 2019 年 6 月 0~100cm 土壤水分含量空间异质最佳拟合模型图

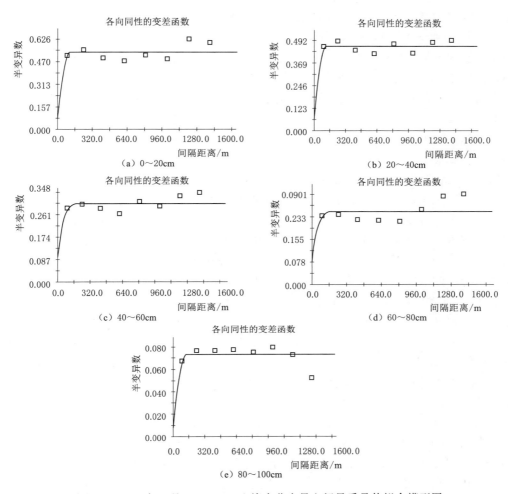

图 1 - 8　2019 年 9 月 0～100cm 土壤水分含量空间异质最佳拟合模型图

　　土壤水分空间异质性由随机部分和结构性因素引起，随机因素受气候条件和人为因素影响，而结构性因素主要包括土壤质地、地形、植被格局等自然因素。由表 1 - 3 可以看出，块金值（C_0）在 6 月和 9 月都比较小，6 月介于 0.012～0.091 之间，9 月介于 0.004～0.119 之间，说明本研究不存在小尺度上某种不能忽略的过程。基台值（$C_0 + C$）反映所有样点的总变异，是半变异函数曲线达到水平时的极限值，该值越大，总的空间变异程度高。在本研究中总的变化趋势是基台值随土层深度增加而减少，表明土壤水分总的空间变异随土层深度增加而减少。通常，土壤水分空间异质程度用块金系数（$C_0 / C_0 + C$）衡量，其值较小说明空间变异由结构性因素所引起，反之则由随机因素所引起。6 月和 9 月各层土壤水分的块金系数均较小，表明本研究的变量空间自相关性强，随机性因素引起的变异弱。根据 Cambardella 提出的划分等级，表 1 - 3 中 6 月 40～60cm 土层和 9 月 60～80cm 土层块金系数介于 25%～75% 之间，表明样地土壤水分在本研究尺度下属于中等空间自相关，而其余各层土壤水分半变异函数的块金系数均小 25%，属于强空间自相关性。总体来说，该过渡带土壤水分在空间上均存在一定的规律性，即较强的空间自相关性，亦即较好的空间结构性。究其原因，是由于所选择研究区样方地形平坦且分布范围不大，气候与立地条件基本一致，因而植被的空间格局分布状况可能是驱动该荒漠过渡区域土壤水分空间异质性的关键因素，而土壤水分的空间异质性特征进而反作用于样区植被的分布格局。干旱区植被对土壤水分异质性的这种独特响应方式可能是植物适应干旱环境的主要策略之一。赵亚楠等研究表明，近地表（0～40cm）土壤含水量的块金系数大于深层（0～200cm），其空间相关性也弱于其他深层土壤，与本研究结果相似。王家强等也发现，荒漠绿洲过渡带 20～40cm 土层在研究尺度上具有中等空间自相关，其他土层均表现出强空间自相关。

空间异质性是时空尺度的函数，在半变异函数中变程（A）是度量空间异质性尺度的限制参数。研究发现，实验设计的取样间隔是造成变量半变异函数变程存在差异的主要原因。因此，确定理论半变异函数的变程可为研究采样尺度提供科学的理论依据，进而为深入探讨土壤水分空间格局与生态过程的关系奠定理论基础。由表 1-3 和图 1-7、图 1-8 可以看出，2019 年 6 月和 9 月研究样点 5 层土壤水分空间异质性尺度有所差异，表明引起土壤水分空间自相关范围的大小不同。随着土层深度增加，变程也不断增大，6 月 0～100cm 土层变程在 93.0～132.0m 之间，变化幅度为 39m，其中 0～20cm 土层变程最小，为 93.0m；80～100cm 土层则最大，为 132.0m。9 月 0～100cm 土层变程介于 95.3～126.0m 之间，变幅为 30.7m，最大值出现在 80～100cm 土层，最小层出现在 0～20cm 土层。6 月和 9 月同一土层两次取样的变程变化幅度小，最大变化幅度是 20～40cm 土层的 12m，最小变化幅度是 0～20cm 土层的 2.3m，表明研究区土壤水分的空间自相关尺度基本保持不变。

由表 1-3 可知，在不同时间不同土层深度土壤水分空间分布的分形维数值也不尽相同。6 月 0～100cm 土层垂直剖面土壤水分的分形维数介于 1.965～1.997 之间，9 月在 1.969～1.989 之间。整体上看，土壤水分的分形维数随土层深度增加呈逐渐减小趋势，分形维数在垂直剖面的变化说明土壤水分空间格局上的依赖性与连续性随土层深度增加整体上逐渐增强，反之复杂度呈下降趋势，因此深层土壤水分的空间结构性要优于表层土壤，这一结论与半方差函数的块金系数分析结果一致。

1.5.3　土壤水分克里格插值分析

在对土壤水分进行半变异函数理论及结构分析的基础上，为了更加深入与直观地掌握该典型过渡带土壤水分含量空间分布和变化特征，依据表 1-3 中 0～100cm 土层土壤水分半变异函数最佳理论模型与相关参数，利用 GS+软件中克里格插值法对 2019 年 6 月和 9 月研究区土壤水分分布进行空间插值，并绘制了空间分布图。

2019 年 6 月 0～100cm 土层土壤水分空间插值图如图 1-9 所示。由图 1-9 可知，0～20cm、20～40cm、40～60cm 土层土壤水分空间分布变化较为明显，由于受土壤水分极值点影响出现了许多"牛眼"，也就是水分斑块，与 60～80cm、80～100cm 土层相比，这种水分斑块明显减少，土壤水分在空间上逐渐形成片状分布。图 1-9 还反映了研究区各土层土壤水分空间分布状况。整体来看，研究样地土壤水分空间分布规律有以下几方面。

（1）水平尺度。0～60cm 土层土壤含水量大致由西往东逐渐降低，变化范围在

5.59％～1.30％之间（表 1 - 2），土壤水分等值线较为密集，有明显的"高峰"与"低谷"；60～80cm 土层土壤水分基本呈"两头小，中间大"的分布趋势，即土壤含水量较高且集中的大斑块大致分布于样地中间及偏右，介于 4.76％～4.94％之间，而 80～100cm 土层则相反，呈现"两头大，中间小"的分布趋势，即土壤含水量高且集中的大斑块分布于样地西北角与东南角，数值基本介于 4.40％～4.57％之间。

（2）垂直尺度。0～20cm 土层土壤水分小斑状等值线密集且分布广泛，随着土层深度增加，土壤水分小斑块逐渐减少形成片状分布特征，且在 40cm 土层以下表现愈加明显，说明较深层（60～80cm）土壤水分变化幅度逐渐降低，连续性及整体性逐渐增强，在垂直尺度上的空间变异程度逐渐降低；特别是 60～100cm 土层土壤水分基本上分为两个层次，其中 60～80cm 土层土壤含水量主要集中在 4.66％～4.76％和 4.76％～4.87之间，80cm～100cm 土层主要集中在 4.06％～4.23％和 4.23％～4.40 之间。

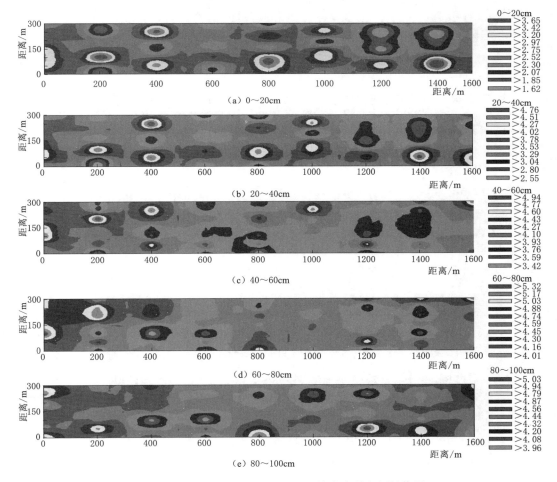

图 1 - 9　2019 年 6 月 0～100cm 土壤含水量空间插值图

2019 年 9 月 0～100cm 土壤含水量空间插值图如图 1 - 10 所示。由图 1 - 10 可以看出，研究区 2019 年 9 月 0～20cm、20～40cm 两层土壤水分空间分布由奇异点（极值）

引起的斑块较密集，相比 2019 年 6 月仅 0～20cm 土层才呈现此规律，说明 9 月土壤水分空间破碎化程度较 6 月更为严重。究其原因，可能与该区雨季分布有关。2019 年 9 月 40～100cm 土层由奇异点（极值）引起的斑块逐渐减少，且形成连续性比较好的片状分布。与 2019 年 6 月相比，9 月 40～100cm 土层土壤水分连续性较 6 月差，但随着土层深度增加土壤水分连续性越显著这一趋势仍然不变，但 9 月 40～100cm 土层依然有零散的斑块出现，表明 9 月该土层土壤水分连续性不强，空间异质性程度较 6 月明显。其主要原因可能与研究区 9 月植被枯萎及土壤蒸发等环境因素有关。研究表明，土壤表层水分主要受地形条件和地表蒸发的影响，土壤水分受地表蒸发的影响随土层加深而降低，但受植被蒸腾影响而增强。从整个研究区来看，土壤水分空间分布规律有以下几方面。

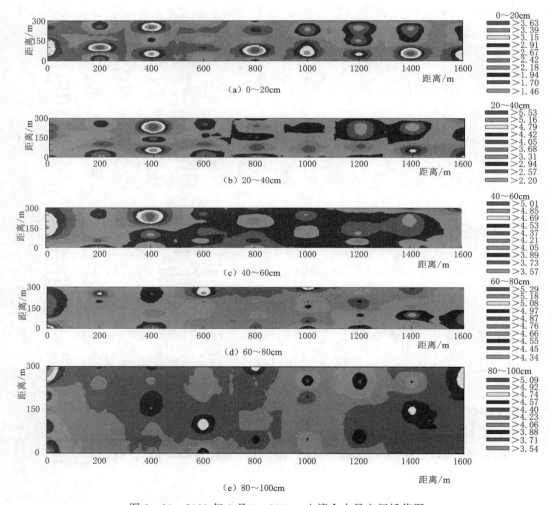

图 1-10　2019 年 9 月 0～100cm 土壤含水量空间插值图

（1）水平尺度。样地内 0～40cm 土层土壤含水量大致上西边要高于东边，且北面高于南面，呈西南向东北倾斜下降趋势，与 6 月 0～40cm 土壤水分空间分布格局大体一致；

40～60cm 土层土壤水分在样地上的分布与 6 月有所差别，基本呈"两头小，中间大"的变化趋势，介于 3.93%～4.27%之间，而 60～100cm 土层则呈现"两头大，中间小"的变化趋势，介于 4.44%～4.75%和 4.42%～4.56%。

（2）垂直尺度。0～40cm 土层土壤水分由奇异点（极值）引起的斑状土壤水分等值线密集且分布广泛。随着土层深度增加，斑块逐渐减少但依然存在，说明较深层土壤水分变化幅度逐渐降低，在水平尺度上出现片状分布特征，这与 7～9 月雨季降雨因素和研究区植物枯败有关。研究表明，干旱半干旱区降雨可显著影响 5～60cm 土层土壤水分，且土壤水分动态特征与降雨分布基本一致；土壤水分和植被格局存在密切联系，且植被在不同程度上可增强或减弱土壤水分异质性。2019 年 9 月与 6 月相比，80～100cm 土层依然存在零散斑块状土壤水分等值线，说明 9 月土壤水分连续性和稳定性不及 6 月，造成这种变化的原因可能与地表蒸发、雨季降雨、植被枯死、取样误差等因素有关。

综上，2019 年 6 月和 9 月两次取样结果均表明，0～40cm 土层土壤水分空间连续性和稳定性均较差，易受到降雨、蒸发及植被等环境因素影响，空间异质性较明显。随土层逐渐加深（60～80cm），土壤水分空间连续性和稳定性逐步增强，空间异质性程度则逐渐降低。

1.5.4　土壤水分空间自相关分析

本研究采用全局空间自相关分析法并利用 GeoDa 软件计算绘制了研究区 0～100cm 土层深度各土层土壤含水量全局空间自相关 Moran's I 值、Moran 散点图（图 1-11 和图 1-12）及检验图（图 1-13 和图 1-14）。由图可以看到，2019 年 6 月和 9 月全局空间自相关 Moran's I 值均为正值，表明两次取样各土层土壤水分均存在较强的空间正相关关系，呈现为空间集聚性。此外，两次取样各土层土壤水分 Moran's I 值基本上均表现为 60～80cm 和 80～100cm 大于 0～20cm、20～40cm、40～60cm 等 3 个土层，表明 60～80cm 和 80～100cm 土层土壤水分的空间自相关性比其他 3 个土层更为明显。

为了检验 Moran's I 值是否显著，本研究应用 GeoDa 软件进行随机化处理，选择 999 次置换，2019 年 6 月和 9 月各土层土壤水分 Moran's I 检验结果如图 1-13 和图 1-14 所示，每层土壤水分的 Moran's I 值计算结果 p 值均小于 0.05。

1.5.5　讨论与小结

1. 讨论

地统计学是在经典统计学基础上演化而来的空间统计方法，既可以描述属性变量在空间上的分布规律、变异特征和相关特性，也能有效地将空间格局与生态过程联系在一起，进而解释空间格局和生态过程与功能的影响。在干旱半干旱区，对土壤水分空间异质性及其影响因素的探究历来已久。本研究针对民勤荒漠绿洲过渡带斑块状植被区土壤水分变化进行调查研究，结果如下。

（1）研究区土壤含水量垂直尺度上沿剖面深度呈先增后减的趋势，变异系数随土层加深而递减，60～100cm 土层变异程度属于弱变异而 0～60cm 土层为中等程度变异。王甜等在山西太岳山小流域研究土壤水分空间异质性时发现，在时间稳定前提下土壤含水量和变异系数随土层加深逐渐降低。童永平研究黄土高原关键带剖面土壤异质性结果显示，在 0～2m 土层内土壤水分随土层深度增加呈先增后减趋势。邱开阳等研究表明，土壤水分

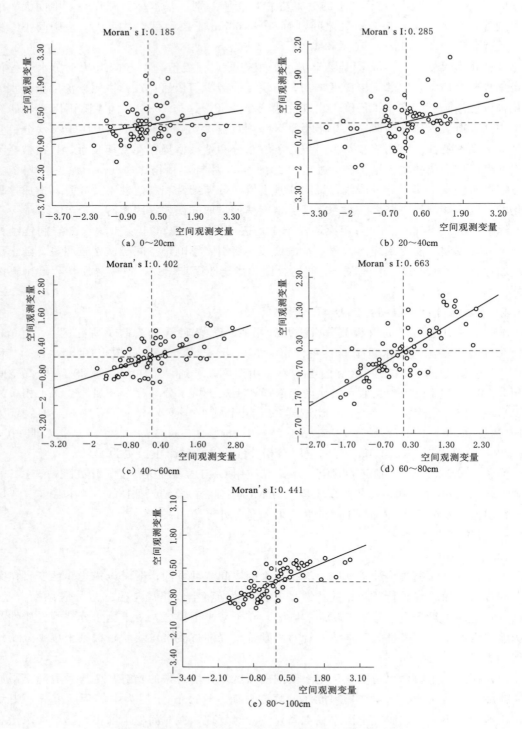

图 1-11 2019 年 6 月各土层土壤水分 Moran 散点图

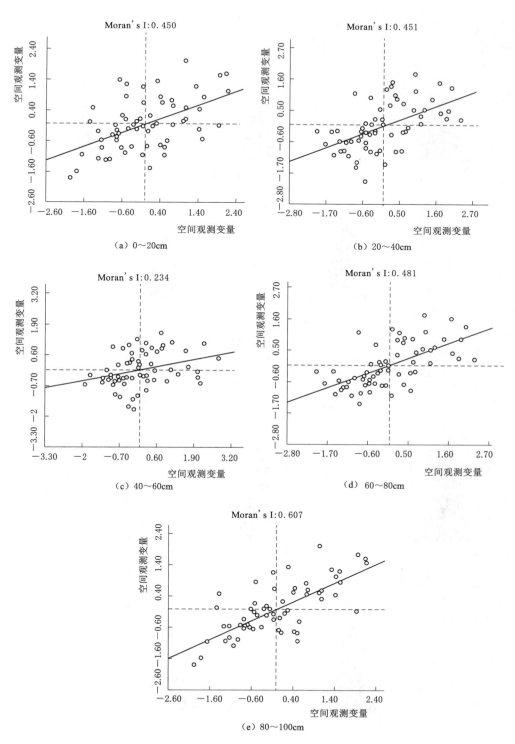

图 1-12 2019 年 9 月各土层土壤水分 Moran 散点图

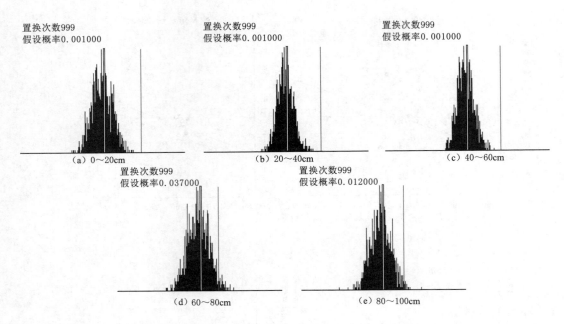

图 1-13　2019 年 6 月各土层土壤水分 Moran's I 检验图

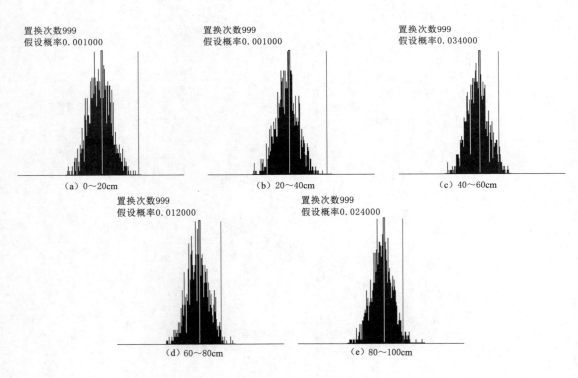

图 1-14　2019 年 9 月各土层土壤水分 Moran's I 检验图

变异系数随土层加深而逐渐递减，研究结论均与本研究一致。由此可见，土壤含水量和变异系数与土层深度有关，其变化趋势受土层深度影响。

（2）表层土壤水分连续性和稳定性较低，相关性不强，易受降雨、蒸发及植被等环境因素影响，空间异质性程度较高，表层以下较深土层则与之相反，土壤水分连续性和稳定性均较明显且相关性显著，空间异质性程度低，受环境因素影响不明显。0～80cm 土层空间异质性特征有明显差异，各土层土壤水分均具有空间正相关性，与樊丽娟在甘肃临泽荒漠绿洲土壤水分异质性研究结果相似。因此，0～100cm 土层土壤水分大体上沿剖面深度增加呈逐渐递减趋势，0～40cm 土层土壤水分异质性程度高于 40～100cm 土层，且易受环境因素影响。

2．小结

运用经典统计学与地统计学理论相结合对 2019 年 6 月和 9 月民勤荒漠绿洲过渡带斑块状植被区小样方内 63 个样点土壤水分进行分层取样，将每一个样点 1.0m 深度土层分为 5 层（0～20cm、20～40cm、40～60cm、60～80cm、80～100cm），分别研究各土层土壤水分空间异质性。结论如下：

（1）在垂直尺度上，民勤荒漠绿洲过渡带斑块状植被区 6 月和 9 月土壤水分平均值均随土层深度呈先增后减的趋势，两个月的平均最大值均分布在 60～80cm 土层，分别为 4.75％与 4.70％，表明研究区土壤水分在时间尺度上有较好的均一性。

（2）研究区土壤变异系数沿土壤剖面深度增加呈逐渐减少趋势，表明土壤水分变异程度随土层深度增加逐渐减小。2019 年 6 月和 9 月 60～100cm 土层变异系数均小于等于 0.1，属于弱变异程度，两个月其他土层土壤水分变异系数均介于 0.1～1.0 之间，属于中等程度变异。

（3）2019 年研究区 6 月 40～60cm 土层和 9 月 60～80cm 土层土壤水分半变异函数的块金系数介于 25％～75％之间，表明样地土壤水分在本研究尺度下存在中等程度空间自相关，而其余各土层块金系数均小 25％，属于强空间相关性。

（4）2019 年 6 月和 9 月两次取样结果的克里格空间插值图显示，表层 0～40cm 土壤水分空间连续性和稳定性均较差，易受到降雨、蒸发及植被等环境因素影响，空间异质性较明显；但随着取样土层（60～80cm）逐渐加深，土壤水分空间连续性和稳定性逐步增强，空间异质性程度渐渐降低。

（5）研究区 2019 年 6 月和 9 月土壤水分全局空间自相关 Moran's I 值均为正值，表明两次取样各土层土壤水分均存在较强的空间正相关关系，表现为空间集聚性，即多数样点土壤水分表现为"高—高"集聚与"低—低"集聚的特点。两次取样各土层土壤水分的 Moran's I 值均基本表现为 60～80cm 和 80～100cm 大于 0～20cm、20～40cm、40～60cm 等 3 层土壤，表明 60～80cm 和 80～100cm 土层土壤水分的空间相关性较其他 3 个土层更为明显。

1.6 过渡带斑块状植被区影响土壤水分的主控因素分析

土壤水分空间异质性为土壤质地和特性、气象因素、地表植被及地形条件等多因素共同作用的结果。分析斑块状植被区土壤水分空间异质性变化的主控因素时，仅能分析单一因素的线性相关法、皮尔逊（Pearson）法及斯皮尔曼相关法（Spearman）等均不适用于分析土壤水分与多因素间的影响关系。灰色关联分析法是通过灰色关联度来分析和确定系统间影响程度的一种分析方法，对解决影响因素众多、分布规律不明显、计算量较大的样本均有成效。

为了分析斑块状植被区土壤水分空间异质性变化的主控因素，本研究选择灰色关联分析法筛选降雨量、蒸发量、植被盖度及土壤粒度含量为影响因素。因研究区地形相对平坦，故海拔和坡度未被列入影响因素。基于灰色关联法计算步骤，将所选影响因素看作一个灰色模糊系统并将每层土壤含水量作为参考序列，以植被盖度、降雨量、蒸发量及各土层对应的土壤粒度含量（颗粒直径>1mm、0.5～1mm、0.25～0.5mm、0.1～0.25mm、0.075～0.1mm、<0.075mm）作为比较序列进行灰色关联分析。

在对原始数据处理过程中，由于样点数（63 个）和各土层（5 层）对应的灰色关联系数过多，每个系数计算过程冗长且罗列表格过多，故只列出了每层土壤水分的灰色关联度。同时，为了表达简易且考虑表格空间有限，将所有因素进行编号，其中 X_1 表示植被盖度，X_2 表示降雨量，X_3 表示蒸发量，X_4 表示大于 1mm 的土壤粒度含量，X_5 表示介于 0.5～1mm 间的土壤粒度含量，X_6 表示介于 0.25～0.5mm 间的土壤粒度含量，X_7 表示介于 0.1～0.25mm 间的土壤粒度含量，X_8 表示介于 0.075～0.1mm 间的土壤粒度含量，X_9 表示小于 0.075mm 的土壤粒度含量。

1.6.1　土壤水分影响因素的灰色关联分析

灰色关联度可用于定量描述研究区环境影响因素和土壤含水量间的密切关系，其值越大（但小于1），说明该土层土壤水分与某环境因素间联系越紧密，对土壤水分变化程度的影响越大；相反，其值越小（但大于0），则说明两者之间联系越松散，对土壤水分影响程度越小。因此，本研究认为，当灰色关联度大于 0.8 时该影响因素与土壤水分间联系紧密，土壤水分受影响程度大。2019 年 6 月 0～100cm 各土层土壤水分影响因素的灰色关联度及关联序见表 1-4。由表 1-4 发现，各土层土壤水分的影响因素存在差异，但除 60～100cm 土层植被盖度（X_1）、0.25～0.5mm 土壤粒度含量（X_6）及小于 0.075mm 土壤粒度含量（X_9）土壤水分灰色关联度小于0.8 以外，其余各土层土壤水分与影响因素的关联度均在 8 以上。对表 1-4 所有影响因素的关联度进行大小排序的结果见表 1-5。由表 1-4 和表 1-5 可以看出，0～20cm 土层土壤水分影响因素的灰色关联度介于 0.8137～0.9310 之间，排序为 $X_4>X_3>X_6>X_2>X_9>X_5>X_1>X_8>X_7$；20～40cm 土层灰色关联度介于 0.8105～0.9518 之间，排序为 $X_4>X_3>X_2>X_9>X_6>X_8>X_5>X_1>X_7$；40～60cm 土层灰色关联度介于 0.8183～0.9025 之间，排序为 $X_4>X_9>X_3>X_6>X_2>X_8>X_1>X_7>X_5$；60～80cm 土层灰色关联度介于 0.7621～0.8954 之间，排序为 $X_3>X_4>X_9>X_2>X_8>X_5>X_6>X_7>X_1$；80～100cm 土层灰色关联度介于 0.7621～0.8954 之间，排序为 $X_4>X_9>X_3>X_6>X_2>X_8>X_7>X_5>X_1$。其中，大于 1mm 土壤粒度含量（$X_4$）与 0～20cm、20～40cm、40～60cm、80～100cm 土层土壤水分的关联序均最大，关联度分别为 0.9310、0.9518、0.9025、0.8765。

表 1-4　　　　　2019 年 6 月 0～100cm 土壤水分影响因素的灰色关联度及关联序

影响因素	X_1	X_2	X_3	X_4	X_5	X_6	X_7	X_8	X_9
0～20cm	0.8237	0.8536	0.9117	0.9310	0.8278	0.9027	0.8309	0.8149	0.8133
关联序	7	4	2	1	6	3	5	8	9
20～40cm	0.8154	0.8739	0.9035	0.9518	0.8326	0.8552	0.8654	0.8408	0.8105
关联序	8	3	2	1	7	5	4	6	9
40～60cm	0.8243	0.8342	0.8427	0.9025	0.8183	0.8350	0.8543	0.8265	0.8212
关联序	7	5	3	1	9	4	2	6	8
60～80cm	0.7621	0.8361	0.8954	0.8832	0.8214	0.7901	0.8315	0.8294	0.7953
关联序	9	4	1	2	6	8	5	3	7
80～100cm	0.7828	0.8005	0.8211	0.8765	0.8110	0.7889	0.8452	0.7984	0.7914
关联序	9	5	3	1	4	8	2	6	7

表 1-5　　　　　　2019 年 6 月 0～100cm 土壤水分影响因素的灰色关联度排序

排序	1	2	3	4	5	6	7	8	9
0～20cm	X_4	X_3	X_6	X_2	X_9	X_5	X_1	X_8	X_7
20～40cm	X_4	X_3	X_2	X_9	X_6	X_8	X_5	X_1	X_7
40～60cm	X_4	X_9	X_3	X_6	X_2	X_8	X_1	X_7	X_5
60～80cm	X_3	X_4	X_9	X_2	X_8	X_5	X_6	X_7	X_1
80～100cm	X_4	X_9	X_3	X_6	X_7	X_5	X_8	X_2	X_1

因此，2019 年 6 月研究区降雨量（X_2）、蒸发量（X_3）、土壤粒度含量［颗粒直径 >1mm（X_4）、0.5～1mm（X_5）、0.1～0.25mm（X_7）、0.075～0.1mm（X_8）］等均与 0～100cm 土层土壤水分联系紧密且对其影响较大；而植被盖度（X_1）、土壤粒度含量 ［0.25～0.5mm（X_6），<0.075mm（X_9）］仅与 0～60cm 土层土壤水分联系紧密且影响 较大，但与 60～100cm 土层土壤水分联系不紧密且影响不明显。

1.6.2　土壤水分影响因素的灰色关联分析

2019 年 9 月 0～100cm 土壤水分影响因素的灰色关联度及排序见表 1-6，2019 年 9 月 0～100cm 土壤水分影响因素的灰色关联度排序见表 1-7。表 1-7 所列所有影响因素 关联序大小排序显示，0～20cm 土层土壤水分影响因素的排序为 $X_4>X_3>X_2>X_6> X_1>X_7>X_5>X_8>X_9$，灰色关联度介于 0.8038～0.9421 之间；20～40cm 土层排序为 $X_4>X_3>X_2>X_7>X_6>X_8>X_1>X_5>X_9$，灰色关联度介于 0.8019～0.9356 之间； 40～60cm 土层排序为 $X_4>X_5>X_3>X_2>X_7>X_8>X_6>X_1>X_9$，灰色关联度介于 0.7781～0.8762 之间；60～80cm 土层排序为 $X_3>X_4>X_5>X_2>X_8>X_7>X_6> X_9>X_1$，灰色关联度介于 0.7621～0.8954 之间；80～100cm 土层排序为 $X_4>X_7> X_3>X_5>X_2>X_8>X_6>X_9>X_1$，灰色关联度介于 0.7598～0.9307 之间。其中，大于 1mm 土壤粒度含量（X_4）与 0～20cm、20～40cm、80～100cm 土壤水分的关联序均最 大，这与 2019 年 6 月各土层土壤水分与各影响因素间的关联度排序结果基本相同。

表 1-6 　　　　　2019 年 9 月 0～100cm 土壤水分影响因素的灰色关联度及排序

影响因素	X_1	X_2	X_3	X_4	X_5	X_6	X_7	X_8	X_9
0～20cm	0.8342	0.8716	0.8952	0.9421	0.8374	0.8523	0.8258	0.8219	0.8038
关联序	5	3	2	1	7	4	6	8	9
20～40cm	0.8217	0.8924	0.9217	0.9356	0.8197	0.8552	0.8765	0.8437	0.8019
关联序	7	3	2	1	8	5	4	6	9
40～60cm	0.7915	0.8490	0.8614	0.8762	0.8687	0.7964	0.8407	0.8043	0.7781
关联序	8	4	3	1	2	7	5	6	9
60～80cm	0.7705	0.8419	0.8917	0.8804	0.8620	0.7867	0.8017	0.8282	0.7817
关联序	9	4	1	2	3	7	6	5	8
80～100cm	0.7598	0.8167	0.8541	0.9307	0.8305	0.7853	0.8826	0.8004	0.7604
关联序	9	5	3	1	4	7	2	6	8

表 1-7 　　　　　2019 年 9 月 0～100cm 土壤水分影响因素的灰色关联度排序

排序	1	2	3	4	5	6	7	8	9
0～20cm	X_4	X_3	X_2	X_6	X_1	X_7	X_5	X_8	X_9
20～40cm	X_4	X_3	X_2	X_7	X_6	X_8	X_1	X_5	X_9
40～60cm	X_4	X_5	X_3	X_2	X_7	X_6	X_1	X_8	X_9
60～80cm	X_3	X_4	X_5	X_2	X_8	X_7	X_6	X_9	X_1
80～100cm	X_4	X_7	X_3	X_5	X_2	X_8	X_6	X_9	X_1

因此，2019 年 9 月研究区降雨量（X_2）、蒸发量（X_3）、土壤粒度含量［颗粒直径＞1mm（X_4）、0.5～1mm（X_5）、0.1～0.25mm（X_7）、0.075～0.1mm（X_8）］等均与 0～100cm 土层土壤水分联系紧密且对其影响较大；而植被盖度（X_1）、土壤粒度含量［颗粒直径 0.25～0.5mm（X_6）、0.075～0.1mm（X_8）、＜0.075mm（X_9）］仅与 0～40cm 土层土壤水分联系紧密且影响较大，但与 40～100cm 土层土壤水分联系不紧密且影响不明显。这一结果与 2019 年 6 月 0～60cm 土层土壤水分变化规律大致相同。

综上，通过对 2019 年 6 月和 9 月土壤水分影响因素的灰色关联分析可知，本研究在斑块状植被区筛选的降雨量、蒸发量、植被盖度及土壤粒度含量与 0～40cm 土层土壤水分联系密切且对其影响较大，表明上层土壤水分的影响因素复杂。随着土层深度增加，降雨量、蒸发量、植被盖度及土壤粒度含量［颗粒直径＞1mm（X_4），0.5～1mm（X_5），0.1～0.25mm（X_7），0.075～0.1mm（X_8）］等均仍与 40～100cm 土层联系紧密且影响较大，但植被盖度、土壤粒度含量［颗粒直径 0.25～0.5mm（X_6）、＜0.075mm（X_9）］对 40～100cm 土层土壤水分的影响程度逐渐降低。

1.6.3 不同土壤类型对土壤水分的影响

民勤绿洲不同的类型的含水量（图 1-15）存在明显差异。由图 1-15 可以看出，2019 年 6 月和 9 月植被区土壤含水量变化趋势一致，但受环境因素影响，同一土层土壤含水量随时间（月份）略有变化，裸地也表现出相似规律。2019 年 6 月和 9 月同一时间不同土地类型土壤含水量表现为斑块状植被区土壤含水量随土层加深呈先增后减的变化趋势,而裸地则表现相反,即随土层深度增加土壤含水量呈逐渐增加趋势,可能与植物根系分布及耗水有关。

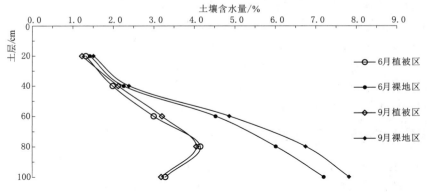

图 1-15 斑块状植被区和裸地土壤含水量

1.6.4 讨论与小结

1. 讨论

本研究筛选了民勤荒漠绿洲影响土壤水分的主控因素,结果显示土壤粒度含量与表层(0~40cm 土层)土壤水分变化联系紧密且对其影响较大。Marlyn L 在《水气候学视角与应用》一书中阐明,含粗砂(<0.5mm)的土壤结构渗透性强且其入渗率最大能够达到 25mm/h,含粉砂(<0.075mm)的土壤持水能力较强且其入渗率小于 1mm/h,与本研究结论相似。在荒漠绿洲斑块植被区表层 0~40cm 土层土壤粗砂含量多,遇降雨能够快速高效吸收水分避免蒸发;相反,粉砂含量较少,但对土壤具有很好的保水作用,能够有效减少土壤水分蒸发。廖亚鑫研究荒漠绿洲土壤水分影响因素的结论与本研究结果一致。王新军在古尔班通古特沙漠的研究表明,0~40cm 土层土壤水分在一定程度上对降水的影响较为敏感,日降雨量在 5~10mm 之间时将对 0~40cm 土层土壤水分变化产生影响,而日降雨量大于 10mm 时将对 40~100mm 土层内土壤水分变化产生影响,这与本研究降雨量与各土层土壤水分的灰色关联度排序结果相似,即降雨量与土壤含水量的关联序随土层深度增加而逐渐减小。已有研究表明,荒漠绿洲日照射能量高且蒸发强烈,会加速消耗浅层土壤水分,而 40~100cm 土层在浅层土壤保护下水分不易散失,这与本研究蒸发量与土壤水分影响的关联序表现结果一致。此外,本研究植被盖度对土壤水分的影响随土层深度增加亦呈现逐渐减弱的趋势,这可能与植被根系埋深及根系吸水有关。

2. 小结

(1) 2019 年 6 月,降雨量、蒸发量、土壤粒度含量(>1mm、0.5~1mm、0.1~0.25mm、0.075~0.1mm)均与 0~100cm 土层土壤水分联系紧密且影响较大,而植被盖度、土壤粒度含量(0.25~0.5mm、<0.075mm)仅与 0~60cm 土层土壤水分联系紧密且影响较大,但与 60~100cm 土层土壤水分联系不紧密,影响程度不明显。

(2) 2019 年 9 月,降雨量、蒸发量、土壤粒度含量(>1mm、0.5~1mm、0.1~0.25mm、0.075~0.1mm)均与 0~100cm 土层土壤水分联系紧密且影响较大,而植被盖度、土壤粒度含量(0.25~0.5mm、0.075~0.1mm、<0.075mm)仅与 0~40cm 土

层土壤水分联系紧密且影响度大，但与 40～100cm 土层土壤水分联系不紧密且影响程度不明显。

（3）斑块状植被区降雨量、蒸发量、植被盖度及土壤粒度含量与表层（0～40cm 土层）土壤水分联系密切且对其影响较大，说明影响表层土壤水分的因素复杂。随着土层深度增加，降雨量、蒸发量、植被盖度及土壤粒度含量 [＞1mm（X_4），0.5～1mm（X_5），0.1～0.25mm（X_7），0.075～0.1mm（X_8）] 等均仍与 40～100cm 土层联系紧密且影响较大，而植被盖度、土壤粒度含量 [0.25～0.5mm（X_6）＜0.075mm（X_9）] 则对 40～100cm 土层土壤水分影响较小。

1.7 荒漠绿洲过渡带斑块状植被区土壤水分动态模拟

Hydrus‐1D 模型是美国农业部盐渍土实验室研发的一种用于模拟变饱和土壤的一维水分、能量、溶质运移数值模型。该模型不但拥有许多可以模拟土壤水分运动参数、植物根系吸水和根系分布及土壤蒸散发等重要土壤性质的子模型，而且能够灵活处理一般条件下的水流边界问题。水分运移过程及其规律模拟计算通常采用修正过的 Richards 方程，即采用 Calerkin 线性有限元法对模型进行求解。在西北干旱半干旱环境下，降水稀少和蒸发量大导致土壤含水量降低，因此对荒漠绿洲土壤水分入渗问题应引起高度重视，研究土壤水分运移机理可为干旱半干旱区合理利用土地资源、保护脆弱生态系统提供理论依据。借助 Hydrus‐1D 水文模型模拟土壤水分动态演变有助于掌握特定区域土壤水分运移规律，进而反映该区域植被的生长和空间格局分布与土壤水分间的关系。

本研究利用 Hydrus‐1D 模型对民勤荒漠绿洲过渡带斑块植被区 0～100cm 土层土壤含水量随时间变化的规律进行了动态模拟，并利用实验所测数据与模型模拟结果进行了对比验证。鉴于试验条件所限，在 Hydrus‐1D 模型中 Van‐Genuchten 模型要求输入较多土壤水分参数。因此，本研究在荒漠绿洲过渡带选取典型的土壤垂直剖面间隔点对 Hydrus‐1D 一维模型进行模拟验证。

1.7.1 Hydrus‐1 模型水分运移原理

1. 水分运移模型

本研究在 Hydrus‐1D 软件中选用 Richards 方程对土壤水分运移进行模拟，表达式为

$$\frac{\partial \theta}{\partial t} = \frac{\partial}{\partial x}\left[K(h)\left(\frac{\partial h}{\partial x}+1\right)\right] - S \qquad (1-18)$$

式中　θ——土壤体积含水率，cm^3/cm^3；

　　h——土壤基质势，cm；

　　t——时间，h；

　　x——土壤深度，cm，以土壤表层地面为原点，向上为正；

　$K(h)$——非饱和导水率，cm/d；

　　S——根系吸水项，$cm^3/(cm^3 \cdot d)$，即单位时间单位体积土壤根系吸水量。

2. 模型土壤水力参数

在一定的温度条件下，土壤水分特征曲线可用来表征土水势随土壤水分变化的规律，其测定方法主要有水分负压计法、砂性漏斗法、压力膜仪法、离心机法及均衡水气压法

等。鉴于直测法耗时耗力且外界干扰大，故目前多利用经验公式进行转换。已有研究表明，Van - Genuchten 模型可应用于半饱和土壤模拟土水势与土壤含水量间的关系且曲线拟合度较高。本研究同样采用 Van - Genuchten 模型对研究区土壤水分特征曲线参数进行拟合，表达式为

$$\theta(h) = \theta_r + \frac{\theta_s - \theta_r}{[1 + (\alpha h)^n]^m} \tag{1-19}$$

$$K(h) = K_s S_e^l [1 - (1 - S_e^{\frac{1}{m}})^m]^2 \tag{1-20}$$

$$S_e = \frac{\theta - \theta_r}{\theta_s - \theta_r} \tag{1-21}$$

$$m = 1 - \frac{1}{n}, n > 1 \tag{1-22}$$

式中　$\theta(h)$——土壤滞水函数；

$\quad\quad\theta_r$——残余含水量，cm^3/cm^3；

$\quad\quad\theta_s$——饱和含水量，cm^3/cm^3；

$\quad\quad K_s$——饱和水力传导度，cm/d；

$\quad\quad S_e$——相对饱和度；

$\quad\quad\alpha$——进气值倒数（$1/cm$）；

$\quad\quad m$——土壤水分特征曲线适线参数；

$\quad\quad n$——孔径分布系数；

$\quad\quad l$——土壤孔隙连通特征参数，经验值取为 0.5。

3. 根系吸水模型

本研究在 Hydrus - 1D 模型中选择 Feddes 根吸水模型描述植物根系吸水，其表达式为：

$$S(h) = \alpha(h)S_p = \alpha(h)b(x)T_p \tag{1-23}$$

式中　$S(h)$——植物根吸水项，$cm^3/(cm^3 \cdot d)$；

$\quad\quad\alpha(h)$——根系吸水胁迫响应函数；

$\quad\quad S_p$——潜在吸水率（$1/d$），数值上等于 $\alpha(h)=1$ 时的吸水率；

$\quad\quad b(x)$——根系吸水分布函数（$1/d$）；

$\quad\quad T_p$——潜在蒸腾量，cm/d。

$\alpha(h)$ 是一个无量纲函数，与土壤压力水头有关（$0 \leqslant a \leqslant 1$），通过基于 4 个土壤压力水头（$h_4 < h_3 < h_2 < h_1$）的分段函数计算和描述为

$$\alpha(h) = \begin{cases} \dfrac{h - h_4}{h_3 - h_4}, & h_3 > h > h_4 \\ 1, & h_2 \geqslant h \geqslant h_3 \\ \dfrac{h - h_4}{h_3 - h_4}, & h_1 > h > h_2 \\ 0, & h \leqslant h_4 \text{ 或 } h \geqslant h_1 \end{cases} \tag{1-24}$$

式中　h_1——厌氧点；

h_4——凋零点。

h_2 与 h_3 之间为最佳状态吸水点。

而 $b(x)$ 的表达式很多,在 Hydrus - 1D 模型中选择 Hoffinan - van Genuchten 函数进行求解,即

$$b(x) = \begin{cases} \dfrac{1.6667}{L_R}, & x > L - 0.2L_R \\ \dfrac{2.0833}{L_R}\left(1 - \dfrac{x}{L_R}\right), & x \in (L - L_R, L - 0.2L_R) \\ 0, & x < L - L_R \end{cases} \tag{1-25}$$

式中 L——土壤垂直剖面深度;

$\quad\quad L_R$——植被根系层深度。

本研究所有根系数据均采用实测值。

1.7.2 初始及边界条件设置

本研究将 Hydrus - 1D 模型初始含水量设置为实验初始日期所测土壤含水量,所需气象数据均来自民勤综合治沙站和甘肃民勤草地生态系统国家野外科学观测站。

由于研究区地势平坦空旷,所有采样点均为露地且降雨稀少不产生积水,故将上边界条件选定为产流的大气边界(atmospheric boundary condition for surface runoff),即

$$\begin{cases} \left| -K\dfrac{\partial h}{\partial x} - K \right| \leqslant E \\ h_a \leqslant h \leqslant h_s = 0 \end{cases}, x = 0 \tag{1-26}$$

式中 E——当前大气条件下最大潜在蒸发或入渗速率;

$\quad\quad h$——当前土壤条件下允许地表最大压力水头,通常设置为 0;

$\quad\quad h_a$——当前土壤条件下地表允许的最小压力水头,可从大气中水蒸气和土壤水间的平衡条件中获取。

h_a 值计算公式为

$$h_a = -\dfrac{RT}{Mg}\ln(H_r) \tag{1-27}$$

式中 H_r——空气湿度;

$\quad\quad M$——水分子质量,一般取值为 0.018015kg/mol;

$\quad\quad g$——重力加速度,通常取值为 9.81 m/s²;

$\quad\quad R$——通用气体常数,一般取值为 8.314J/(mol·K)。

潜在蒸发量由 FAO 推荐的彭曼-蒙蒂斯(Penman - Monteith)公式计算,即

$$ET_0 = \dfrac{0.408\Delta(R_n - G) + \gamma\dfrac{900}{T+273}U_2(e_s - e_a)}{\Delta + \gamma(1 + 0.34u_2)} \tag{1-28}$$

式中 ET_0——潜在蒸散量,mm/d;

$\quad\quad R_n$——地表净辐射,MJ/(m²·d);

$\quad\quad G$——土壤热通量,MJ/(m²·d);

$\quad\quad T$——距离地面 2m 高度处日平均温度,℃;

U_2——距离地面2m高度处风速，m/s；

e_s——饱和水汽压，kPa；

e_a——实际水汽压，kPa；

$e_a - e_a$——饱和蒸汽压差；

γ——干湿表常数，kPa/℃。

γ的计算公式为

$$\gamma = 0.665 \times 10^{-3} P \qquad (1-29)$$

式中 P——大气压，kPa。

在 P 无观测值时，根据FAO规定可由当地海拔高度计算得到，即

$$\gamma = 101.3 \times \left(\frac{293 - 0.0065z}{293}\right)^{5.26} \qquad (1-30)$$

式中 z——当地海拔高度。

式（1-28）彭曼-蒙蒂斯公式中，Δ 为气温为 T 时的饱和水汽压斜率，T 一般采用当日平均气温。

Δ 的表达式为

$$\Delta = \frac{4098 \times \left[0.618 \times \exp\left(\frac{17.27T}{T+237.3}\right)\right]}{(T+237.3)^2} \qquad (1-31)$$

式中 T——当日平均气温。

由于研究区地下水埋深远大于本研究模拟的土壤剖面最大深度，故将模型的下边界设置为自由排水边界（free drainage boundary）。

1.7.3 模型参数率定

1. 模型时空离散

时间离散：本试验模拟时间范围为2019年6月10日至2019年9月20日，以天（d）为时间计算单位，总计105天。

空间离散：研究区土壤质地为灰棕漠土，模拟土层为地面以下100cm以内，划分为5个土层，各观测点分别设置在0、20cm、40cm、60cm、80cm、100cm深度。将土壤垂直剖面均分为100个单元，间隔1cm，101个节点。

2. 土壤水力参数确定

在Hydrus-1D软件中使用数据进行土壤水分定量模拟时，土壤水分运移参数直接关系到模拟结果的准确性。因相关土壤水力参数难以测定，故利用Rosetta软件将各层土壤初始容重及机械组成键入，利用该软件自带神经网络预测获得模型所需土壤水力参数初值（表1-8）。

表 1-8　　　　　　　　　　　　　土壤水分特征参数初值

土层 h/cm	残余含水率 $\theta_r/(cm^3/cm^3)$	饱和含水率 $\theta_s/(cm^3/cm^3)$	经验参数 α	曲线形状参数 n	饱和导水率 $K_s/(cm/min)$
0～20	0.0334	0.3768	0.0052	1.5607	0.1534
20～40	0.0326	0.3752	0.0049	1.5611	0.1325
40～60	0.0312	0.3686	0.0047	1.5732	0.0715

续表

土层 h/cm	残余含水率 $\theta_r/(\mathrm{cm}^3/\mathrm{cm}^3)$	饱和含水率 $\theta_s/(\mathrm{cm}^3/\mathrm{cm}^3)$	经验参数 α	曲线形状参数 n	饱和导水率 $K_s/(\mathrm{cm/min})$
60～80	0.0320	0.3672	0.0047	1.5821	0.0541
80～100	0.0332	0.3754	0.0051	1.5734	0.0642

1.7.4 模型模拟结果分析

1. 模型验证指数

验证模拟实验是否具有可靠性最有说服力的方法就是对模拟值与实际值进行对比分析。本研究采用决定系数（R^2）、均方根误差（$RMSE$）及相对误差（RE）三个统计学指标对实验模拟结果进行准确性评价。

$$R^2 = \frac{\left[\sum_{i=1}^{n}(m_i - \overline{m})(s_i - \overline{s})\right]^2}{\sum_{i=1}^{n}(m_i - \overline{m})^2 \sum_{i=1}^{n}(s_i - \overline{s})^2} \qquad (1-32)$$

$$RMSE = \sqrt{\frac{1}{n}\sum_{i=1}^{n}(m_i - s_i)^2} \qquad (1-33)$$

$$RE = \frac{\sum_{i=1}^{n}m_i}{\sum_{i=1}^{n}s_i} - 1 \qquad (1-34)$$

式中 m_i——模拟土壤含水量；

s_i——实测土壤含水量；

m——模拟土壤含水量平均值；

s——实测土壤含水量平均值；

n——样本数量。

计算结果 R^2 越接近于 1 且 RE 和 $RMSE$ 越小，则说明本研究实测值与模拟值越接近，模型模拟结果也越可靠。

2. 模拟结果分析及精度验证

土壤含水率模型模拟结果与实测值对比如图 1-16 所示。土壤含水率剖面模拟值与实测值对比如图 1-17 所示。因实验条件所限，模拟图中未列出整个模拟时长的模拟结果，仅列出了实测值对应时间段的模拟值，这样既方便绘图也能直观地对比模拟值与实测值的差距。由图可知，模拟结果与实测值间不仅拟合程度较高，而且模拟值也能反映实测值在时间和空间上的波动性。

土壤水分模拟结果精度见表 1-9。总体上看，3 次剖面模拟结果的决定系数（R^2）均在 0.6 以上，均方根（$RMSE$）基本小于 0.04，相对误差（RE）皆小于 0.065，均在可接受范围内。从不同土层来看，各土层模拟值决定系数排序为 $R_{20}^2 < R_{40}^2 < R_{60}^2 < R_{100}^{21} < R_{80}^2$，均方根误差与相对误差绝对值排序分别为 $RMSE_{100} < RMSE_{80} < RMSE_{20} < RMSE_{60} < RMSE_{40}$ 和 $RE_{100} < RE_{60} < RE_{80} < RE_{40} < RE_{20}$，可见在空间上深层土壤水分模拟效果要优于浅层，模拟结果可反映土壤水分实际状况及其动态变化特征。

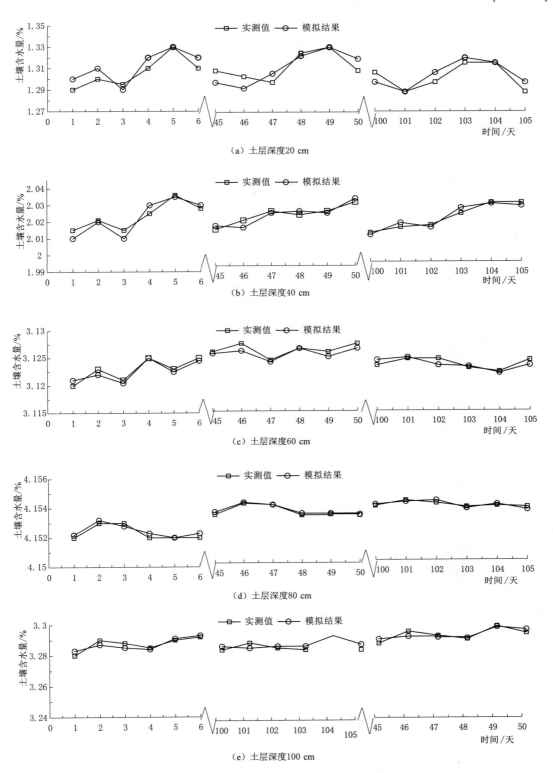

图 1-16　土壤含水率模型模拟结果与实测值对比

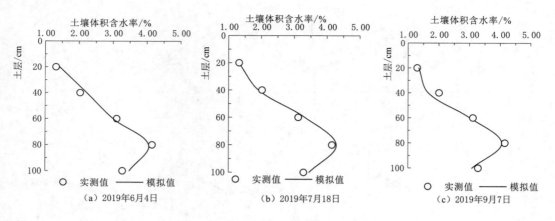

图 1-17 土壤含水率剖面模拟值与实测值对比

表 1-9 土壤水分模拟结果精度

模拟效果评价结果	20cm	40cm	60cm	80cm	100cm
决定系数（R^2）	0.658	0.676	0.892	0.982	0.932
均方根误差（RMSE）	0.028	0.043	0.037	0.021	0.018
相对误差（RE）	0.063	0.052	−0.032	−0.046	0.031

1.7.5 讨论与小结

1. 讨论

大量研究显示，运用 Hydrus-ID 模型研究土壤水分和盐分具有广泛的适用性且多集中于西北黄土区和华北平原区，但模型中涉及的众多土壤水分运动过程和参数具有明显的时空性和地域性。研究显示，不同时间序列的模型验证方法更适合于土壤水分运动参数变化不大的区域，鉴于民勤绿洲自然环境特征本研究也采取该验证方法，发现在较长时间序列中模拟结果也较为理想。本研究发现，深层土壤水分的模拟效果要优于浅层（图 1-17），且深层土壤的精度验证系数均高于浅层（表 1-9），这与童永平在黄土关键带的研究结果具有一致性。李冰冰在渭北旱塬区利用 Hydrus-ID 模型研究发现，实测与模拟土壤水分剖面分布及时间变化具有良好的一致性，与本研究动态模拟结果相似。马欢在位山引黄灌区的研究结果也表明，Hydrus 模型对土壤含水量的模拟精度较高。因此，Hydrus 模型在时间和空间尺度上模拟土壤水分效果较为理想，模拟值能够真实反映土壤水分运动规律。然而，在土壤水分动态模拟过程中，研究者不仅要考虑降雨、气候变化、植被根系分布及生长状况等外界因素，还要对模型土壤分层等内部因素进行合理设置，上述因素均为影响模拟结果准确性的关键因素。

2. 小结

本研究通过 Hydrus-1D 对长时间尺度 0~100cm 土层土壤水分空间分布及动态变化进行了模拟，模拟时间从 2019 年 6 月 1 日至 2019 年 9 月 20 日共计 105 天，模拟结果均显示 Hydrus－1D 对长时间尺度下深层土壤剖面土壤水分有较好的模拟效果。

（1）通过对研究区 2019 年 6 月上旬、7 月和 9 月中旬 3 次土壤剖面实测土壤体积含水量与模拟值对比，验证结果的决定系数（R^2）均在 0.6 以上，均方根（$RMSE$）均小于 0.043，相对误差（RE）均小于 0.065，表明 Hydrus－1D 模型能够较为准确地模拟长时间尺度下土壤水分的空间分布及动态变化。

（2）从不同土层来看，各土层模拟值决定系数排序为 $R^2_{20} < R^2_{40} < R^2_{60} < R^{21}_{100} < R^2_{80}$，均方根误差与相对误差绝对值排序分别为 $RMSE_{100} < RMSE_{80} < RMSE_{20} < RMSE_{60} < RMSE_{40}$ 和 $RE_{100} < RE_{60} < RE_{80} < RE_{40} < RE_{20}$，在空间上深层土壤水分模拟效果要优于浅层。

1.8　主要结论

为了探究民勤荒漠绿洲过渡带植被区土壤水分的时空分布特点和动态变化规律，本研究通过经典统计学与地统计学相结合的方法，利用 Hydrus－1D 模拟软件对土壤水分进行深入研究。主要结论如下：

（1）在垂直尺度上，2019 年民勤荒漠绿洲过渡带斑块状植被区 6 月和 9 月土壤水分平均值均随土层深度呈先增后减的趋势，两个月的平均最大值均分布在 60～80cm 土层，分别为 4.75% 和 4.70%，表明研究区土壤水分在时间尺度上具有较好的均一性。

（2）研究区土壤变异系数沿垂直剖面土层深度增加呈逐渐减少趋势，表明土壤水分变异程度随土层深度增加逐渐减小。2019 年 6 月和 9 月 60～100cm 土层土壤水分变异系数均小于等于 0.1，属于弱变异，而其他土层土壤水分变异系数均介于 0.1～1.0 之间，属于中等程度变异。

（3）2019 年研究区 6 月 40～60cm 土层和 9 月 60～80cm 土层土壤水分半变异函数的块金系数介于 25%～75% 之间，表明在本研究尺度下样地 60～80cm 土层土壤水分属于中等程度空间自相关，而其余各土层块金系数均小 25%，属于强空间相关性。

（4）2019 年 6 月和 9 月两次取样结果的克里格空间插值图显示，表层 0～40cm 土壤水分空间连续性和稳定性均较差，易受到降雨、蒸发及植被等环境因素影响，空间异质性较明显；但随着取样土层（60～80cm）逐渐加深，土壤水分空间连续性和稳定性逐步增强，空间异质性程度渐渐降低。

（5）研究区 2019 年 6 月和 9 月土壤水分全局空间自相关 Moran's I 值均为正值，表明两次取样各土层土壤水分均存在较强的空间正相关关系，表现为空间集聚性，即多数样点土壤水分表现为"高－高"集聚与"低－低"集聚的特点。两次取样各土层土壤水分的 Moran's I 值均基本表现为 60～80cm 和 80～100cm 大于 0～20cm、20～40cm、40～60cm 等 3 层土壤，表明 60～80cm 和 80～100cm 土层土壤水分的空间相关性较其他 3 个土层更为明显。

（6）斑块状植被区降雨量、蒸发量、植被盖度及土壤粒度含量与表层（0～40cm 土层）土壤水分联系密切且对其影响较大，说明影响表层土壤水分的因素复杂。随着土层深度增加，降雨量、蒸发量、植被盖度及土壤粒度含量［颗粒直径＞1mm（X_4），0.5～

1mm（X_5），0.1～0.25mm（X_7），0.075～0.1mm（X_8）] 等均仍与 40～100cm 土层联系紧密且影响较大，而植被盖度、土粒含量 [颗粒直径 0.25～0.5mm（X_6）< 0.075mm（X_9）] 则对 40～100cm 土层土壤水分影响较小。

（7）通过对研究区 2019 年 6 月上旬、7 月和 9 月中旬 3 次土壤剖面实测土壤体积含水量与模拟值对比，验证结果的决定系数（R^2）均在 0.6 以上，均方根（$RMSE$）均小于 0.043，相对误差（RE）均小于 0.065，表明 Hydrus－1D 模型能够较为准确地模拟长时间尺度下土壤水分的空间分布及动态变化。

（8）从不同土层来看，各土层模拟值决定系数排序为 $R_{20}^2 < R_{40}^2 < R_{60}^2 < R_{100}^{21} < R_{80}^2$，均方根误差与相对误差绝对值排序分别为 $RMSE_{100} < RMSE_{80} < RMSE_{20} < RMSE_{60} < RMSE_{40}$ 和 $RE_{100} < RE_{60} < RE_{80} < RE_{40} < RE_{20}$，在空间上深层土壤水分模拟效果要优于浅层。

参 考 文 献

[1] 陈亚宁，李稚，范煜婷，等. 西北干旱区气候变化对水文水资源影响研究进展 [J]. 地理学报，2014，69（9）：1295-1304.

[2] 陈忠升. 中国西北干旱区河川径流变化及归因定量辨识 [D]. 上海：华东师范大学，2016.

[3] 易小波. 西北干旱区土壤含水量时空变化特征及土壤物理性质模拟试验研究 [D]. 西安：西北农林科技大学，2017.

[4] 李祥东. 西北干旱区土壤水分时空变异特征及其影响因素研究 [D]. 北京：中国科学院大学（中国科学院教育部水土保持与生态环境研究中心），2019.

[5] 王浩，秦大庸，郭孟卓，等. 干旱区水资源合理配置模式与计算方法 [J]. 水科学进展，2004（6）：689-694.

[6] 李智飞. 河西走廊地区水资源脆弱性指标及应用研究 [D]. 北京：华北电力大学，2014.

[7] 廖亚鑫. 荒漠—绿洲过渡带斑块状植被区土壤水分特征及环境影响因素分析 [D]. 兰州：兰州交通大学，2016.

[8] 张宏伟. 荒漠—绿洲过渡带斑块状植被区土壤有机质空间异质性及环境影响因素研究 [D]. 兰州：兰州交通大学，2017.

[9] 张进虎，唐进年，李得禄，等. 民勤荒漠绿洲过渡带灌丛沙堆形态特征及分布格局 [J]. 中国沙漠，2015，35（5）：1141-1149.

[10] 胡广录，赵文智，王岗. 干旱荒漠区斑块状植被空间格局及其防沙效应研究进展 [J]. 生态学报，2011，31（24）：7609-7616.

[11] Mayor A G, Bautista S, Small E E, et al. Measurement of the connectivity of runoff source areas as determined by vegetation pattern and topography: a tool for assessing potential water and soil losses in dry land [J]. Water Resources Research, 2008. 44（10）: 298-310.

[12] Bautista S, Mayor A G, Bourakhouadar J, et al. Plant spatial pattern predicts hill slope runoff and erosion in a semiarid Mediterranean landscape [J]. Ecosystems, 2007, 10（6）: 987-998.

[13] 于晓娜，黄永梅，陈慧颖，等. 土壤水分对毛乌素沙地油蒿群落演替的影响干旱区资源与环境 [J]，2015，29（2）：92-98.

[14] 郭德亮，胡伟，樊军，等. 黑河中游绿洲不同景观单元表层土壤水分空间变异性 [J]. 中国水土

保持科学，2013，11（2）：25-31.

[15] 李元红，卢树超，刘佳莉，等. 基于 GIS 的民勤绿洲水资源调度管理系统设计 [J]. 中国水利，2010（5）：40-41.

[16] 王启武，尹桂荣. 民勤县生态危机分析及其对策 [J]. 甘肃教育学院学报，2002，18（4）：105-107.

[17] Vereecken H，Kamai T，Harter T，et al. Explaining soil moisture variability as a function of mean soil moisture：A stochastic unsaturated flow perspective [J]. Geophysical Research letters，2007，34（22）：L22402.

[18] Wang Y，Shao M A，Zhang C，et al. Choosing an optimal land-use pattern for restoring eco-environments in a semiarid region of the Chinese Loess Plateau [J]. Ecological engineering，2015，74：213-222.

[19] Wang Y，Shao M A，Zhang C，et al. Choosing an optimal land-use pattern for restoring ecoenvironments in a semiarid region of the Chinese Loess Plateau [J]. Ecological engineering，2015，74：213-222.

[20] 张建兵，熊黑钢，李宝富，等. 绿洲-荒漠过渡带不同植被覆盖度下土壤水分的变化规律研究 [J]. 干旱区资源与环境，2009，23（12）：161-166.

[21] 李瑜琴. 西安地区不同降水年份人工林地土壤水分变化研究 [J]. 干旱区资源与环境，2010，24（1）：143-147.

[22] Lubchenco J. Entering the century of the environment：a new social contract for science [J]. Science，1998，279（5350）：491-497.

[23] Dickmann D I. Nguyen P V. Pregitzer K S. Effects of irrigation and coppicing on above-groud growth，physiology，and fine-root dynamics of two field-grown hybrid poplar clones [J]. Forest Ecology and Management，1996，80：163-174.

[24] Hendrick R L，Pregitzer K S. Temporal and depth related patterns of fine root dynamics in northern hardwood forests [J]. Journal of Ecology，1996，77（1）：167-176.

[25] Skierucha W，Wilczek A，Alokhina O. Calibration of a TDR probe for low soil water content measurements. Sensors and Actuators [J]. Physical，2008，147（2）：544-552.

[26] Rosema A，Verhoef W，Noorbergen H，et al. New forest light interaction model in support of forest monitoring [J]. Remote Sensing of Environment，1992，2（1）：23-41.

[27] 邵明安，陈志雄. SPAC 中的水分运动 [J]. 中国科学院水利部西北水土保持研究所集刊（SPAC 中水分运行与模拟研究专集），1991，13：3-12.

[28] 杨诗秀，雷志栋，谢森传. 均质土壤一维非饱和流动通用程序 [J]. 土壤学报，1985（1）：24-35.

[29] 周维博. 降雨入渗和蒸发条件下野外层状土壤水分运动的数值模拟 [J]. 水利学报，1991（9）：32-36.

[30] 康绍忠，刘晓明，高新科，等. 土壤-植物-大气连续体水分传输的计算机模拟 [J]. 水利学报，1992（3）：1-12.

[31] 王政权. 地统计学及在生态学中的应用 [M]. 北京：科学出版社，1999.

[32] 王蕙，赵文智，常学向. 黑河中游荒漠绿洲过渡带土壤水分与植被空间变异 [J]. 生态学报，2007，27（5）：1731-1739.

[33] 樊立娟. 荒漠绿洲过渡带斑块植被区土壤水分时空异质性研究 [D]. 兰州：兰州交通大学，2015.

[34] Campbell J B. Spatial variation of sand content and pH within single contiguous delineation of two soil mapping units [J]. Soil Science Society of America Journal，1978，42（3）：460-464.

[35] Owe M，Jones E B，Schmugge T J. Soil moisture variation patterns observed in Hand County. South Dakota [J]. Water Resource Bull，1982，18：949-954.

［36］ Greenholtz D E，Yeh T C N，Nash M S B，et al. Geostatistical analysis of soil hydrologic proper properties in a field plot ［J］. Contam Hydrol，1988，3（2-4）：227-250.

［37］ Rieu M，Sposito G. Soil Fractal fragmentation，soil porosity and soil water properties ［J］. Application Soil Sci. 1991，55（4）：1231-1238.

［38］ Fitzjohn C，Ternan J L，Williams A G. Soil moisture variability in a semi-arid gully catchment：Implications for runoff and erosion control ［J］. Caterna，1998，32：55-70.

［39］ Entin J K，Robock A，Vinnikov K Y，et al. Temporal and spatial scales of observed soilmoisture variations in the extratropics. Journal of Geophysical Research，2000，105：865-877.

［40］ Hendrickx J M H，Dekker L W，Paton S. Spatial variability of dielectric properties properties in filedsoil ［J］. Detection and Remediation Technologies for Mines and Mine like Targets VI（Orlando：SPIE），2001，4394：398-408.

［41］ Herbst M，Diekkriger B. Modelling the spatial variability of soil moisture in a micro-scale catchment and comparison with field data using geostatistics ［J］. Physics and Chemistry of the Earth，2003，28（6-7）：239-245.

［42］ Junior V V，Carvalho M P，Dafonte J，et al. Spatial variability of soil water content andmecha-nical resistance of Brazilian ferralsol ［J］. Soil and Tillage Research，2006，85（1-2）：166-177.

［43］ Penna，Borga D，Norbiato M，et al. Hillslope scale soil moisture variability in a steep alpine terrain ［J］. Journal of Hydrology，2009，364（3/4），311-327.

［44］ Coppola A，Comegna G，Dragonetti，et al. Average moisture saturation effects on temporalstability of soil water spatial distribution at field scale ［J］. Soil and Tillage Research，2011，114（2）：155-164.

［45］ Brooca L，Tullo T，Melone R，et al. Spatial-te mporal variability of soil moisture and its estimation across scales ［J］. Water Resources Research，2012，46：W02516.

［46］ Wang Y，Zhu H，Li Y. Spatial heterogeneity of soil moisture，microbial biomass carbon and soil respiration at stand scale of an arid scrubland ［J］. Environmental earth sciences，2013，70：3217-3224.

［47］ Feng Q，Zhao W，Qiu Y，et al. Spatial heterogeneity of soil moisture and the scale variability of its influencing factors：A case study in the Loess Plateau of China ［J］. Water，2013，5（3）：1226-1242.

［48］ Yang Y，Dou Y，Liu D，An S. Spatial pattern and heterogeneity of soil moisture along a transect in a small catchment on the Loess Plateau ［J］. Journal of Hydrology，2017，550：466-477.

［49］ 沈思渊. 土壤空间变异研究中地统计学的应用及其展望 ［J］. 土壤学进展，1989（3）：11-24，35.

［50］ 赵文智. 科尔沁沙地人工植被对土壤水分异质性的影响 ［J］. 土壤学报，2002，39（1）：107-113.

［51］ 邱开阳，谢应忠，许冬梅，等. 毛乌素沙地南缘沙漠化临界区域土壤水分和植被空间格局 ［J］. 生态学报，2011，31（10）：2697-2707.

［52］ 史丽丽，赵成章，樊洁平，等. 祁连山地甘肃臭草斑块土壤水分与植被盖度空间格局 ［J］. 生态学杂志，2013，32（2）：285-291.

［53］ 付同刚，陈洪松，张伟，等. 喀斯特小流域土壤含水率空间异质性及其影响因素 ［J］. 农业工程学报，2014，30（14）：124-131.

［54］ 王云强，邵明安，胡伟，等. 黄土高原关键带土壤水分空间分异特征 ［J］. 地球与环境，2016，44（4）：391-397.

［55］ 段凯祥，张松林，赵成章，等. 嘉峪关草湖湿地土壤水分含量与植被盖度的空间格局 ［J］. 生态学杂志，2019，38（3）：726-734.

［56］ 程光远，史海滨，李瑞平，等. 基于 ISAREG 模型的大豆半固定喷灌灌溉制度优化研究 ［J］. 灌溉排水学报，2015，34（12）：52-80.

［57］ 赵娜娜，刘钰，蔡甲冰. 夏玉米作物系数计算与耗水量研究 ［J］. 水利学报，2010，41（8）：953-969.

[58] 袁成福，冯绍元，蒋静，等. 咸水非充分灌溉条件下土壤水盐运动 SWAP 模型模拟 [J]. 农业工程学报，2014，30（20）：72 - 82.

[59] 刘路广，崔远来，冯跃华. 基于 SWAP 和 MODFLOW 模型的引黄灌区用水管理策略 [J]. 农业工程学报，2010，26（4）：9 - 17.

[60] 李彦. 节水灌溉条件下河套灌区土壤水盐动态的 SWAP 模型分布式模拟预测 [D]. 呼和浩特：内蒙古农业大学，2012.

[61] 张刘东，王庆明. 咸水非充分灌溉对土壤盐分分布的影响及 SWAP 模型模拟 [J]. 节水灌溉，2015，7：32 - 39.

[62] 杨树青，杨金忠，史海滨，等. 微咸水灌溉对土壤环境效应的预测研究 [J]. 农业环境科学学报，2009，28（5）：961 - 966.

[63] 范严伟，黄宁，马孝义. 层状土垂直一维入渗土壤水分运动数值模拟与验证 [J]. 水土保持通报，2015，35（1）：215 - 219.

[64] 余永富. 土壤-作物系统水动力学数值模拟 [D]. 杭州：浙江大学，2016.

[65] 武桐，刘翔. UNSATCHEM 在土壤溶质反应-运移模拟中的应用 [J]. 福建农业学报，2004，19（1）：45 - 49.

[66] Fortes P S, Platonov A E, Pereira L S. GISAREG - A GIS based irrigation scheduling simulation model to support improved water use [J]. Agr icultural Water Management, 2011, 77（1 - 3）：159 - 179.

[67] 徐旭，黄冠华，屈忠义，等. 区域尺度农田水盐动态模拟模型 [J]. 农业工程学报，2011，27（7）：58 - 63.

[68] 郭瑞，冯起，司建华，等. 土壤水盐运移模型研究进展 [J]. 冰川冻土，2008，30（3）：527 - 534.

[69] Šimunek J, Jacques D, Van Genuchten M T, et al. MULTICOMPONENT GEOCHEMICAL TRANSPORT MODELING USING HYDRUS - ID AND HPII [J]. Jawra Journal of the American Water Resources Association, 2006, 42（6）：1537 - 1547.

[70] Hermsmeyer D, Ilsemann J, Bachmann J, et al. Model calculations of water dynamics in lysimeters filled with granular industrial wastes [J]. Journal of Plant Nutrition and Soil science, 2002, 165（3）：339 - 346.

[71] Simunek J, Jacques D, van Genuchten M T, et al. Multicomponent using the HYDRUS computer software geochemical transport modelling [J]. 2006, 42（6）：1537 - 1547.

[72] Twarakavi N K C, Simunek J, Seo S. Evaluating interactions between groundwater and vadose zone using the HYDRUS - based flow package for MODFLOW [J]. Vadose Zone Journal, 2008, 7（2）：757 - 768.

[73] Guber A K, Pachepsky Y A, VanGenuchten M T, et al. Multimodel simulation of water flow in a field soil using pedotransfer function [J]. Vadose Zone J, 2009, 8：1 - 10.

[74] Maziar M, Kandelous, Siminek J. Numerical simulations of water movement in a subsurface drip irrigation system under field and laboratory conditions using HYDRUS - 2D [J]. Agriculture Water Management, 2010, 97：1070 - 1076.

[75] Schwen A, Bodner G, Loiskand W. Time - variable soil hydraulic properties in near - surface soil water simulations for different tillage methods [J]. Agriculture Water Manage, 2011, 99：42 - 50.

[76] Tafteh A, Sepaskhah A R. Application of HYDRUS - 1D model for simulating water and nitrate leaching from continuous and alternate furrow irrigated rapeseed and maize fields [J]. Agricultural Water Management, 2012, 113：19 - 29.

[77] Tan X Z, Shao D G, Liu H H. Simulating soil water regime in lowland paddy fields under different water managements using HYDRUS - 1D [J]. Agricultural Water Management, 2014, 132：69 - 78.

43

[78] Honari M, Ashrafzadeh A, Khaledian M, et al. Comparison of HYDRUS‐3D soil moisture simulations of subsuface drip irrigation with experimental observations in the south of France [J]. Irrigation. Drain Engineering, 2017, 143 (7): 04017014.

[79] 曹巧红, 龚元石. 应用 HYDRUS‐1D 模型模拟分析冬小麦农田水分氮素运移特征 [J]. 植物营养与肥料学报, 2003, 9 (2): 139‐145.

[80] 刘强, 邓伟, 韩晓增, 等. 海伦黑土区农田水分动态平衡与数值模拟 [J]. 农业系统科学与综合研究, 2005, 21 (3): 185‐189.

[81] 虎胆·吐马尔白, 王薇, 孟杰, 等. 作物生长条件下沙拉塔纳农田水盐耦合运移模型 [J]. 新疆农业大学学报, 2008, 31 (1): 93‐96.

[82] 刘建军, 王全九, 王卫华, 等. 利用 Hydrus‐1D 反推土壤水力参数方法分析 [J]. 世界科技研究与发展, 2010, 32 (2): 173‐175.

[83] 马欢, 杨大文, 雷慧闽, 等. Hydrus‐1D 模型在田间水循环规律分析中的应用及改进 [J]. 农业工程学报, 2011, 27 (3): 06‐12.

[84] 李耀刚, 王文娥, 胡笑涛. 基于 HYDRUS‐3 的涌泉根灌土壤入渗数值模拟 [J]. 排灌机械工程学报, 2013, 31 (6): 546‐552.

[85] 肖庆礼, 黄明斌, 邵明安, 等. 黑河中游绿洲不同质地土壤水分的入渗与再分布 [J]. 农业工程学报, 2014, 32 (4): 124‐131.

[86] 童永平. 黄土关键带深剖面土壤水分时空分布特征与 Hydrus 模型模拟 [D]. 西安: 长安大学, 2019.

[87] 范严伟, 赵文举, 王昱, 等. 夹砂层土壤 Green‐Ampt 入渗模型的改进与验证 [J]. 农业工程学报, 2015, 31 (5): 93‐99.

[88] 马美红, 张书函, 王会肖, 等. 非饱和土壤水分运动参数的确定—以昆明红壤土为例 [J]. 北京师范大学学报 (自然科学版), 2017, 53 (1): 38‐42.

[89] 席本野, 贾黎明, 祝燕. 农林业地下滴灌土壤水分运动数值模拟研究进展 [J]. 西北林学院学报, 2009, 24 (4): 50‐56.

[90] 夏达忠, 张行南, 贾淑彬, 等. 基于土壤物理特性的土壤水分特征曲线推求方法 [J]. 实验室研究与探索, 2010, 29 (10): 18‐20, 61.

[91] 朱安宁, 张佳宝, 陈效民, 等. 封丘地区土壤传递函数的研究 [J]. 土壤学报, 2003, 40: 53‐58.

[92] Schaap M G, Leij F J I, Van‐Genuchten M T. Rosetta: A computer program for estimating soil hydraulic parameters with hierarchical pedotransfer functions [J]. Journal of Hydrology, 2001, 251 (3‐4): 163‐176.

[93] Vereecken H, Weynants M, Javaux M, et al. Using pedo transfer functions to estimate the van Genuchten‐Mualem soil hydraulic properties: a review [J]. Vadose Zone Journal, 2010, 9: 795‐820.

[94] 周晓冰. 土壤水力学参数数值反演方法研究进展 [J]. 西部皮革, 2018, 40 (9): 132.

[95] 辛琛, 王全九, 马东豪, 等. 用 Hydrus‐1D 软件推求土壤水力参数 [J]. 西南农业学报, 2004, 17: 150‐153.

[96] 张俊, 徐绍辉. 数值反演方法在确定土壤水力性质中的研究进展 [J]. 土壤, 2003, 35 (3): 211‐215.

[97] 姜田亮, 张恒嘉, 马国军, 等. 旱区植被生态需水量间接法计算参数的研究 [J]. 水资源与水工程学报, 2019, 30 (1): 254‐260.

[98] 张德仲, 张恒嘉. 荒漠绿洲农业生态系统结构与能量分析 [J]. 水利规划与设计, 2019 (12): 92‐96.

[99] 安富博, 纪永福, 赵艳丽, 等. 民勤绿洲地下水对人工梭梭林生长的影响 [J]. 干旱区资源与环境, 2019, 33 (9): 183‐188.

［100］ 严子柱, 张莹花, 李菁菁. 民勤荒漠区沙葱种群的生态特性分析 [J]. 中国农学通报, 2013, 29 (22): 62-66.

［101］ 王玉刚, 李彦. 灌区间盐分变迁与耕地安全特征——以三工河流域农业绿洲为例 [J]. 干旱区地理 (汉文版), 2010, 33 (6): 896-903.

［102］ 民勤县统计局, 国家统计局. 民勤县国民经济和社会发展统计资料汇编 [R].

［103］ 李晓晖, 袁峰, 白晓宇, 等. 典型矿区非正态分布土壤元素数据的正态变换方法对比研究 [J]. 地理与地理信息科学, 2010, 26 (6): 102-105.

［104］ ZHANG C, ZHANG S. A robust-symmetric mean: A new way of mean calculation for environmental data [J]. Geo Journal, 1996, 40 (1): 209-212.

［105］ Box G, Cox D. An analysis of transformations [J]. The Royal Statistical society Society, Series B (Methodological), 1964, 26 (2): 211-252.

［106］ 陈丽娟, 冯起, 成爱芳. 民勤绿洲土壤水盐空间分布特征及盐渍化成因分析 [J]. 干旱区资源与环境, 2013, 14 (11): 99-105.

［107］ A Porporato P, D'Odorico, F Laio, et al. Ecohydrology of water-controlled ecosystems [J]. Advances in Water Resources, 2002, 25 (8): 1335-1348.

［108］ Schneiderk, Leopoldu, Gerchlauerf, et al. Spatial and temporal variation of soil moisture in dependence of multiple environmental parameters in semi-arid grasslands [J]. Plant and Soil, 2011, 340 (1/2): 73-88.

［109］ 刘爱利. 地统计学概论 [M]. 北京: 科学出版社, 2012.

［110］ 马风云, 李新荣, 张景光, 等. 沙坡头人工固沙植被土壤水分空间异质性 [J]. 应用生态学报, 2006 (5): 789-795.

［111］ 张正偲, 董治宝. 土壤风蚀对表层土壤粒度特征的影响 [J]. 干旱区资源与环境, 2012, 26 (12): 86-89.

［112］ 郭旭东, 傅伯杰, 陈利顶, 等. 河北省遵化平原土壤养分的时空变异特征—变异函数与 Kriging 插值分析 [J]. 地理学报, 2000, 55 (5): 555-566.

［113］ Cambardella C A, Moorman T B, Parkin T B, et al. Field-scale variability of soil properties in central Iowa soils [J]. Soil Science Society of America Journal, 1994, 58 (5): 1501-1511.

［114］ 刘金伟, 李志忠, 武胜利, 等. 新疆艾比湖周边白刺沙堆形态特征空间异质性研究 [J]. 中国沙漠, 2009, 29 (4): 628-635.

［115］ Dyson F. Characterizing Irregularity: Fractals. Form, Chance, and Dimension [J]. Science, 1978, 200 (4342): 677-678.

［116］ Leduc A, Praire Y T, Bergeron Y. Fractal dimension estimates of a fragmented landscape: sources of variability [J]. Landscape Ecology, 1994, 9: 279-286.

［117］ Deems J S, Fassnacht S R, Elder K J 2006. Fractal Distribution of Snow Depth from Lidar Data [J]. Journal of Hydrometeorology, 2006, 7 (2): 285-297.

［118］ 颜亮, 周广胜, 张峰, 等. 内蒙古荒漠草原植被盖度的空间异质性动态分析 [J]. 生态学报, 2012, 32 (13): 4017-4024.

［119］ 陈涛, 常庆瑞, 刘钊, 等. 耕地土壤有机质与全氮空间变异性对粒度的响应研究 [J]. 农业机械学报, 2013, 44 (10): 122-129.

［120］ 赵业婷, 常庆瑞, 李志鹏, 等. 渭北台塬区耕地土壤有机质与全氮空间特征 [J]. 农业机械学报, 2014, 45 (8): 140-148.

［121］ 田伟, 李新, 程国栋, 等. 基于地下水—陆面过程耦合模型的黑河干流中游耗水分析 [J]. 冰川冻土, 2012, 34 (3): 668-679.

［122］ 张建兵, 熊黑钢, 李宝福, 等. 绿洲-荒漠过渡带不同植被覆盖度下土壤水分的变化规律研究

[J]. 干旱区资源与环境，2009，23（12）：161-166.

［123］ 杨兆平，欧阳华，徐兴良，等. 五道梁高寒草原土壤水分和植被盖度空间异质性的地统计分析
[J]. 自然资源学报，2010，25（3）：426-434.

［124］ 李新荣，张志山，黄磊，等. 我国沙区人工植被系统生态-水文过程和互馈机理研究评述 [J].
科学通报，2013，58（5/6）：397-410.

［125］ 王家强，韩路，柳维扬，等. 塔里木河中游荒漠绿洲过渡带土壤水分与植被空间格局变化关系
研究 [J]. 西北林学院学报，2018，33（1）：1-10.

［126］ Penna D, Borga M, Norbiato D, et al. Hill slope scale soil moisture variability in a steep alpine
terrain [J]. Journal of Hydrology, 2009, 364（3）：311-327.

［127］ 李新荣，张志山，谭会娟，等. 我国北方风沙危害区生态重建与恢复：腾格里沙漠土壤分与植
被承载力的探讨 [J]. 中国科学：生命科学，2014，44（3）：257-266.

［128］ Rosenbaum U, Bogena H R, Herbst M, Huisman J A, et al. Seasonal and event dynamics of
spatial soil moisture patterns at the small catchment scale [J]. Water Resources Research.
2012.48（10）：W10544.1-W10544.22.

［129］ 高露，张圣微，朱仲元，等. 干旱半干旱区退化草地土壤水分变化及其对降雨时间格局的响应
[J]. 水土保持学报，2020，34（1）：195-201.

［130］ 赵亚楠，周玉蓉，王红梅. 宁夏东部荒漠草原灌丛引入下土壤水分空间异质性 [J]. 应用生态学
报，2018，29（11）：3577-3586.

［131］ 王甜，康峰峰，韩海荣，等. 山西太岳山小流域土壤水分空间异质性及其影响因子 [J]. 生态
学报，2017，37（11）：3902-3911.

［132］ Marlyn L. Shelton. Hydroclimatology Perspectives and Applications [M]. Cambridge University
Press & Higher Education Press, 2011.

［133］ 王新军. 古尔班通古特沙漠固沙植被格局与水文过程的关系研究 [D]. 乌鲁木齐：新疆农业大
学，2017.

［134］ 刘新平，张铜会，赵哈林，等. 流动沙丘干沙层厚度对土壤水分蒸发的影响 [J]. 干旱区地理，
2006（4）：523-526.

［135］ Šimůnek J, van Genuchten M T, Šejna M. Development and applications of the HYDRUS and STAN-
MOD software packages and related codes [J]. Vadose Zone Journal, 2008, 7（2）：587-600.

［136］ 闫加亮，赵文智，张勇勇. 绿洲农田土壤优先流特征及其对灌溉量的响应 [J]. 应用生态学报，
2015，26（5）：1454-1460.

［137］ 席军强，赵翠莲，杨自辉，等. 荒漠绿洲过渡带白刺灌丛沙堆土壤水分空间分布及入渗特征
[J]. 草业学报，2016，25（11）：15-24.

［138］ 徐绍辉，张佳宝，刘建立，等. 表征土壤水分持留曲线的几种模型的适应性研究 [J]. 土壤学
报，2002，39（4）：498-504.

［139］ Mualem Y. A new model for predicting the hydraulic conductivity of unsaturated Porous media
[J]. Water Resources Research, 1976, 12（3）：513-522.

［140］ Feddes R A, Kowalik P J, Zaradny H. Simulation of Field Water Use and Crop Yield [J].
JohnWiley and Sons, New York, NY, 1978.

［141］ 高跃. 基于 HYDRUS 模型的红壤坡耕地水分动态研究 [D]. 武汉：华中农业大学，2013.

［142］ 李冰冰，王云强，李志. HYDRUS-1D 模型模拟渭北旱塬深剖面土壤水分的适用性 [J]. 应用
生态学报，2019，30（2）：398-404.

［143］ 马欢，杨大文，雷慧闽，等. Hydrus-1D 模型在田间水循环规律分析中的应用及改进 [J]. 农
业工程学报，2011，27（3）：6-12.

第 2 章 民勤绿洲地下水埋深动态变化
及其影响因子研究

2.1 研究背景及意义

2.1.1 研究背景

我国水资源总量全球排名第六，但由于人口众多，基数较大，人均水资源量仅为 $2240m^3$。根据瑞典科学家法尔根马克提出的人均水资源标准，我国人均水资源占有量仅为国际标准水平的 1/3。同时，我国地域辽阔，横跨低、中、高三个纬度，水资源时空分布极不均衡。其具体体现在：①水资源空间分配不均衡，南北水资源蓄存量差距较大；②受地形和强季风的影响，降水和径流量在年内时间上分配不均，年际变化大，枯水年和丰水年常交替出现，大部分地区 80％的降雨量集中在夏秋汛期，极易造成严重的洪涝灾害和季节性干旱。

因此，水资源的极度短缺和浪费、水污染及水资源时空分布不均是目前我国水资源存在的主要问题。至 2030 年，我国人口预计将达到 16 亿，届时人口的增长必然会导致对粮食需求的增大，而工业城镇化的快速发展和农业生产缺水等问题将增大对水资源的需求量。

在全球水资源系统中，地下水是仅次于冰川的可用淡水资源，对保护河流、草甸湿地、内陆湖泊及水生群落具有重要意义，目前全球大约有 15 亿人以地下水为主要淡水资源。在我国干旱少雨的西北地区，因缺乏地表径流人们不得已开采地下水，然而地下水过度开采将造成地下水位严重下降进而形成降落漏斗。目前西北地区地下水漏斗面积已超 3 万 km^2，有造成地面塌陷的危险，已危及人们日常安全。同时，地下水位下降会严重影响维护生态稳定的植被系统健康，加剧植被衰退、土地沙化等生态危机，从而产生严重的生态环境问题。

石羊河流域是流经武威盆地的重要内陆河流域，也是维系下游人口正常生活及植被生物圈稳定的重要因子。石羊河流域属于典型的大陆性干旱气候区，径流沿途水面蒸发强烈，渗漏损失严重，至石羊河尾闾，地表径流量已基本耗散于地表水面蒸发。民勤县是石羊河下游的农业重镇，上游拦截来水量导致流经民勤境内的可利用地表径流微乎其微。近年来，民勤县地表水量和植被覆盖率均发生了较大的变化。截至 2005 年，民勤地表径流量已不足 1.0 亿 m^3，相比 20 世纪 50 年代减幅达 83％；沙丘覆盖率降至 15％，相比 20 世纪 50 年代减少 30％。随着地表水资源减少和植被盖度降低，完整的民勤绿洲在风沙强作用下分割成独立的坝区、湖区、泉山，降低了绿洲系统的完整性，影响了生态效益的最优发挥。民勤绿洲植被分布规律受赖以生存繁衍的地下水分布规律影响，地下水埋深较浅的地区植被群落丰富度较大，结构等级较好，植被生长状态良好，分布较为密集。在河滩上主要以草甸湿地植物为主，在绿洲被肆意开垦前在冲积、洪积平原上生长着大量的水生植被。荒漠植被以环状形式分布在绿洲腹部，而广泛分布在绿洲外围防止绿洲边缘风沙线前移的天然屏障是以柽柳和白刺为代表的灌木林带。因地表水无法满足用水需求，1970年后民勤绿洲广泛开采地下水，21 世纪初地下水开采量较 20 世纪末增加 1 亿多 m^3，初步估计年超采量达 3 亿 m^3。多年来毫无节制的地下水开采导致绿洲地下水位持续下降，基础埋深大于 10m，最深处可达 20 多 m。地下水的下降引起植被退化，进入 20 世纪 90年代后以柽柳、柠条、白刺等为代表的天然"柴湾"消失，多种灌木林生长不良，整个植被生态系统处于衰退状态且逐年加剧。此外，伴随着地下水位下降，地下水水质也遭到严重破坏，浅层地下水矿化度大幅度上升，极易造成土地盐碱化的发生。目前，民勤绿洲部分区域地下水埋深高达 20m，植被无法吸收有效水分，而大气降水根本无法有效满足植物需水要求，植被退化日趋严重，植被丰富度和盖度日益降低，绿洲外围的流沙区已基本无植被生存。植被退化和土地盐碱化的加剧进一步造成荒漠边境线向绿洲腹部逼近，促进了荒漠化进程，加剧了对绿洲生态环境的破坏。

2.1.2 研究目的及意义

地处西北内陆的民勤绿洲被巴丹吉林沙漠和腾格里沙漠环绕，周边均为广袤的沙漠，截至 2012 年，民勤境内沙化土地面积占总面积的比例高达 90%，沙漠边缘侵蚀线以每年 3～4m 的速度移动。通常将石羊河流域红崖山水库下游冲积而成的狭长平坦、土壤质地优良的区域称之为绿洲。冯绳武先生依据绿洲所受主宰力的不同，将民勤绿洲水系演变依次划分为自然、半自然及人工水系。位于石羊河下游的青土湖，历史上水量充沛，但从 20 世纪中期开始，青土湖水域面积逐渐减小，至 90 年代湖底彻底被黄沙掩埋，与巴丹吉林沙漠接壤，历史时期"可耕可渔"的青土湖已逐渐干涸，退化为典型的生态危机区。同时，位于民勤县被誉为"瀚海明珠"的亚洲最大人工沙漠水库——红崖山水库数次干涸。由于绿洲生态环境方面存在上述严峻问题，进一步推进民勤绿洲可持续发展，防止成为第二个罗布泊，保护民勤绿洲生态环境刻不容缓。民勤绿洲面积约为 $0.13km^2$，仅占民勤县总面积的 9.0%，绿洲人口却占全县总人口的 91.2%，承担着绿洲绝大部分的粮食生产供应，成为人们进行经济活动及日常生活的主要区域。民勤绿洲作为甘肃省重要的粮食生产基地，是典型的非灌不植干旱区，也是阻隔两大沙漠合拢的重要生态屏障。

20 世纪 70 年代以前，流入民勤的石羊河径流量基本可以满足该地区的工、农业用水需求，但自 70 年代开始，人类活动造成石羊河流域发源地雪线快速上升，径流量有所减小，加之流域人口增加及工农业用水需求得不到满足，人们开始大量钻井取水以弥补水资源的短缺问题，流入民勤的水量自 20 世纪 40 年代的 6.5 亿 m^3 减少至 90 年代的不足 2.0 亿 m^3。地表水的匮乏不仅造成各用水部门对水资源的争夺，同时也衍生出无限度开采地下水的不良行为，切断了地表水对地下水的补给。大量开采地下水虽然在一定程度上满足了民勤绿洲的用水需求，缓解了水资源的短缺问题，但民勤盆地年超采地下水量高达 3 亿 m^3，区域地下水从 70 年代的 2m 下降至 23m，局部地区甚至高达 28m。此外，绿洲农田灌溉水源由原来的地表水和地下水混合水源转化为以地下水为主要供给来源，由此造成地下水位下降、水质恶化和土壤盐渍化，导致依赖于地下水生存的植被系统衰退和死亡严重，进一步造成土地荒漠化、沙尘暴肆虐等生态问题日益严重。地下水是水资源系统中必不可少的一部分，承载着水循环系统中流砥柱的作用。因此，研究影响地下水埋深动态变化规律及其预测和地下水埋深对水文生态系统的响应机制可为合理解决水资源优化配置问题和维护生态稳定、集中构建文明水生态环境提供重要参考。

2.2 概述

地下水动态变化在宏观上表现为自然因素对其客观限制和人为因素对其主观调控，在微观上表现为水分子以不同形式存在的动态变化，即地表水、土壤水、大气水之间的动态转化和水平衡。研究地下水埋深的动态变化规律可为水资源调控提供客观指导，也可依据其动态变化进行水资源最优调配，有利于科学合理优化水资源分配。通过对地下水埋深变化的影响因素及深层次的扰动机理进行分析研究，可为解析地下水在水分循环过程中的重要作用提供理论依据，进而通过主观模拟为地下水埋深动态变化提供精准预测。

2.2.1 地下水动态变化研究

克里金（Kriging）法最早是由南非工程师 D. R. Krige 首次提出并将其运用到地矿评估，后经 G. Matheron 将地统计学方法理论优化和系统实践，并以 Krige 命名了此法，即克里格法。该统计学方法已广泛应用到农业、生态、水文地质和森林等领域。笃宁采用克里金法插值计算法研究了民勤绿洲地下水变化趋势。Maria Vcenta Estellerd 等研究发现，为满足城市经济发展，墨西哥高原山地大量开采 Lerma 流域上游潜水、建渠截流以满足城市工业用水需求，引起草甸湿地系统旱化和人为改变地表径流量流向，导致地表径流量减少甚至断流、植被因气象干旱大面积衰退死亡和土地荒漠化加剧，生态环境稳定遭受巨大挑战。В. С. Ковалевский 等通过气象条件预测地下水变化后认为，大气降水与地下水变化趋势一致，但仅局限于特定地区地下径流系数介于可调范围内。Jack Scibek 通过三维地下水流模型分析了地表水—地下水相互转化及转化过程中地下水埋深动态变化。Giuseppe Mendicino 等认为，地下水指数（groundwater resource index）指数与季节径流预测值间具有较强的相关性（相关系数为 0.6）。董起广等在渭北旱塬区采取 BP 神经网络方法对地下水埋深的预测值能较好地反映实测值，因此可用 BP 神经网络方法对地下水埋深进行模拟和预测。杨婷等以民勤盆地 64、65、84 号井为代表，运用灰色 BP 神经网络组合模型对民勤盆地地下水埋深进行了预测，通过模型精度检验发现，三个井预测值平均相对误差均小于 1%，满足精度检验条件，且灰色 BP 神经网络组合模型具有比单一模型更高的精度，更加适宜于短期预报。王宇等采取小波分析和人工神经网络相结合的小波神经网络模型（WA—ANN）开展浅层地下水埋深预测模拟试验并检验其精度，结果表明该组合模型能够较好地模拟地下水埋深变化规律，拟合预报精度均满足相对误差小于 10% 的精度要求，预测结果显示研究区地下水埋深逐年下降，至 2015 年总计下降 1m，为缓解地下水位下降提供了科学依据。冉浩文等采用主成分分析研究民勤绿洲地下水埋深的影响因素后发现，总人口和粮食产量对地下水埋深的影响较大，且人口规模较粮食产量更能显著影响地下水埋深变化，表明人类活动是影响地下水埋深变化的主导因子。

2.2.2 地下水埋深时空变化研究

席海洋等结合地质统计学方法探讨额济纳绿洲地下水埋深变化特性并对模型进行拟合

检测结果表明，自 20 世纪 40 年代以来额济纳绿洲地下水埋深不断下降，且下降幅度与河流区段有必然的联系，即越靠近河流下游，地下水埋深下降幅度越大，空间分布上地下水埋深从北向南依次增大。赵哈林等分析研究了内蒙古奈曼旗沙区地下水时空特征、年际年内变化动态及其变化机理。王金凤等结合 CS＋、ArcGIS 及地统计学方法对黑河中游临泽县地下水变化趋势进行分析结果表明，该区地下水埋深基于地形及土地利用现状等因素处于下降的趋势，不同景观类型对应的地下水波动模型以绿洲外围和"绿洲—荒漠过渡带"地下水埋深呈现双峰波动最为显著，其峰值分别出现在 5 月和 12 月。朱发昇等以秦王川跨流域调水为基础进行了水动力学模拟实验，揭示了引水方案选择对地下水的响应关系。夏倩柔等以新疆天山奇台绿洲为研究对象分析了不同行政等级划分地下水时空变化特征及成因，结果表明县城区域地下水埋深变化受人口因素影响较大，而乡镇区域地下水埋深则受耕地面积的影响更为显著，研究结论与事实比较吻合。葛倚汀针对内陆河灌区与非灌区分析了地下水变化规律，认为地下水埋深随地表灌溉水入渗补充而降低，但随作物蒸腾、裸地蒸发及潜水蒸散发而增大，且地下水受灌溉影响较大，极易引起耕地盐碱化和盐渍化。张喜风等通过构建半变异函数模型分析 1987—2007 年敦煌绿洲地下水空间变异性发现，人为因素是对地下水空间异质性变化的主要影响因素，而采用克里格插值模拟敦煌绿洲地下水时空变化特征并结合土地覆盖植被类型图分析地下水埋深与土地类型的对应关系则表明，伴随着耕作区、城市建设用地及裸地面积增加，1987—2007 年草地、灌木林面积显著减少，地下水埋深的自相关距离增大，减弱了地下水资源的连通性，生态环境呈现恶化趋势；此外，干旱地区气温的不断上升加剧了地下水下降速率，而耕地面积增加、钻井取水、高衬砌渠系及作为第三产业的旅游业的蓬勃发展严重挤占了生态用水，减少了对地下水的有效补给，因而上述因素是造成绿洲地下水位持续下降的主要原因。

仲生年等基于民勤绿洲地下水埋深观测资料分析地下水年际及年内变化动态和纵向空间分布特征后指出，该区地下水埋深不断增大，地下水埋深在空间分布上随距绿洲中心的距离呈现规律性变动，越远离河岸的下游坡地地下水埋深越浅，植被系统长势良好，而越靠近下游地下水埋深越深，植被分布也越稀疏，群落等级越差。陈亮等研究民勤绿洲 20 世纪末至 21 世纪初前后近 10 年地下水时空变异特征发现，民勤绿洲地下水埋深呈逐年下降趋势，空间分布上从绿洲边缘至绿洲中心地下水埋深持续增大，沉降速度不断加剧。

2.2.3 地下水埋深变化对水文生态系统的影响研究

我国学者针对地下水开展了大量研究。刘春蓁等基于统计方法提出关于地下水补给对气候变化敏感性的研究方法，即利用长系列气象资料（降水、蒸发、气温）及地下水观测资料来探讨各因子间的相关性。鲍艳等采取模拟检验方法分析西北干旱地区地下水埋深下降与区域气候变化的影响后指出，地下水的下降会导致显著的气候效应，近地表温度升高、降水减少、蒸发强烈等进一步恶化了气象干旱，进而加剧了西北干旱地区的干旱程度。

张武文等全面分析额济纳绿洲地下水动态特征后发现，地下水较长时间处于负均衡状态，以胡杨林为典型代表的植被系统面积不断减少，且长势不良，天然更新能力减弱，更新速度显著降低，已处于衰退状态，严重加剧了土地荒漠化进度，绿洲作为良好生态系统所发挥的最优生态效应减弱。刘敏等认为影响和田绿洲地下水埋深动态最主要的自然因子是蒸发，其次为温度、风速，其他因素的影响相对较小，源于和田地区降水极其稀少而蒸发强烈的干旱区域特色。满苏尔-沙比提研究渭干河—库车河三角洲地下水对天然植被的响应后指出，渭—库绿洲地下水埋深逐年下降，地下水质呈现逐年变淡的趋势，即地下水位以每年1m的速率下降，十年内总计下降10m，地下水矿化度下降0.54g/L，且水位与水质间具有良好的响应关系，二者相互影响共同制约地下水生态环境的发展。绿洲天然植被生长区是除径流补给以外主要依靠消耗地下水的脆弱生态区，绿洲天然植被退化最主要自然因素是地下水资源的减少和水质恶化。马玉蕾等研究地下水对土壤含水量、土壤含盐量、植被、地表荒漠化的影响关系发现，地下水埋深与土壤毛管作用关系密切，地下水埋深较浅时土壤含水量较高，能够较好地满足植被需水要求，而地下水埋深较深时土壤含水量较低，无法满足植被需水要求。姚荣江分析黄河下游三角洲地区地下水埋深与土壤含盐量的关系后认为，地下水水位与土壤盐分分布在空间上存在显著概率分布相似性，具有明显的空间自相关性。张华等研究疏勒河流域地下水平衡与生态演替耦合时指出，地下水埋深波动与植物群落水平动态变化具有较为平衡的耦合关系，其耦合效应主要体现为地下水位变化将影响种群分布格局特征变化，植被主要以种群密度和优势度的变化为主要响应；在水位波动较大时，植被以优势种群的分布配置来响应景观格局变化，最大限度地满足植被系统的生态稳定性，且地下水多以河岸地段为中心呈圆心辐射状分布，远离河岸渠系地段水位大体呈辐射下降状态，植被分布随地下水格局的空间变化也依次表现出规律性，按照芦苇—胡杨—柽柳—梭梭等从湿地草甸植被向荒漠植被类型过渡以维持生态系统的生物多样性和系统稳定性，进而保持良好的生态系统功能。

流域荒漠河岸植被与水土因素密切相关。张园园等研究认为，石羊河流域地下水埋深变化会显著影响依赖于地下水生存植被的分布，当地下水埋深2～4m时植被总盖度为57%，埋深在5～10m时植被盖度降为36%，而埋深增加至20～40m时植被盖度骤降为27%；在流域中下游，伴随着地下水埋深增加，植物群落按照草甸—半灌木—灌木—荒漠的方向演替变化，演替过程中虽然植物种类呈增加趋势，但系统的植被覆盖度依然呈下降趋势。张立伟用灰色系统和数理统计方法研究咸阳市气候干燥度和地下水变化趋势后认为，气候干燥度是表征地区干湿程度的重要指标，在受人类干扰较小的年份除部分河段干燥度与地下水埋深存在正相关外，其余河段均呈负相关，表明气候干旱程度越大地下水水位越高；但在显著受人为因素扰动的年份地下水埋深与气候干燥度呈正相关，说明人为因素更能显著影响地下水系统的平衡，人为开采是控制地下水埋深变化的主要因素；在经济和人口增长压力下咸阳市地下水水位下降较快，呈明显的线性下降趋势，最高下降速率高达4.916m/10a。蒋志荣定量研究民勤绿洲荒漠化时指出，自然因素和人为因素均会影响荒漠化进程，人为因素影响占荒漠化进程的82%，为主导驱动因子，自然因素影响比较微弱。郑玉峰等发现，鄂尔多斯市地下水埋深年际变化与降雨量、蒸发量相关性极低（相关系数分别为0.03和0.17），地下水埋深变化更多地受人为活动的影响，夏季用水高峰以5月、6月、7月三个月地下水埋深最低，而秋冬用水淡期需水较少，是水位逐步回升阶段。地下水埋深增大和水质恶化将进一步加剧植被衰退速率，土地沙漠化程度将不断增强，进而将引发严重的生态危机。

2.3 研究内容及技术路线

2.3.1 研究内容

本研究在广泛查阅民勤基础文献的基础上，进一步开展植被信息实地调查并获取必要的水文气象参数，深入研究民勤绿洲地下水埋深动态变化及其对水文生态的响应，准确预测地下水埋深动态变化。主要研究内容如下：

（1）明晰民勤当前的地理位置、水文生态环境、社会经济现状及所面临的主要生态问题，阐明地下水埋深变化对水文生态环境影响的重要性。

（2）筛选地下水埋深的潜在影响因子，解析地下水埋深与各影响因子间的关系及其相关性，分析地下水埋深年际及年内变化规律。

（3）采用逐步回归分析建立地下水埋深动态变化的预测方程，为长系列地下水准确预测提供依据。

（4）分析地下水埋深对植被的影响（主要包括植被长势、盖度等）、地下水埋深变化及用水部门、水文生态的响应。

2.3.2 技术路线

本研究依据布设在民勤治沙站植物园的观测井测定地下水埋深，资料序列长度为 10 年（2007—2016 年），民勤上游来水量资料来源于民勤统计年鉴（2007—2016 年），上游来水量序列长度为 30 年（1986—2016 年），其他数据均取自民勤统计年鉴（2007—2016 年）。采用 EXCEL2007 及 SPSS21.0 进行数据分析和绘图。通过分析民勤绿洲年际和年内地下水埋深动态变化筛选其潜在影响因子，运用逐步回归分析方法明晰影响地下水埋深的主要变量，由所得回归方程对地下水埋深动态变化进行准确预测，为绿洲水资源合理利用与保护提供依据。研究技术路线如图 2-1 所示。

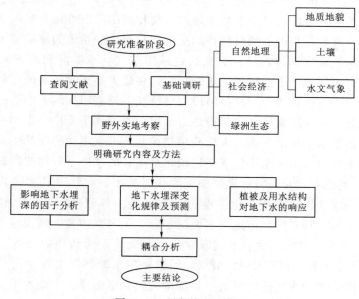

图 2-1 研究技术路线图

2.4 研究区概况与研究方法

2.4.1 自然概况

1. 地理位置

民勤县地处甘肃省西北部和河西走廊东北部的石羊河流域下游，隶属甘肃省武威市，南依武威市凉州区，西邻金昌市，北部和东部均与内蒙古相接壤，由于该地区以"俗朴风醇，人民勤劳"著名，故名民勤。民勤（102°02′~104°02′E，38°05′~39°06′N）全县总面积 1.6 万 km²，东西长 206km，南北宽 156km，全县最低海拔 1298.00m，最高海拔比最低海拔高将近 1000m，以山区、平原和沙丘为基本地貌组成。绿洲内地形平坦，海拔在 1400~2100m 之间，属于典型的干旱荒漠气候，主要土壤类型为绿洲灌淤土。

2. 地形与地貌

民勤绿洲是依上游河流冲积而形成的适宜植被生长的良好区域，绿洲外围均是低山、荒漠，地形等高线由西南向东北依次降低。绿洲内部以中部最为平缓，四周地势较高，形成明显的洼地特征。根据水文地质的历史变迁缘由及地表地质结构的差异性，该地区以平原、风沙荒漠、低地丘陵地貌为主。其中平原分别由湖水冲积，湖水—洪水交互冲积作用而成，以坝区和泉山一带的平原土质最优，是目前民勤从事农业活动的主要区域，具有多年的垦殖历史。绿洲外围主要地貌类型为风沙地貌，由不同类型沙丘组成，沙丘可按照形态和覆盖程度进行不同的分类，主要是固定沙丘、半固定沙丘和流动沙丘。少量分布于绿洲外围的丘陵地貌海拔为 1400 余 m，地势较为平缓，坡度变化幅度较小，也是进行农业生产活动的区域。

3. 土壤状况

民勤绿洲土壤受季节性季风影响和植被生长发育影响，一般按照土壤分类可分为 5 大土类 22 个亚类。研究区土壤受土壤微生物活动作用较小，可溶性盐积聚作用明显，浅层土壤黏化和铁质化过程剧烈，依据是否为自然地带性分布可将其分为地带性土壤和非地带性土壤。地带性土壤主要是灰棕土中的灰棕漠土，该土壤有机质含量较低且土壤微生物生命活动微弱，是由粗骨粒成土母质发育而来，主要分布在绿洲外围的低地山川和风蚀丘陵。绿洲灌耕土、草甸土、盐土、风沙土均是非地带性土壤，其中灌耕土是通过人为灌溉和补充土壤养分而形成的肥力较为丰富的农业土壤，其余均为自然条件下形成的自然土壤。绿洲灌耕土是绿洲区可提供的主要土质，也是绿洲农业发展的主要土壤类型。此外，灌耕土具有作物生长所需的良好微生物小环境和水肥高效利用大环境，是人们能够有效利用的重要土壤类型。分布在绿洲外围组成沙丘的风沙土土壤颗粒级配较大，土质疏松，蓄存的有机质较少，肥力较差，不能很好地保湿保墒，是沙漠化侵蚀过程中最易被破坏的土质。

4. 气候条件

民勤所处的独特地理位置决定了其基本的气候特征。该区年降水量少，年内降雨分配极为不均且有效降雨少；蒸发强烈，多年平均降雨量不及年蒸发量的 4.3%；昼夜温差较大，极端最高和极端最低气温相差悬殊，分别为 38.1℃ 和 −16.2℃。全年日照时数为 3267.6h，大于等于八级的年大风日数为 28 天，无霜期 172 天，多年平均人工增雨雪达每年 39 次。民勤主要气象特征见表 2-1。

表 2-1 民 勤 主 要 气 象 特 征

指标	气温/℃	降水量/mm	蒸发量/mm	日照时数/h	风速/(m/s)
平均值	8.2	124.6	2080.41	3267.6	1.2

（1）气温。根据民勤荒漠草地生态系统国家野外观测站 2007—2016 年 10 年的观测资料，民勤绿洲年内气温如图 2-2 所示。该区年平均气温为 8.2℃，最高气温为 23.62℃，最低气温-10.35℃。6 月、7 月、8 月是年内高温期，12 月至次年的 1 月、2 月是年内最冷的时期。

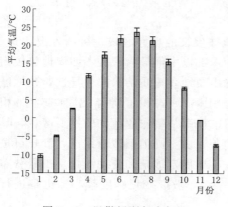

图 2-2 民勤绿洲年内气温

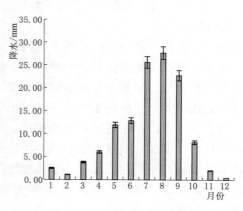

图 2-3 民勤绿洲年内降雨

（2）降水。根据民勤红崖山坝上水文站 2007—2016 年 10 年观测资料，民勤绿洲年内降雨如图 2-3 所示。该地区多年平均降雨量为 124.6mm，年最大降雨量为 2005 年的 188.2mm，年最小降雨量为 2013 年的 89.1mm，年内分布表现为 7—9 月降雨较多，高达全年降雨的 87% 以上，11 月至次年 3 月，降雨较少。

（3）蒸发。该区地处内陆腹部，东、西、北三面均被沙漠所包围，日照时间长，光照充足，蒸发强烈，具有典型的干旱荒漠特性，民勤绿洲年内蒸发如图 2-4 所示。该区多年平均蒸发量为 2080.41mm，是该区年均降雨量的 13 倍，年内最大、最小蒸发量分别为 2011 年的 2623.4mm 和 2016 年的 1576.4mm。蒸发量在年内分布极不均匀，主要集中在 4—10 月，特别是 5—8 月蒸发总量占总蒸发量的 60% 以上，11 月至次年 3 月蒸发量较小，均在 150mm 以下，充分反映了该区独特的气候变化特性。

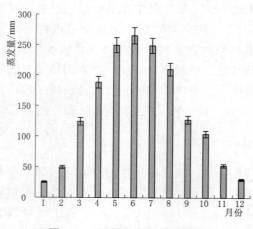

图 2-4 民勤绿洲年内蒸发量

（4）风速。民勤气候为典型的大陆性荒漠气候，常年风大沙多，民勤绿洲年内风速

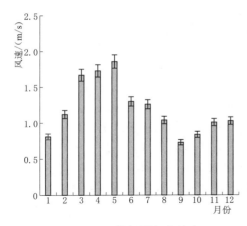

图2-5 民勤绿洲年内风速

如图2-5所示。多年平均风速为1.2m/s，全年风速较大，较小风速常出现在9月（0.73m/s），其中3—5月风速最大，均达1.67m/s以上。

5. 植被

研究区为典型荒漠绿洲区，植被由天然植被和自然植被组成。植被是联系土壤、大气的重要媒介，既从土壤中吸取土壤水供给植物的基本生命活动，同时也通过植被蒸腾向大气中释放水汽，维系着SPAC系统水分循环的稳定性。

人工植被的主体是由绿洲腹部和荒漠交界地带的农田林网、片状林及农作物组成，还包括人为栽种的防风固沙林，其中以柠条、花棒、沙枣为典型代表的造林树种得到大面积种植。自20世纪中期开始，我国治沙科学研究团队就积极投入人工育林研发工作，引进梭梭种子后广泛开展培育试验，并首次研发了采用在黏土障和在黏土沙障中种植梭梭的有效固林模式。新型的固林方法提高了造林树种的成活率，尤其以梭梭最为明显，为进一步推进人工植被造林固沙活动的广泛开展和推动民勤乃至河西走廊人工造林工作起到了积极的促进作用。民勤绿洲区人工梭梭主要分布在不同类型的沙丘、平原滩地及绿洲边缘处的冲积扇地带。其中，在固定、半固定沙丘上梭梭分布较多，但植被分布较为稀疏，衰退较为严重；在立地类型为"固定—半固定"沙丘上梭梭生长状况良好，其他立地类型上梭梭仅零星分布。由于地下水变动幅度较大，人工育林也遭遇重大困难，生态环境普遍恶化。截至目前，因土壤干旱、种植密度过大及梭梭天然林更新状况差等原因，55%的人工梭梭林存在植被衰退现象且占比有增加的趋势。

民勤绿洲现有天然植被种类较为丰富，主要包括砾质植被、沙质荒漠植被及盐渍化植被等。其中，作为代表性的砾质荒漠植被多以半灌木、一年生、多年生草本植物为主，以泡泡刺、珍珠、戈壁针茅为典型植被，主要分布在低地山丘、风蚀残丘陵、砾质戈壁；沙质荒漠植被主要包括沙蒿、芦苇、沙葱等沙生灌木，由一年、多年生草本组成，集中分布在沙地、沙垄和低地丘陵上；盐渍化植被主要由耐盐性较强的喜盐植物构成，主要分布在盐渍化土地和低地。

2.4.2 水资源利用现状

民勤绿洲所处的独特地理环境决定了该地区水资源是以地表径流和地下水为主体，民勤县2015年农业用水、工业用水、生态用水、生活用水分别占总用水量的70%、2%、25%、3%，除了生态用水比例有所上调外，其余各部门用水量均有所降低。各行业平均用水量占总用水量的比重如图2-6所示。

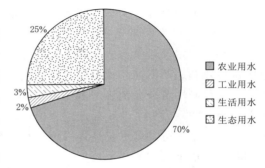

图2-6 各行业平均用水量占总用水量的比重

1. 地表水利用现状

起源于祁连雪山的石羊河水系，是唯一流经巴丹吉林沙漠和腾格里沙漠的内陆河流域，该流域主要河流有古浪河、黄羊河、金塔河等，流域集水面积都较大。这些河流离河源较近，所经的河岸坡度变化较大且每条河流流速快，整个河道流程较短，河道错综复杂，目前还没有公认的水系主源。石羊河支流部分水量经水库中途拦截存储于水库中，部分通过灌溉渠系引入农田用于农业生产活动，而水库下游的河流出流量很少几近断流。大气降水部分通过水分渗漏转化为地下水，而在透水性较强的冲积扇平原地带，通过降水补充的地下水达到一定量后将以泉水溢出的形式汇聚成若干条径流量较小的溪流，最后在地势较低的武威市北侧寨子沟陆续汇入石羊河，此地段属于石羊河中游。在一定的条件下，石羊河地表水也回归为地下水。位于民勤境内的红崖山水库拦蓄了部分石羊河水量并成为下游主要的灌溉水源，水流经过灌溉渠系延伸至民勤绿洲，而灌溉水也会通过渗漏补充地下水，最后经蒸发作用在河流尾闾消失。

石羊河径流主体由西大河水系、六河水系（古浪河、黄羊河、杂木河、金塔河、西营河和东大河）和大靖河水系构成。其中六河水系经武威盆地后，主流经红崖山水库调入民勤绿洲，该水量提供了绿洲 80% 的用水需求，是民勤绿洲水生态环境稳定持续发展的重要因素。20 世纪 50 年代以来，石羊河上游河流出口水量虽然出现不同时间段的丰、枯、平水年的短暂交替变化，但还不能由此合理说明其水量的增减趋势。但从 20 世纪 60 年代开始，虽然流入红崖山水库的水量也有波动，但基本上呈现减少趋势，至 2005 年已不足1 亿 m^3。红崖山水库入库流量见表 2-2。

表 2-2 红崖山水库入库流量

年份	1956—1959	1960—1969	1970—1979	1980—1989	1990—2000	2005
年径流量/亿 m^3	4.60	3.74	2.84	2.06	1.47	0.98

民勤县高耗水作物主要集中生长在每年 6—9 月，因强烈蒸发作用，作物主要生长阶段并不能有效利用大气降水，只有少量经济作物如玉米、甜瓜等才能利用部分大气降水，但由于降雨时间极短且大部分形成地表径流，降雨并不能全部有效渗入至作物根系，严重影响作物正常生理活动，限制了农作物产量和品质提高。

分析 1986—2016 年 30 年间红崖山水库上游来水量变化（图 2-7）可知，1986—2004年石羊河上游来水量基本呈递减趋势，但自 2004 年以来红崖山水库来水量明显增加，主要源于石羊河流域综合治理大幅度提高了水资源的有效存储。

2. 地下水开发利用现状

民勤地表水补给量构成了地下水资源量的主体，除此之外还有少量降雨入渗量，但大气降水有效利用率不高，地下水资源还是以地表水补给为主。地表水补给地下水的部分按照有无重复利用可分为地表水重复利用和非重复利用两部分：前者主要是地下水侧向补给量和降雨入渗；后者主要是径流过程中自然入渗和从事农业活动期间灌溉水侧向及垂直渗漏。多年以来，打井取水仍是开采地下水资源的主要途径，而大规模的机电井使用则进一步加剧了对地下水的消耗。

民勤绿洲的配套机电井数量见表 2-3。除 2012 和 2013 年配套机电井数量与上年持平

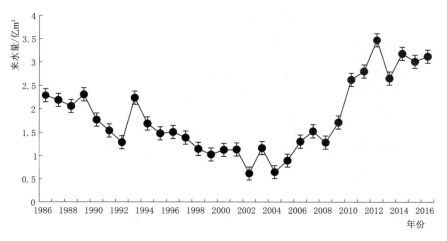

图 2-7　1986—2016 年间红崖山水库上游来水量

外，其余年份机电井数量均有微弱变化，而机电井数量的多少主要取决于人为因素的影响。2015 年配套机井数为 7345 眼，与 2009 年相比关闭机井 1511 眼，有效减少了地下水的过度消耗。但因机电井眼数仅为影响地下水埋深的因子之一，地下水埋深还受多种客观条件的制约和影响。

表 2-3　　　　　　　　　　　　民勤绿洲的配套机电井数量

年份	2009	2010	2011	2012	2013	2014	2015
机电井数/眼	8856	8580	7223	7223	7223	7336	7345

2.4.3　社会经济发展现状

石羊河流域孕育了诸多文明城市，其中，武威市是以发展综合农业规划的农业重镇，金昌市是以镍都著称的重要有色金属生产基地。社会经济的发展现状既受生态环境的限制，在一定程度上也会反馈于环境的可持续发展。

1. 经济现状

民勤县经济发展主要依赖于农业生产，国民生产总值由 2010 年的 32 亿元增加至 2015 年的 70 亿元，年增长率为 7.34%，几乎呈线性增长趋势。2010—2015 年民勤县国民生产总值如图 2-8 所示。

由图 2-8 可知，民勤县近些年国民生产总值呈逐年线性增加趋势且增长幅度较大，人们的物质条件得到了较大满足，经济水平普遍提高，但依然存在社会经济发展与生态环境发展不协调的情形，因此追求经济、社会与环境的协调可持续发展仍是该地区发展的重要目标。

产业结构也是影响经济发展的内在因素。截至 2015 年，民勤县第一、二、三产业总值均有所增长，较上年分别增长 6.1%、7.7%、11.3%，产业结构依次调整为 34.0∶31.6∶34.4，以工农业为主要代表的第一、二产业分别下降 0.4、1.3 个百分点，而新兴蓬勃发展的第三产业上升 1.7 个百分点，这是历年来第三产业所占比重首次超过第一产

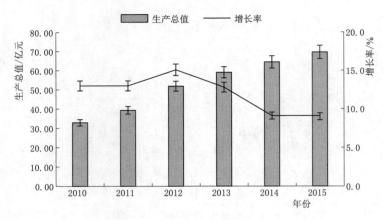

图 2 - 8 2010—2015 年民勤县国民生产总值

业（图 2 - 9）。第三产业的快速发展表明，近年来政府大力支持非物质文化的发展以带动经济提升增效，适度降低了第一、二产业发展的比例，给予生态环境适度的缓冲调整期。从 2010—2015 年三产占比情况可以看出，第一产业的比重从 2010 年的 41.6% 降至 34%，第二、三产业占比均明显增加。分析年内各产业分配比例，民勤县虽然第三产业表现出较大的活力，但依然摆脱不了仍需以第一产业发展为主要支柱的现实，这是基于民勤绿洲为我国典型的农业型综合利用绿洲的事实考虑，农业在国民经济中仍占据重要地位。因此，该区的产业发展规划需在保证产业结构优化的前提下合理降低第一产业占比，适度增大第二、第三产业占比，这在今后较长一段时间内仍将是产业结构调整的基本思想。

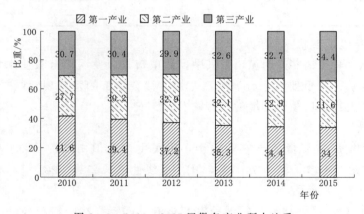

图 2 - 9 2010—2015 民勤各产业所占比重

1995—2003 年间民勤县经济发展较快，以本地区常住人口为基数，该县人均生产总值将达 3000 元，年增长率高达 8%。2010—2015 年民勤县综合经济指标见表 2 - 4。由表 2 - 4 可知，地区生产总值、农民人均纯收入、城镇居民可支配收入等逐年增加，但粮食作物和经济作物种植面积及人均粮食产量的快速增长加大了对水土资源的压力，而该地区经济的快速发展已严重破坏了自然生态环境的可持续发展。因此，如何在保持区域生态环境稳定的同时进一步提高经济发展速度已迫在眉睫。

表 2 - 4 　　　　　　　　　　　　2010—2015 年民勤县综合经济指标

指　标	单位	2010 年	2011 年	2012 年	2013 年	2014 年	2015 年
总人口	万	27.43	27.47	24.16	24.12	24.11	24.12
地区生产总值	亿元	32.85	39.28	51.79	59.05	64.41	69.56
第一产业	亿元	13.67	15.47	19.25	21.25	22.15	23.70
第二产业	亿元	9.12	11.85	17.05	19.71	21.18	21.94
第三产业	亿元	10.07	11.95	15.49	18.09	21.06	23.91
农民人均纯收入	元	5215	5908	7035	7893	8875	10519
城镇居民可支配收入	元	8829	10533	12513	14683	16063	18661
人均财政收入	元	435.9	743	1243	1448.5	1718	2063
粮食作物种植面积	万 hm^2	1.32	1.29	1.35	1.31	1.50	1.55
经济作物种植面积	万 hm^2	3.40	3.37	3.03	3.47	3.42	3.47
粮食总产量	万 t	10.86	10.73	12.64	12.13	13.4	13.96
人均国内生产总值	万元	1.19	1.42	2.14	2.45	2.67	2.88
人均粮食产量	kg	396	390	459.9	442.3	490.1	510.2
人均粮食面积	亩	0.73	0.71	0.74	0.73	0.83	0.86
人均种草面积	亩	0.33	0.04	0.06	0.08	0.09	0.25
人均播种面积	亩	2.68	2.64	2.64	2.73	2.82	3.06
人均耕地面积	亩	3.12	3.25	3.25	3.39	3.27	3.26

2. 人口变化动态

民勤县人口增长较为缓慢，基本与全国平均水平持平，2005 年武威市人口为 101.4 万人，2015 年为 181.64 万人，多年平均增长率为 0.79％。2015 年民勤绿洲人口为 24.12 万人，占武威市人口的 13％，人口增长呈现出由快到慢的变化趋势，人口自然增长率递减，从 20 世纪 90 年代初的 1.3％降至 90 年代末的 0.8％，截至 2000 年人口自然增长率减少为 0.4％且以 0.05％递减，人口变化趋势与民勤绿洲水资源危机导致的人口外流有直接关联。

2.4.4　生态环境现状

石羊河流域上、中游大量抽取地下水解决农田灌溉和人畜饮水问题导致进入下游的水量显著减少，地下水水位快速下降，以土地荒漠化、植被退化、水质恶化为代表的生态问题日益严重，引发了严重的生态危机。

沙漠是在纯自然因素作用下形成于地质历史时期的产物，干燥的气候环境为沙漠的形成创造了动力条件，地壳运动、河流冲积等原因形成的地表各种松散的沉淀物为沙漠的形成提供了物质基础。在遭遇人为活动影响后，自然和人为双重因素加快了沙漠的演变发展趋势。在人口因素的作用下，农业化程度不断加剧，城市迅猛扩展，竭泽而渔式地开展樵采、放牧及对水资源的不合理利用直接导致干旱区荒漠化的发生和发展,造成严重的生态灾难。沙漠化成因示意图如图 2 - 10 所示。

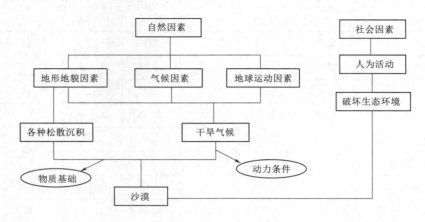

图 2 - 10 沙漠化成因示意图

1. 荒漠化现状

民勤绿洲荒漠化不仅受地形地貌的影响,气候恶化、植被系统结构单一及衰退、人口对自然资源环境的胁迫压力均会加快荒漠化进程,地表水的过度利用、地下水超采、焚草垦地、过度放牧、植被衰退、人口增加、农业生产结构不合理等人为因素的干扰是造成民勤绿洲土地荒漠化的主要驱动因子。荒漠化主要发生在绿洲边缘处的“绿洲—荒漠过渡带”,而受人类活动影响较小的区域土壤和植被保持自然状态,土地保持原生状态,荒漠化程度基本保持不变。目前民勤境内有 230 万 hm² 待治理荒漠区域,其中因荒漠化而弃耕的土地 30 万 hm²,急需保护和恢复的退化林草地 90 万 hm²,多达 50 万 hm² 的天然一年生和多年生灌木林处于衰退状态,同时还有大量位于绿洲边缘的人工林也处于衰败状态,若不加以保护和治理,植被持续衰退将进一步加速荒漠化进程,严重影响区域生态系统的稳定性。

戴晟懋 1998—2003 五年的研究结果表明:中、轻度荒漠化土地面积有所减小,但重度、极重度荒漠化土地面积呈增加的趋势;从荒漠化面积所占比例来看,荒漠化程度较弱的土地在向重度荒漠化发展,荒漠化程度总体呈加剧态势,且荒漠化土地面积也有所增加。魏怀东对比分析民勤绿洲 2003 年和 2008 年以风蚀荒漠化和盐渍荒漠化为主体的荒漠化趋势后认为,2008 年民勤荒漠化土地总面积较 2003 年年减少 900 多 hm²,荒漠化面积以年 150hm² 的速率减少,荒漠化指数从 2.26 减少至 2.24,荒漠化进程得到初步抑制。2003 年和 2008 年民勤绿洲荒漠化演变见表 2 - 5。在空间分布上,荒漠化面积减少主要发生在绿洲边缘 0～2km 及 4～6km 内,其中以绿洲边缘 0～2km 范围内减少幅度最大,而 2～10km 为荒漠化面积增加区域,但增幅较小。至此,民勤绿洲土地荒漠化状况得到有效抑制,荒漠化程度有所减轻。同时,也建成了首批国家生态保护与建设示范区和高效节水灌溉示范县,并采取工程压沙、人工造林、封沙造林、义务植树等一系列生态保护措施促进民勤绿洲生态环境恢复。

表 2-5　　　　　　　　　　2003 年和 2008 年民勤绿洲荒漠化演变

荒漠化类型	荒漠化程度	土地类型	增减情况/hm²		
			2003 年	2008 年	增减情况
风蚀荒漠化	中度	中度沙化林地	38147.82	38339.35	191.53
	中度	中度沙化草地	39893.24	40681.08	787.74
	重度	重度沙化草地	447680.50	446701.03	−979.47
	重度	戈壁	95861.44	95861.05	−0.39
	小计		621582.99	621582.50	−0.49
盐渍荒漠化	重度		23871.67	20504.38	−3367.29
	中度		1165.16	3768.00	2602.84
	轻度		24713.25	24541.25	−172.00
	小计		49750.08	48813.63	−936.45
合计	重度		567413.61	563066.46	−4347.15
	中度		79206.22	82788.42	3582.21
	轻度		24713.25	24541.25	−172.00
	合计		671333.08	670396.13	−936.95

　　截至 2014 年，民勤县境内有自然保护区 1 个，保护区面积 389882.5hm²，累计完成保护区 720km 的区界勘界工作、193.34 万亩的灌木林及区内植被资源管护任务，积极开展生态建设的一系列保护工作。2010—2015 年民勤生态建设情况见表 2-6 和图 2-11。

表 2-6　　　　　　　　　　2010—2015 年民勤县生态建设情况

指　标	年　份					
	2010	2011	2012	2013	2014	2015
人工造林/万亩	7.54	11.32	17.18	19.06	16.18	14.36
封沙育林/万亩	2.8	8.5	19	13.8	13	6
通道绿化/km	294.1	330	310	360	330	336
义务植树/万株	200	300	220	250	238	236
工程压沙/万亩	4	4	4.03	4.02	4.03	6.12
森林覆盖率/%	11.52	11.82	12.71	12.32	12.55	17.7
退耕还林/万亩	31.43	31.83	32.13	32.63	32.63	32.83
新增农田防护林/万亩	1	1.15	1.15	1.2	1.0	0.94
新增草地面积/万亩	14.5	12.5	15	19.2	8.5	9.04
年降水量/mm	112	139.2	128.9	84.5	129.5	122.0
水资源使用量/亿 m³	3.51	3.5051	3.5095	3.403	3.5810	3.58

　　表 2-5、表 2-6 和图 2-11 反映了民勤绿洲近年来的生态建设状况。人工造林除 2014 年和 2015 年外均呈增加状态，由 2010 年的 7.54 万亩增加至 2013 年的 19.06 万亩，增长幅度达 152.79%，其中以 2013 年面积最大（19.06 万亩），2013 年以后人工造林面

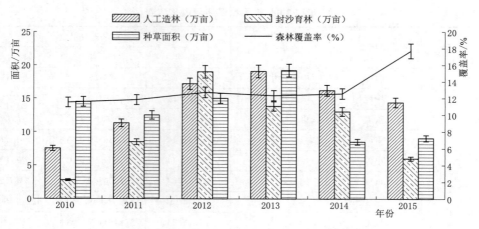

图 2-11 2010—2015 年民勤生态建设情况

积则呈线性下降趋势。封沙育林是所有人工维护生态环境措施中变化最为显著的活动，从 2010 年的 2.8 万亩增加至 2012 年的 19 万亩，年均增加 8 万亩。2010—2015 年间，2011—2012 年人工造林和封沙育林面积增幅最大，分别为 51.77% 和 123.53%；2012—2013 年新增草地面积增幅最大，为 28%；2014—2015 年工程压沙和森林覆盖率增幅最大，为 41.04%。

2. 植被系统结构破坏，物种多样性降低

植被调查发现，近 50 年来民勤绿洲生态系统群落多样性减少且有持续加重的趋势。主要表现为依赖地下水生长的植被系统随地下水埋深急剧下降多处于枯萎或死亡的衰败状态，一年和多年生固沙灌木林也因缺水而大片消失。红崖山水库下游的民勤绿洲面积较 20 世纪 50 年代减少了至少 300km²，高盖度林草地面积大幅度减少，水生草甸植被或衰退或死亡，或通过自然选择逐渐被耐旱植物所取代，区域植被群落分布稀疏、物种单一、结构简单，植被多样性指数较低。以胡杨为主的荒漠河岸乔木林和沙枣林衰败较快，远离水库下游的林木已基本枯死，原先广泛分布的草甸植被已演变为荒漠植被。此外，位于绿洲外围的白刺和梭梭、柽柳等沙生植物由于地下水埋深的增大而无法吸收到有效水分，群落分布稀疏，长势较差，已呈现出衰退或死亡状态。究其原因，植被衰退主要源于地下水位下降和人口压力增大造成的"五滥"（滥垦、滥伐、滥牧、滥樵、滥采）。其中，地下水位下降是造成植被衰退的客观原因，是由于干旱区植物可通过土壤毛管作用力汲取地下水的最大埋深一般为 4.5~6m，超过此埋深植物将无法从地下水获取所需水分，最终将造成植被干枯死亡。人口压力增大是造成植被衰退的主观原因，人为的滥垦、滥伐、滥牧、滥樵、滥采等行为进一步加剧了民勤绿洲的植被衰退。

3. 土壤盐渍化加重

民勤绿洲蒸发强烈，在地下水未大规模开发前，土壤盐分通过蒸发聚积在地表，极易形成盐渍化土壤。在降水和蒸发悬殊的民勤绿洲，土壤淋溶作用微弱，同时位于下游盆地的土壤含盐量偏高，在土壤毛管力作用下，土壤水和地下水中的盐分随毛管水向地表输送,在地表不断积聚。在山洪和雨水冲积作用下,外来水源汇聚形成的上游集水区极易将高溶解度的氯化物硫酸盐类物质经水流输送到河流下游,然后通过渠系统随灌溉水流入绿洲腹部。此即为土壤盐分在该区水文循环系统中的运移过程。在水盐耦合条件下,人为因素的过度干扰将促进土壤盐渍化的发生,在地表来水量骤减的情况下,人们利用咸水灌溉和反复提灌地下水加剧了土壤盐渍化的进程。不同年份民勤绿洲盐渍化见表 2-7。由表 2-7 可知,1994 年民勤县 2528.5km² 的土地存在不同程度的盐渍化,绿洲内部盐渍化面积达 300 多 km²,其中轻度盐渍化面积 20 km²,盐渍化土壤主要分布在湖区附近且有向南扩展的趋势。

表 2-7 不同年份民勤盐渍化面积

年份	1958	1963	1978	1981	1991	1994
面积/hm²	1.05	1.23	2.21	2.56	4.08	6.73

20 世纪 60 年代以来,因灌溉需求无法满足,大量农田弃耕现象严重,湖区弃耕农田达 2.52 万 hm²,没有进行农事活动的土壤未经灌溉水的淋洗,土壤中的盐分无法随灌溉水入渗运移的情况下,在强烈的蒸发作用下随土壤水向上运动积聚至土壤表层,不仅恶化了土壤的理化性质,也加速了土壤的盐渍化。民勤绿洲弃耕农田土壤盐分积累情况见表 2-8。同时,民勤绿洲为典型的灌溉农业区,以往的大水漫灌、咸水灌溉、有灌无排等不合理灌溉方式均在不同程度上加剧了土壤盐渍化的形成。

表 2-8 民勤绿洲弃耕农田土壤盐分积累

地段	采样深度/cm	含盐量/%	离子含量/(毫当量/100g)						
			HCO³⁻	Cl⁻	SO₄²⁻	Ca²⁺	Mg²⁺	K⁺	Na⁺
未弃耕	0~20	0.281	0.27	0.44	3.14	2.37	0.83	0.18	0.78
	10~48	0.971	0.22	0.41	13.68	10.38	2.85	0.26	1.44
	48~60	1.390	0.22	1.01	19.79	12.18	4.49	0.28	3.58
	69~100	1.395	0.20	1.52	19.39	10.41	5.29	0.23	5.04
弃耕10年	0~10	10.715	0.24	80.63	89.72	15.62	37.3	1.77	117.17
	10~20	7.959	0.22	36.74	83.32	12.82	24.0	1.59	88.26
	20~40	1.791	0.14	3.92	22.91	11.22	6.41	0.28	10.00
	40~60	2.129	0.16	4.23	28.36	12.66	5.45	0.23	12.17
	60~100	2.035	0.13	6.48	33.71	14.42	3.85	0.36	13.48

4. 沙尘暴增加

沙尘暴不仅影响人们日常生活,也会对农事活动产生巨大影响。我国西北地区沙尘暴春季(3—5月)最为明显。根据民勤治沙站的统计(1998—2006 年)显示,83%的沙尘暴多发生在白天,其中以 10:00—12:00 发生的次数最多,达 20 多次,占统计总数的 20%,而在 0:00—6:00 这一时间段内基本无沙尘暴,因此当地盛传着黄风(沙尘暴)怕日落的谚语。沙尘暴的发生频率与土壤湿度密切相关,土壤含水量较为丰富的季节沙尘暴数量较少。20 世纪 50 年代以后民勤县特强沙尘暴发生情况见表 2-9。从表 2-9 可以看出，沙尘暴次数呈逐年增加趋势，尤其是 20 世纪 90 年代发生次数高达 23 次，比 20 世纪中期发生次数增加了 4 倍左右，严重影响了当地人民的日常生活。自然条件是沙尘暴发生的基础，而人为因素则是其发生的主要诱因。土地荒漠化和植被退化均会严重影响沙尘漂浮，易诱导沙尘暴的发生。

表 2-9　　　　　20 世纪 50 年代以后民勤县特强沙尘暴发生情况

时间	50 年代	60 年代	70 年代	80 年代	90 年代
次数	5	8	13	14	23

5. 地下水埋深下降，水质恶化

民勤绿洲水资源的匮缺迫使人们大量开采地下水，导致地下水水位下降速率加快，地下水埋深动态变化即为水资源量变最直观的反应，石羊河流域综合治理以前地下水水位持续下降已严重威胁到民勤绿洲的生态安全和人们的日常生产生活。适度开采地下水对生态环境具有一定的积极作用，水位过高处的地下水开采可有效降低地下水水位和防止次生盐渍化发生。

近年来，民勤绿洲地下水埋深发生了显著变化，从 1960 年的 2.07m 增加至 2001 年的 18.14m，以 0.38m/a 的年均速率增加。郝博等针对民勤地区提出干旱荒漠区植被生长的适宜地下水埋深为 2.5~4.5m，适宜植被生长的地下水埋深上下限分别为 6m 和 4.5m，因此将 6m 作为植被恢复的适宜地下水埋深上限，将 4.5m 作为保障大部分植被基本需求的最小地下水埋深。截至 2016 年，民勤绿洲地下水埋深已达 23.31m，已远不能满足植被需水要求，植被生存主要依靠大气降水维持。

富飞研究了民勤绿洲 1998—2007 年地下水矿化度的变化趋势，结果发现该区地下水矿化度基本呈上升趋势，由南至北地下水矿化度上升幅度各不相同。从空间区域分布来看，地下水矿化度随地形坡度呈现规律性变化，由北向南矿化度依次减小。适度的地下水开采有利于水盐运移，但过量开采易造成地下水水位下降和水质恶化，同时在潜水强烈的蒸发作用下，地下水水位会进一步下降并加剧地下水水质的恶化。西北内陆河流域生长的植被与地下水埋深及水质密切相关，且在一定程度上反映了区域生态环境特征。包括地下水埋深和矿化度在内的水文生态因子变化对区域植被系统演变具有主导作用，可直接影响流域植被生态系统的健康发展。

2.4.5 研究方法

1. 相关分析法

相关分析是研究变量之间紧密程度的统计学方法，本研究采取 2007—2016 年石羊河上游来水量、水文气象因子（气温、降水量、蒸发量）、地下水开采量及同期地下水埋深，主要选用 EXCELL2007 和 SPSS21.0 描述变量间的线性关系及相关系数。采用 Pearson 相关系数来描述变量间的线性相关程度。Pearson 相关系数计算公式为

$$r = \frac{\sum_{i=1}^{n}(x_i - \overline{x})(y_i - \overline{y})}{\sqrt{\sum_{i=1}^{n}(x_i - \overline{x})^2(y_i - \overline{y})^2}} \tag{2-1}$$

式中 n——样本数;

x_i 和 y_i——变量值。

对式（2-1）进行整理，可得相关系数为

$$r = \frac{1}{n} \sum_{i=1}^{n} \left(\frac{x_i - \overline{x}}{S_x} \right) \left(\frac{y_i - \overline{y}}{S_y} \right) \tag{2-2}$$

式（2-2）当 $r=0$ 时表示不存在线性相关，但并不意味着变量间无任何关系；当 $0 \leqslant |r| \leqslant 0.3$ 时为弱相关；当 $0.3 < |r| \leqslant 0.5$ 时，为低度相关；当 $0.5 < |r| \leqslant 0.8$ 时，为显著相关；当 $0.8 < |r| < 1$ 时为高度相关；当 $|r| = 1$ 时，为完全线性相关。

Pearson 相关系数检验统计量为 T 统计量，其定义为

$$T = \frac{r \sqrt{n-2}}{\sqrt{1-r^2}} \tag{2-3}$$

其中，T 统计量服从自由度为 $n-2$ 的 T 分布。

地下水埋深动态变化是水文循环系统中最重要的水文过程，显著受不可避免的自然客观条件制约和人为扰动的主观调控，具有变化周期长、恢复至适宜生态水位较慢的显著特征。了解区域地下水埋深变化动态并准确预测其变化趋势对水资源的合理分配具有重要意义，在指导农业灌溉用水和生态用水方面具有前瞻性作用。

地下水动态预测有传统方法和利用软件数值模拟等方法。目前，已经有较多的数理统计方法（主要有主成分分析、回归分析、方差分析、聚类分析等方法）和其他广泛应用于地下水动态及其影响因素的分析方法（主要有灰色模型、基于 IL-HMMs 预测地下水模型、BP 神经网络法、MODFLOW 法、Felow 模型、基于 GMS 的研究方法等）。因民勤绿洲大量水文数据获取困难且需较长时间系列的基本数据，多数地下水动态预测方法较难准确实施或预测精确度不高。本研究采取多元回归统计方法进行地下水埋深的分析和预测，该方法使用较为广泛且适宜于水文地质条件尚不清楚或条件复杂的地区使用，将其运用在民勤地下水埋深变化研究中是切实可行的。

2. 回归分析模型

回归分析（regression analysis）是研究解释变量与被解释变量之间是否存在某种线性关系或非线性关系的一种数理统计方法，可为变量预测提供科学依据。回归分析根据单一自变量和多自变量可分为一元和多元回归；按照回归表达式的形式又可分为线性回归和非线性回归。回归分析步骤如下：

（1）多元回归模型建立。设随机变量 y 与 m 个解释变量 x_1, x_2, x_3, $\cdots$, x_m 存在线性关系，即

$$y = \beta_0 + \beta_1 x_1 + \beta_2 x_2 + \cdots + \beta_m x_m + \varepsilon \tag{2-4}$$

式中 y——因变量;

x_1, x_2, $\cdots$, x_m——自变量（解释变量）;

β_0, β_1, β_2, β_m——$m+1$ 个未知参数，其中 β_0 为回归常数，β_1, β_2, β_3, $\cdots$, β_m 为回归系数;

ε——反映模型中由于非观测因素和不可观测因素所引起的随机误差，$\varepsilon \sim N(0, \sigma^2)$。

回归分析主要是通过解释变量的 x_1，x_2，$\cdots$，x_m 和 y 的 N 组观测数据（x_{k1}，x_{k2}，$\cdots$，x_{km}，y_k）得出各回归分析系数 β_i 的估计值 $\hat{\beta}_i$，同时对 $\hat{\beta}_i$ 做统计检验以说明数据的可靠性（$k=1$，2，$\cdots$，N；$i=0$，1，2，$\cdots$，m）。将观测数据代入回归方程可得到

$$\begin{cases} y_1 = \beta_0 + \beta_1 x_{11} + \cdots + \beta_m x_{1m} + \varepsilon_1 \\ \vdots \\ y_N = \beta_0 + \beta_1 x_{N1} + \cdots + \beta_m x_{Nm} + \varepsilon_N \end{cases} \qquad (2-5)$$

式中　ε_1，ε_2，$\cdots$，ε_N——N 个相互独立且服从正态分布的 $N(0，\sigma^2)$。

设 $Y = \begin{bmatrix} y_1 \\ \vdots \\ y_N \end{bmatrix}$，$X = \begin{bmatrix} 1 & x_{11} & x_{21} & \cdots & x_{k1} \\ 1 & x_{12} & x_{22} & \cdots & x_{k2} \\ \vdots & \vdots & \vdots & & \vdots \\ 1 & x_{1n} & x_{2n} & \cdots & x_{kn} \end{bmatrix}$，$\beta = \begin{bmatrix} \beta_0 \\ \vdots \\ \beta_m \end{bmatrix}$，$\varepsilon = \begin{bmatrix} \varepsilon_1 \\ \vdots \\ \varepsilon_N \end{bmatrix}$，得到对应矩阵方程

$$Y = X\beta + \varepsilon \qquad (2-6)$$

运用最小二乘法求出系数 β 后即可对方程进行拟合。基于最小二乘法估计可以求得未知参数 β_0，β_1，β_2，$\cdots$，β_n，且 ε 平方和越小，模型拟合度就越高，而未知变量的预测结果也就越准确。

（2）多元线性回归模型的统计检验。判定系数 R^2 检验。拟合度计算为

$$R^2 = \frac{\sum (\hat{Y}_i - \overline{Y})^2}{(Y_i - \overline{Y})^2} = 1 - \frac{\sum (Y_i - \hat{Y}_i)^2}{\sum (Y_i - \overline{Y})^2} \qquad (2-7)$$

检验回归方程对样本观测值的拟合程度，检验全部自变量与被解释变量间的相关程度，用判定系数 R^2 度量，R^2 介于 0 与 1 之间，越接近 1 表明所得多元回归模型的拟合度越好，一般拟合度大于 0.8 可认为其拟合效果较好。

方程显著性检验（F 检验），又称回归方程显著性检验。对回归模型中的因变量 Y 与自变量 x_i 间线性关系的显著性检验一般采用假设检验方法检验方程的显著性。F 值的计算公式为

$$F = \frac{\sum (\hat{Y} - \overline{Y})^2 / r}{\sum (Y - \hat{Y}) / (n - r - 1)} \qquad (2-8)$$

假设形式为

$$H_0：b_0 = b_1 = \cdots = b_n = 0；\quad H_1：b_i，\text{不全为零}$$

根据已确定的显著性水平 α，比较 F_c 与 $F_\alpha(r，n-r-1)$。若 $F_c > F_\alpha(r，n-r-1)$，则拒绝原假设 H_0，表明回归系数显著不为 0，可以较好地反映解释变量和被解释变量间的线性关系，回归效果显著，方程显著性检验通过，反之则检验未通过。

回归系数检验。t 检验是回归系数显著性检验的指标，主要用来检验自变量和因变量的线性假设是否合理。

假设检验一般为

$$H_0：b_0 = b_1 = \cdots = b_n = 0；\quad H_1：b_i，\text{不全为零}$$

$$t_i = \frac{b_i}{S_i}(i=1,2,3,\cdots) \tag{2-9}$$

且
$$S_i = \frac{S_{yi}}{\sqrt{\sum(x_i-\overline{x_i})^2}}, S_{yi}^2 = \sum(Y_i-\hat{Y}_i)^2/(n-r-1) \tag{2-10}$$

式中 S_i、S_{yi}——参数 b_i 的标准差、回归标准差；

      n——样本个数；

      r——自变量个数。

同理，在给定的显著性水平 α 下，通过查表比较 t_c 与 $t_\alpha(n-r-1)$ 的大小。若 $|t_i|>t_c$ 则拒绝原假设，参数 t 检验通过，反之表示回归系数为 0 的可能性较大，检验未通过。

回归标准残差检验。回归标准残差说明模型对样本数据的偏差度，残差值越接近于零，说明偏差越小预测的可靠程度越高。但由于在实际操作中回归标准差较大，一般常采用相对标准差 $\hat{S}_y$ 来评定：

$$\hat{S}_y = \frac{S_y}{\overline{y}}$$

$$S_y = \sqrt{\sum\frac{(Y-\hat{Y})^2}{n-r-1}} \tag{2-11}$$

一般来说，当 $\hat{S}_y<15\%$ 时可认定模型较优。

2.5 民勤绿洲地下水埋深与其影响因子间的相关分析

2.5.1 地下水埋深影响因子选取

影响地下水埋深变化的内在和外在因素较多，主要包括气象因素、水文因素、生物因素及人为因素等。考虑到绿洲独特的环境，剔除非绿洲的影响因素（如潮汐涨落、火山活动、滑坡、喀斯特运动等）。

荒漠绿洲地下水埋深主要受到自然因素和人为因素的共同影响。自然因素主要包括水文气象因子，在一定程度上决定了地下水埋深变化的潜在基础，而人为因素则对地下水埋深的影响具有双重作用。一方面，合理的人为调控有助于保持和恢复地下水位在适宜的范围以内；另一方面，肆意钻井取水将导致地下水位下降和水资源恶性循环，影响地表植被存活，继而影响区域生态系统的稳定性和良性循环及生态环境可持续发展。在人与自然这一生态系统中，人为活动的干扰在很大程度上直接决定了地下水埋深的动态变化过程，如修建水库蓄水将显著减少向下游供给的地表水的径流量，渠道衬砌将阻隔灌溉水向渠系周围土壤的入渗和对地下水的有效补给，也会导致渠道两侧的防风林带因可吸收的土壤水分减少而生长受到抑制。因此，本研究选取民勤绿洲影响地下水埋深变化的水文气象因素（气温、降雨量、蒸发量）、上游来水量、地下水开采量、人口规模、粮食作物种植面积等作为地下水埋深变化的驱动因子进行相关分析，并运用 EXCELL2007 和 SPSS21.0 等统计软件分析计算其线性关系及相关系数。民勤绿洲各变量与地下水埋深间的相关系数见表 2-10。从表 2-10 可知，总体上民勤绿洲地下水埋深与气温、蒸发量、地下水开采量、人口规模粮食作物种植面积间均呈正相关，但与上游来水量、降雨量间则呈负相关。

表 2 - 10 民勤绿洲各变量与地下水埋深间的相关系数

相关变量	上游来水量	气温	降雨量	蒸发量	地下水开采量	人口规模	粮食作物种植面积
地下水埋深	−0.828	0.688	−0.434	0.251	0.942	0.290	0.488

2.5.2 地下水埋深与其影响因子间的相关分析

1. 上游来水量与地下水埋深的相关性

民勤绿洲主要以山地丘陵区的地表水渗漏形式补给地下水,渗漏补给形式分为径流侧向渗漏补给、渠系侧向和垂直入渗补给、水库入渗补给、田间灌溉水入渗补给等。山区降水较多,是构成绿洲地下水资源和引起水资源变化的重要因素,干旱内陆河流域荒漠绿洲区地表水的唯一补给来源为降雨资源和冰川融水。

民勤绿洲地下水水位与上游来水量间的线性分析如图 2 - 12 所示。从图 2 - 12 及表 2 -

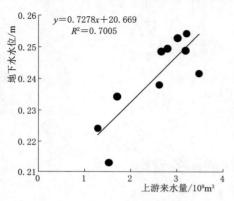

图 2 - 12 地下水水位与上游
来水量间的线性分析

10 可以看出,地下水水位与上游来水量间呈线性正相关,决定系数达 0.7005,亦即说明地下水埋深与上游来水量间呈线性负相关。究其原因,上游来水量是补充地下水的重要来源,两者之间存在"源—库"依赖关系,即上游来水量是地下水的主要来源,而地下水则是上游来水量的表现形式之一。上游来水流入民勤绿洲的过程中,在受人为因素影响较小的情况下可通过漫溢渗漏、河道渗漏补充地下水。在显著受人为因素影响的平原灌区,水资源的开发利用程度高,引水灌溉加大了农田垂直方向上的水分交换,两者有较强的相关性。20 世纪 70 年代以来,石羊河流域大兴水利工程建设,加大了对地表径流的输配水和引

水灌溉利用。从需水季节上来说,11 月至翌年 3 月是绿洲农业用水淡期,流域径流量受人为因素干扰较夏、秋季高耗水期小,地表径流对地下水的补给作用较大,有利于地下水的缓慢回升。

2. 降雨量与地下水埋深的相关性

民勤绿洲受典型大陆性荒漠气候影响,多年降雨量极少且年内降水分布不均,本研究利用 2005—2016 年平均降雨量与同期地下水埋深进行相关分析(图 2 - 13)。由图 2 - 13 线性分析及表 2 - 10 相关系数可以看出,地下水埋深与降雨量间呈线性负相关,相关系数为−0.434。在降雨蒸发悬殊较大的民勤地区,降水量稀少,降水入渗补给地下水的比例很小,且以侧向径流的形式向低洼处排泄。因此,民勤绿洲降水主要通过山区丘陵区降水转变为基流和侧向入渗的方式补给地下

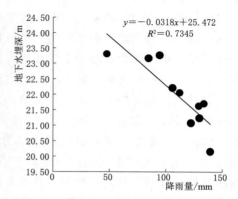

图 2 - 13 地下水埋深与降雨量的
线性分析

水，并以侧向入渗为主要方式，然而，绿洲境内土壤母质比较特殊，土壤水分难以通过土壤孔隙有效下渗，绝大部分通过地表蒸发以水汽的形式扩散到大气中，因此荒漠绿洲大气降水无法充分补给地下水。

3. 蒸发量与地下水埋深的相关性

浅层地下水向土壤水、大气水的转化是以蒸发的形式完成的，是 SPAC（soil – plant – air continuum）系统必不可少的环节，其中与地下水有紧密联系的土壤水是毛管水。毛管悬着水是由于毛管力作用保持在土壤中的水分，通过毛管力作用可被作物吸收利用，而可以直接下渗与地下水相连的毛管重力水将成为地下径流的一部分。大气干旱时，土壤毛管水通过蒸发进入大气后浅层潜水可借助毛管作用力上升补给植物根系活动层的土壤水，保证了土壤蒸发的持续进行。因此，蒸发是促进潜水供给植物有效吸收水分的强有力拉力。蒸发强度与土质密切相关，孔隙率大、透水性较强、溶水性较好的土壤通常蒸发量较大。然而，潜水蒸发须借助毛管水上升补给土壤水方可进行，无论何种质地的土壤，潜水蒸发均随地下水埋深的降低而增大，即越靠近地表，浅层潜水蒸发能力越强，蒸发量越大；反之地下水埋深越大，潜水蒸发能力越弱，蒸发量也越小。

地下水埋深与蒸发量的关系如图 2 - 14 所示。由图 2 - 14 和表 2 - 10 可知，民勤绿洲地下水埋深与蒸发量的相关性较弱，相关系数为 0.251。地下水埋深在 2～4m 时，潜水蒸发会对地下水水位产生显著影响，但是近年来民勤绿洲地下水埋深已增加至 20 多 m，潜水蒸发量极小，地下水埋深与其蒸发之间已基本上不存在直接联系或已间接阻断了两者间的潜在联系。

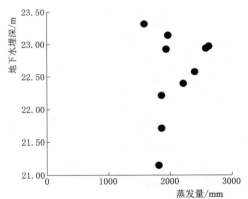

图 2 - 14　地下水埋深与蒸发量的关系

4. 地下水开采量与地下水埋深的相关性

由于受地理条件和气候因素的影响，民勤绿洲属典型的干旱荒漠绿洲灌溉农业区，也是我国重要的粮食生产基地。由于受地表水资源的限制，地下水的适度开发利用就成为农业灌溉水的主要来源，其中 2004 年地下水开采量达到多年来的最大量，已高达 5.91 亿 m³。近年来，当地政府禁止过度开采地下水，继而通过跨流域调水、水库蓄水等方式有效缓解了灌溉用水需求，因此民勤绿洲地下水开采量总体呈递减趋势。

地下水埋深与地下水开采量的关系如图 2 - 15 所示。通过图 2 - 15 及表 2 - 10 可知，地下水埋深与同期开采量具有良好的正相关性，相关系数高达 0.942，说明通过地下水开采满足农业用水需求的同时将显著降低地下水水位（即显著增大地下水埋深）。由于地下水开采量直接影响地下水埋深的变化，因此严禁地下水的过度开采可有效地阻止地下水埋深的进一步增大。

5. 人口与地下水埋深的相关性

民勤县人口增长较为缓慢，基本与全国平均水平持平。2015 年民勤绿洲人口为 24.12 万人，占武威市人口的 13%，人口分布主要受自然条件和社会经济发展现状的制约。民勤绿洲人口增长呈现出由快到慢的变化趋势，人口自然增长率递减，从 20 世纪 90 年代初的 1.3% 降至 90 年代末的 0.8%。至 21 世纪初，民勤绿洲人口自然增长率为 0.49%，每年递减 0.06 个百分点。地下水埋深与人口规模的关系如图 2-16 所示。通过图 2-16 及表 2-10 可知，民勤绿洲地下水埋深与当地人口规模间的关系是发散的，不存在线性相关关系，表明人口的增长对地下水埋深基本不存在显著影响，与当地人口基本保持稳定且无大幅增减有关。

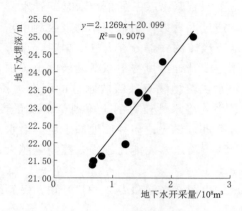

图 2-15　地下水埋深与地下水开采量的关系　　图 2-16　地下水埋深与人口规模的关系

6. 作物种植面积与地下水埋深的相关性

民勤绿洲是以农业生产活动为主的综合农业地区，主要农产品为小麦、玉米、蔬菜、瓜类、棉花、茴香、药材等，全年粮食产量 108619.8t。经种植结构调整后，粮经比已调整为 27.2∶70，经济作物种植面积在逐年增加。地下水埋深与粮食作物种植面积的关系如图 2-17 所示。通过图 2-17 及表 2-10 可知，地下水埋深与粮食作种植面积间具有较好的正相关性，相关系数为 0.488，表明粮食作物种植面积增加在影响地下水埋深变化的同时必然会加大农业灌溉用水需求，进而将加大地下水作为灌溉供给水源的压力需求。

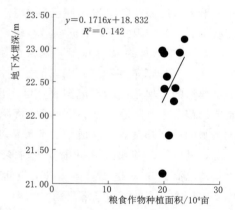

图 2-17　地下水埋深与粮食作物
种植面积的关系

2.5.3　讨论与小结

通过对影响地下水埋深变化的影响因素的分析发现，地下水埋深与地下水开采量、气温、粮食作物种植面积、蒸发量、人口规模间均呈正相关，但与上游来水量、降雨量间则呈负相关。代表自然因素的气温与地下水埋深的相关性最大，然后是降雨量，蒸发量最小，相关系数分别为 0.688、-0.434、0.251；而表征人为因素的地下水开采量与地下水埋深的相关性最大，上游来水量次之，然后是作物种植面积，人口规模最小，相关系数分别为 0.942、-0.828、0.488、0.290。

王娟等研究发现，华北平原地下水变化与降水量变化具有一致性，且两者呈正相关关系，在降水突变的年份地下水埋深具有明显的滞后效应，与本研究结论基本一致。王仕琴等将华北平原地下水分为六大类型区，发现各个类型区地下水埋深变化具有相似性，但又受大区域水文地质、开采变化等的影响，不同区域地下水动态具有显著差异性。赵传燕等研究结果表明，生态输水使黑河流域地下水埋深总体得到有效回升，局部地区农业灌溉对地下水埋深变化影响较显著，逐步凸显农业用水与生态用水的矛盾。严明疆研究结果表明，不同水文年份作物生育期降雨量-地下水开采量-地下水埋深间互动变化特征及其机制存在差异，枯水年地下水开采量与作物生育期降雨量密切相关，丰水年地下水开采量与作物生育期降雨量有明显相关性，平水年作物生育期降雨量对地下水开采量影响占主导地位，因此不同水文年份降雨量变化在影响农业地下水开采量增减的同时对地下水入渗补给量的影响呈现与开采量影响的逆向变化，二者叠加影响地下水位动态变化。

王玉刚等研究发现，1983—2005年近30年年均地下水埋深增加0.09m，地下水埋深每增加1m地表积盐可达144.45hm^2，且灌溉区域地下水抬升对地表积盐的扩张效果强于非灌溉区域，灌区积盐速率高达0.43t/hm^2。胡兴林研究指出，地下水埋深的变化同时受自然环境和人类经济活动两方面的综合影响，以出山口水量为表征的自然因素变化与地下水量及埋深对应，出口径流量的增减决定地下水资源量增减及水位高低；人为农业灌溉虽会补给地下水，但随灌溉耕地面积增加作物蒸散发也相应增加，减少了对地下水的补给，影响地下水埋深正常回升；同时，地下水开采也加剧了地下水补给的不均衡，造成地下水埋深持续下降。这与本研究结论基本一致，即农业用水高峰期地下水埋深与开采量相关性最大，大量开采地下水易造成地下水埋深增加，而冬季农业用水淡季虽然用水较少，但地下水埋深仍有所增加。

2.6　地下水动态变化规律及其预测

2.6.1　地下水埋深动态变化规律

1. 年际变化

2007—2016年民勤绿洲地下水埋深变化如图2-18所示。由图2-18可以看出，2007—2016年民勤绿洲地下水埋深年际间变化呈持续增加趋势，从2007年的基础埋深21.15m增加到2016年的23.31m，10年间地下水埋深增加了2.16m，年均增加0.2m，以2016年地下水埋深最大，为近些年的峰值，源于2016年全年较为干旱，上游来水供给不足且进行地下水超采所引起。近些年民勤绿洲地下水埋深大致经历了三个阶段：2007—2011年地下水埋深持续增加阶段，总增幅达1.82m，以0.364m/a的幅度增加；2011—2012年，地下水埋深以0.39m/a的速率小幅度减小；2013—2016年地下水埋深又持续增加。

2. 年内变化

民勤绿洲年内地下水埋深变化如图2-19

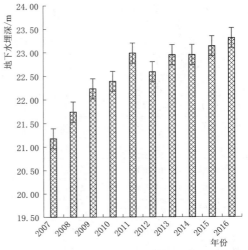

图2-18　2007—2016年民勤绿洲地下水埋深变化

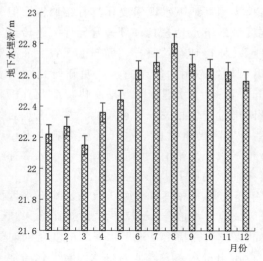

图 2-19 民勤绿洲年内地下水埋深变化

所示。从图 2-19 可以看出，民勤绿洲年内 6—9 月地下水埋深普遍较全年其他月份高，尤其在 7 月、8 月、9 月地下水埋深较大，在 8 月达到峰值，月增加速率达 0.02m。此三个月是植物蒸腾最旺盛时期，同时也是气候最干燥、植被需补充灌溉的关键期，此期正值农业用水高峰，水分消耗巨大，地下水开采量剧增导致地下水埋深不断增大，月增幅达 0.02m。1—5 月因无显著水事活动，该时段内地下水埋深呈相对稳定状态。11 月至次年 1 月地下水埋深变化也相对较为稳定，为地下水位缓慢恢复阶段，因自然条件变化不大，农业冬灌适当补给了地下水埋深。

2.6.2 基于回归模型预测地下水埋深动态变化

1. 回归模型的建立

本研究采取逐步回归分析方法（stepwise multiple regression analysis）进行分析，该方法根据统计准则依序选取变量进入回归模型，同时使用前进选取法（forward method）与后退删除法（backward deletion method）两种方法，运用计算机特性筛选可得到最佳的复回归模型。

2. 潜在影响因子的选取

结合民勤绿洲的实际情况，选取具有代表性的气温、降水、蒸发等自然因素作为地下水埋深变化的影响因子。地下水埋深的变化也会受到人为的影响，本研究选取表征人为因素的上游来水量、灌溉用水、工业用水、生态用水、地下水开采量、粮食作物种植面积、人口规模等作为解释变量。影响因子的描述性统计见表 2-11。

表 2-11　　　　　　　　　　影响因子的描述性统计

变量名称	最大值	最小值	均值	标准差	变异系数 CV
气温/℃（X_1）	10.40	7.20	9.03	1.00	0.11
降水量/mm（X_2）	139.20	47.50	109.70	28.10	0.26
蒸发量/mm（X_3）	2623.4	1576.40	2080.41	352.12	0.17
上游来水量/$10^8 m^3$（X_4）	3.48	1.29	2.54	0.76	0.30
灌溉用水/$10^8 m^3$（X_5）	5.62	2.23	3.34	1.17	0.35
工业用水/$10^8 m^3$（X_6）	0.09	0.01	0.04	0.02	0.57
生态用水/$10^8 m^3$（X_7）	1.18	0.09	0.65	0.38	0.59
地下水开采量/$10^8 m^3$（X_8）	4.92	1.08	2.00	1.40	0.70
粮食作物种植面积/10^4 亩（X_9）	23.56	19.61	21.14	1.46	0.07
人口规模/10^4 人（X_{10}）	27.48	23.81	25.99	1.48	0.06

3. 最优逐步回归方程的建立

对影响地下水埋深的潜在因子与地下水埋深进行相关分析，得到地下水埋深与影响因子的相关分析见表 2-12。由表 2-12 可得，蒸发量（X_3）、工业用水（X_6）、生态用水量（X_7）与地下水的相关性不显著，但是由于地下水埋深与生态用水、蒸发量等因子联系紧密，在逐步回归模型中并没有将其剔除。地下水开采量（X_8）、灌溉用水（X_5）、上游来水量（X_4）与地下水埋深呈极显著相关，相关系数绝对值介于 $0.828 \sim 0.949$。除气温（X_1）、降水量（X_2）、蒸发量（X_3）、上游来水量（X_4）、生态用水（X_7）、粮食作物种植面积（X_9）与地下水埋深呈正相关外，其余变量均与地下水埋深呈负相关。

表 2-12 　　　　　　　　地下水埋深与影响因子的相关分析

变量	Y	X_1	X_2	X_3	X_4	X_5	X_6	X_7	X_8	X_9	X_{10}
Y	1.000	0.688*	0.434	0.251	0.828**	−0.949**	−0.272	0.139	−0.942**	0.488	−0.290
X_1		1.000	0.036	0.282	0.673*	−0.787**	0.132	0.195	0.743*	0.291	−0.143
X_2			1.000	0.612	0.355	−0.411	−0.610	−0.231	−0.481	0.226	−0.012
X_3				1.000	0.464	−0.301	−0.144	−0.359	−0.426	−0.227	0.302
X_4					1.000	−0.910**	−0.005	0.200	−0.903**	0.320	−0.183
X_5						1.000	0.172	−0.208	0.971**	−0.454	0.259
X_6							1.000	0.716*	0.326	0.037	−0.331
X_7								1.000	0.021	0.577	−0.766**
X_8									1.000	−0.314	0.086
X_9										1.000	−0.872**
X_{10}											1.000

注　*表示在 0.05 水平（双侧）上显著相关；**表示在 0.01 水平（双侧）上显著相关。

运用 SPSS21.0 将统计数据导入软件进行逐步回归分析，采用系统默认的进入回归方程的变量系数 F 统计量的概率 $a \leqslant 0.05$，逐步剔除 F 统计量概率 $a \geqslant 0.10$ 的变量，由此得到模型参数汇总（表 2-13）和回归参数（表 2-14）。

表 2-13 　　　　　　　　　　模 型 参 数 汇 总[d]

模型编号	R	R^2	调整后的 R^2	标准估计的误差	平方和	均方	F 统计量	显著性	杜宾-沃森（Durbin-Watson）统计量
1	0.942	0.887	0.873	0.25023	3.640	2.815	63.074	0.000[a]	
2	0.944	0.890	0.859	0.24365	1.826	1.859	87.377	0.000[b]	
3	0.971	0.943	0.915	0.19739	1.289	1.255	91.091	0.000[c]	2.849

a　预测变量：（常量），地下水开采量 X_8；

b　预测变量：（常量），地下水开采量 X_8，上游来水量 X_4；

c　预测变量：（常量），地下水开采量 X_8，上游来水量 X_4，人口 X_{10}；

d　因变量：地下水埋深 Y。

表 2-14   回 归 参 数[a]

模型编号	参数	非标准化系数		标准系数	t	显著性	B 的 95% 置信区间		共线性统计量	
		B	标准误差				下限	上限	容差	方差膨胀系数 VIF
1	常量	23.456	0.137		170.724	0.000	23.139	23.779		
	X_8	−0.454	0.057	−0.942	−7.942	0.000	−0.586	−0.322	1.000	1.000
2	常量	23.838	0.921		25.878	0.000	21.660	26.016		
	X_8	−0.508	0.141	−1.053	−3.605	0.000	−0.840	−0.175	0.184	5.438
	X_4	−0.108	0.258	−0.123	−0.420	0.000	−0.718	0.501	0.184	5.438
3	常量	24.980	1.546		17.508	0.002	23.284	30.850		
	X_8	−0.557	0.112	−1.155	−4.992	0.000	−0.830	0.284	0.177	5.637
	X_4	0.228	0.207	−0.259	−1.103	0.000	−0.735	0.278	0.173	5.789
	X_{10}	−0.109	0.046	−0.238	−2.358	0.014	−0.222	0.004	0.932	1.073

a 预测变量：地下水开采量（X_8）、上游来水量（X_4）、人口（X_{10}）；
b 因变量：地下水埋深（Y）。

最终得到 3 个回归模型，依次选定回归方程的变量分别为地下水开采量（X_8）、上游来水量（X_4）及人口规模（X_{10}）。由表 2-13 可以看出，模型 3 的逐步回归拟合度最优，此方程为最优回归方程，复相关系数 R 为 0.971，Watson 统计量 DW 值为 2.849，决定系数 R^2 为 0.943，说明地下水开采量、上游来水量、人口规模三个变量可以解释地下水埋深变化的 94.3%，而地下水开采量可以解释地下水变化的 88.7%，因此地下水开采量是影响地下水变化的主要因子。3 种回归模型的 F 统计量分别为 63.074、87.377、91.091，p 值均达到 0.01 显著性水平。

从表 2-13 和表 2-14 可以看出，地下水开采量、上游来水量、人口规模 3 个变量中地下水开采量对地下水埋深变化影响最大，其次是上游来水量，人口规模影响最小。随着逐步回归的进行，从模型 1 到模型 3，复相关系数 R、决定系数 R^2 和调整 R^2 依次逐渐增加，而预测值标准差却逐渐减少，说明回归方程的拟合度在逐步提高。

模型 3 的标准化残差直方图如图 2-20 所示，表明数据呈正态分布。模型 3 的标准化残差正态概率图如图 2-21 所示，各观测散点基本分布在对角线上，可以判断残差服从正态分布。图 2-20 和图 2-21 均检验了残差分析，表明模型 3 具有合理性。

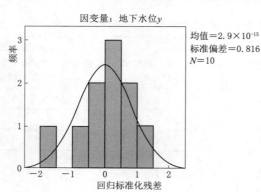

图 2-20 标准化残差直方图

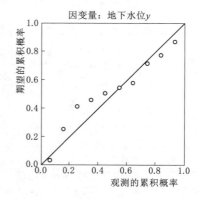

图 2-21 标准化残差正态概率图

由表 2-14 最终得到最优回归模型 3 的方程表达式为

$$Y = 24.980 - 0.557X_8 + 0.228X_4 - 0.109X_{10} \qquad (2-12)$$

运用模型方程式（2-12）可对民勤绿洲地下水埋深进行有效预测，当地下水开采量增加 1 亿 m^3 时地下水水位将下降 0.557m；当上游来水量增加 1 亿 m^3 时地下水水位将上升 0.228m；当人口增加 1 万时地下水位将下降 0.109m。

2.6.3 讨论与小结

民勤绿洲地下水埋深呈逐年增加趋势，从 2007 年的基础埋深 21.15m 增加到 2016 年 23.31m，10 年间地下水水位下降了 2.16m，年均增加 0.2m。杨雪霏分析民勤绿洲地下水动态变化发现，民勤绿洲 1998—2008 近十年时间里地下水埋深呈增加趋势，以年均 0.32m 的速度增加，与本研究结果类似。本研究发现，年内 6—9 月地下水埋深普遍较全年其他月份高，尤其在 7 月、8 月、9 月地下水埋深较大，在 8 月达到峰值，月增加速率达 0.02m；1—5 月因无显著水事活动，该时段内地下水埋深呈相对稳定状态；11 月至次年 1 月地下水埋深变化也相对较为稳定，为地下水位缓慢恢复阶段。路俊伟关于巴丹吉林沙漠东南部地下水埋深特征研究也得到类似结论，认为鉴于巴丹吉林沙漠东南部地区地下水埋深受控于蒸发量，在冬春季 2—4 月地下水埋深较大，至 6 月地下水水位呈增大趋势，到夏秋季 7—9 月水位跌落较大，与民勤绿洲地下水变化规律具有高度一致性。

本研究发现，民勤绿洲地下水水位呈下降趋势，且人类活动的干扰是引起地下水埋深变化的主要原因，地下水开采量、上游来水量、人开口因素显著影响地下水变化。冉浩文利用相关分析方法筛选了与民勤地下水埋深具有高度相关性的影响因素，利用主成分分析方法和灰色预测模型确定了地下水埋深与影响因子间的定量关系表达式，同时对地下水埋深进行了预测，结果表明人口规模和粮食产量与地下水水位呈负相关，且人口增长对地下水埋深的影响程度大于粮食产量对地下水埋深的干扰，民勤绿洲人口和粮食产量呈现逐年增长趋势，上游来水量逐年减少，地下水水位下降速率较大，与本研究结论基本一致。两者存在差异的原因主要是地下水潜在影响变量选取的不同，而相同点在于人口因素均会影响地下水埋深变化，表明人为活动在民勤绿洲地下水资源动态变化中起主导作用，自然因素的影响则较小。

通过分析地下水与潜在影响因子的相关性可知，地下水开采量、灌溉用水量、上游来水量与地下水埋深呈极显著相关，除气温与地下水埋深间相关性达显著水平外，降水量和蒸发量等表征自然因素的变量与地下水埋深间的相关性不显著，说明人为因素更能显著影响地下水埋深的变化，人类活动的干扰是导致地下水埋深变化的主导因素，自然因素对其影响较小。郑玉峰等发现，鄂尔多斯市地下水埋深的年际变化与降雨量、蒸发量相关性很低（相关系数分别为 0.03 和 0.17），地下水埋深变化更多地受人为活动的影响，年内 7 月地下水埋深最大，此后水位逐步回升，与本研究所得结论基本相似。

从本研究通过逐步回归模型确定的最优回归方程 $Y = 24.980 - 0.557X_8 + 0.228X_4 - 0.109X_{10}$（$X_8$ 为地下水开采量、X_4 为上游来水量、X_{10} 为人口数）可知，地下水开采量、上游来水量和人口规模是影响地下水变化的主要因素，这三个变量可以解释地下水埋深变化的 94.3%，而地下水开采量可以解释地下水变化的 88.7%，因而地下水开采量是影响地下水变化的主要因子。杨怀德在民勤绿洲地下水动态驱动因子研究中指出，绿洲地下水动态变化趋势体现为人类活动干扰下的地下水埋深的逐年增加及地下水空间分布的严重不均衡，同时地下水开采量、作物耕地面积及人口数量是限制民勤绿洲地下水回升的重要因素，与本研究相似之处在于地下水开采量、人口均是显著影响地下水埋深动态变化的重要因子，产生不同的原因是本研究选取了对地下水埋深影响较大的上游径流量分析地下水变化成因。

2.7　绿洲植被及其用水系统结构对地下水的响应

地下水决定绿洲植被的分布及植被群落的完整性和丰度。地下水埋深一般指潜水面到地表的距离，也称潜水埋深；地下水水位则是地下水面相对于黄海平均海平面的高差，一般以绝对标高计算。地下水埋深与地下水水位的主要区别在于选取基准面的不同。一般而言，地下水埋深增大，相对于变化前地下水水位会相应下降。有学者将满足植被生长所需地下水埋深称为生态地下水埋深（即生态水位）。此外，也从不同角度提出了适宜水位、最高（低）水位、临界水位和警戒水位等概念。本研究重点分析植被和流域用水结构对地下水的响应。

2.7.1　植被对地下水的响应

水分是荒漠绿洲植物生长的首要限制因子，不论是地表径流还是地下潜水，均可在很大程度上影响生态系统的稳定性。事实上，民勤绿洲较大的地下水埋深是造成绿洲外围防护林体系衰退的主要原因，因此定量研究地下水埋深与植被的响应关系对绿洲生态系统的稳定性和可持续发展具有重要的实际意义。

1. 地下水对植被生长的影响

干旱荒漠绿洲区降水稀少，蒸发强烈，地下水是旱生植物的主要水分来源之一。地下水间接通过毛管吸附作用影响植物根系附近土壤水的分布，进而决定植物根系的分布和生长状况。研究表明，地下水埋深与植被生长有密切关联，适宜的地下水埋深可促进固沙植被良好生长和植被系统群落结构的完整性。不同地下水埋深对植被的影响主要体现在蒸腾量的大小，常用植被系数表示。植被系数为植被区潜水蒸发量与裸地潜水蒸发量的比值，一般通过实验确定。本研究参考河西走廊玉门镇有关试验成果选取植被系数。不同潜水埋深的植被影响系数见表 2-15。表 2-15 表明，地下水埋深越大，潜水对植被的影响越小，当潜水埋深增大 4m 时植被系数锐减为 1，此时地下水埋深对植被生长发育的影响不显著。

表 2-15　　　　　　　　　　　不同潜水埋深的植被影响系数

潜水埋深/m	1.0	1.5	2.0	2.5	3.0	3.5	4.0
植被影响系数	1.98	1.63	1.56	1.45	1.38	1.29	1.00

杨秀英将 2m 潜水埋深作为强烈蒸发深度后研究发现，依据民勤绿洲植被生长和地下水的关系，当地下水埋深大于 5m 时高抗旱耐盐的草甸植被根系无法吸收所需水分，植被衰退死亡严重，因此将 4.5m 作为民勤绿洲合理生态水位的下限。由于植被的差异性，可将 5m 作为额济纳绿洲植被适宜生态水位的下限。

在民勤"绿洲—荒漠过渡带"，梭梭、柽柳、白刺等沙生植被主要依靠地下水生长生存，地下水埋深增大不仅与植被衰退有必然联系，也与植物群落物种变化有直接关系。研究区植物种类丰度最大的地下水水位为 1~3m 或 1~5m，水位过高或过低植物种类丰度均较小。民勤绿洲地下水埋深对主要植被生长势态的影响见表 2-16。

表 2-16 民勤绿洲地下水埋深对主要植被生长势态的影响

植被	地下水埋深/m	植被生长势态	土壤沙化程度
沙枣	2~3	生长正常	不沙化
	3~5	生长不良，枯梢，少数死亡	轻度沙化
	5~6	大部分枯梢死亡	中度沙化
	>6	大半部分林木死亡	强度沙化
胡杨	<4	生长正常	不沙化
	4~6	生长不良，秃顶，少数枯死	轻度沙化
	6~10	大部分枯死	中度沙化
	>10	全部植被枯死	强度沙化
白刺	<5m	生长正常	基本不沙化
	5~7	生长退化，枯梢，少数枯死	轻度沙化
	7~8	严重退化，大部分枯死	中度沙化
	8~10	全部植被枯死	强度沙化

2. 地下水对植被盖度的影响

植被盖度也称为优势度，指植物群落总体或个体的地上部分的垂直投影面积与样方面积之比的百分数，反映了植被茂密程度和植物光合作用面积的大小，监测时测定的植被盖度即为投影盖度。植被盖度测定时不分植被种类，一般采用盖度框法进行测定。取 $1m^2$ 的方框为样方框，借助钢卷尺和样方框绳上 2.5cm 间隔的标记，采用针刺法进行计算，即用 2mm 左右的细针按顺序在样方内上下左右间隔 62.5px（2.5cm）的点（共 100 个点）从植被上方垂直下插，若针与植物接触，即算一次"有"，如没有接触则算"无"，不予进行标记，最后计算划记的总次数，以百分数表示即为植被盖度。干旱荒漠绿洲区植被盖度与产流区域的地理位置有关，越靠近流域下游植被盖度、丰富度均越低。在降水稀少的荒漠绿洲干旱区，植被主要依赖于地下水生存，地下水埋深在很大程度上决定着植被盖度变化。

植被频率指在样方面积内特定植物的数量占植被个体总数的比例。植被频率用以区分植被种类，表明某一类型植被对环境的适宜程度，植被频率越大说明该植被对所生存环境的适宜度越高。王化齐等基于生态适宜性理论研究结果表明，植被频率随地下水埋深变化呈单峰曲线变化，即植被分布的频率越高对应的地下水埋深越适宜。地下水埋深与植被频率间的关系曲线如图 2-22 所示。由图 2-22 可知，草地、灌木均在潜水埋深为 1.8~2.25m 所对应的植被频率较高，高于或低于此埋深植被均生长不良，即植被盖度最大处所对应的地下水埋深最为适宜，由此可根据植被最密集处确定植被生长的最适地下水埋深。不同类型植被在同一地下水埋深所对应的植被频率不同。在较适宜地下水埋深处草地比灌木林的植被频率更高，表明草地比灌木林具有更强的生存适应能力，植被分布也更为密集，成活率也更高。

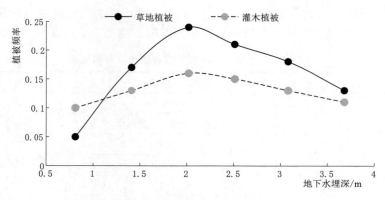

图 2-22 地下水埋深与植被频率的关系曲线

3. 地下水水质对植被的影响

地下水矿化度主要与地下水的排泄、补给密切相关。在农业用水高峰期，灌溉水补给地下水使地下水水位上升，同时土壤中的矿物盐分随水淋溶下渗，造成地下水矿化度升高。在灌水淡季，由于干旱区强烈蒸发作用，地下水中的矿质盐分在毛管作用下不断上升在地表积聚，地下水矿化度将有所降低。

在依赖地下水生存的干旱荒漠区，当地下水矿化度位于适宜植被生长的范围以内时有利于植被进行正常的生理活动，而矿化度偏高或偏低均不利于植被生长。地下水矿化度大于 10g/L 时，基本上所有植被均生长不好，抗旱耐盐性较差的植被将大幅度枯萎死亡。地下水矿化度在 1.0~3.5g/L（最适矿化度范围）时红柳生长良好，而在 0.5~10.0g/L 时生长不良。长势不良的植被类型地下水矿化度在 5.5~8.0g/L 时最为适宜；广泛分布的骆驼刺生长良好的矿化度最适范围为 0.5~2.0g/L，生长较好的骆驼刺所需的最适矿化度范围为 2.5~6.0g/L，而当矿化度大于 6.6g/L 时植被长势较差且有衰落的趋势。虽然不同种类植被所需最适地下水矿化度不一致，但总体而言，较低的地下水矿化度比高矿化度更有利于植被生长。

2.7.2 流域用水结构对地下水的响应

流域用水结构的演变是自然资源分配和社会发展的综合作用结果，各部门用水量受自然调控和人为因素的影响。研究区各部门用水量来源于民勤统计年鉴（2007—2016 年），用水部门包括农业用水、工业用水、居民生活用水及 2003 年新纳入的生态用水。民勤水资源量总体呈下降趋势。民勤盆地地下水开采量 8550 万 m^3，农业灌溉用水 2.2314 亿 m^3，占总用水量的 62.23%，比以往下调 10.47%；工业用水 0.0566 亿 m^3，约占总用水量的 15%，比以往下降 3.58%；生活用水 0.1106 亿 m^3，下降 2.9%；生态用水 1.1867 亿 m^3，占年总用水量的 33%，与以往相比约增长 30%。2007—2016 年各类型用水如图 2-23 所示。由图 2-23 可以看出，工业用水大致保持不变；由于节水灌溉技术的应用，除 2016 年外农业用水量基本呈逐年持续减少态势；除 2010—2012 年外其他年份均可保证 0.5 亿 m^3 的生态用水量。

2.7.3 讨论与小结

民勤绿洲地下水埋深对植被生长、盖度、丰度等均有明显的影响，适宜的地下水埋深

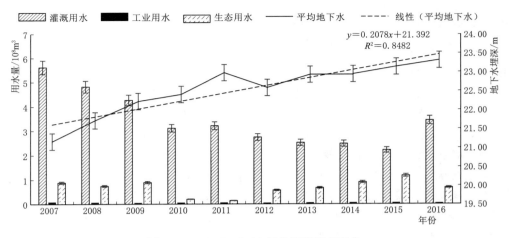

图 2 - 23   2007—2016 年各类型用水变化

可促进植被良好生长，植被分布密度较大的区域所对应的地下水埋深为植被群落的适宜埋深。民勤绿洲适宜植被生长的地下水埋深为 4.5m，草地、灌木潜水埋深均在 1.8～2.25m 左右时植被频率较高，高于或低于此埋深植被均生长不良。

张丽等基于生态适宜性理论构建了塔里木河流域不同类型植被对地下水埋深响应的对数正态分布模型。其中典型植被如芦苇、胡杨、柽柳、甘草、骆驼刺等最适地下水埋深分别为 1.36m、2.51m、2.29m、2.39m、2.84m，介于 1～3m 之间，而适宜的植被生态水位为 2～4m，在该区间范围内可最大限度发挥植被的生态维护作用。植被生态幅度与植被类型紧密相关，生态幅度大说明植被可在较大地下水埋深变化范围内良好生存，柽柳、骆驼刺、胡杨比芦苇、甘草等植被的生态幅度大则说明其更适宜在较大地下水变幅区间生长。张武文研究额济纳绿洲植被退化关系时指出，荒漠绿洲腹部地下水埋深大幅度下降极易造成降落漏斗形成，导致绿洲外围地下水埋深较高，外围水沿水力梯度逆向流向绿洲，地下水返补给的发生造成绿洲外围天然灌木林、草甸植被浅根植物的衰退、死亡。刘虎俊研究结果发现，地下水埋深与河床横向距离呈正相关，河岸带以隐域植被类型为主，石羊河径流量影响河岸地下水埋深变化，而地下水埋深则影响河岸植被系统的结构、组成及分布。地下水埋深变化与植被群落的分布紧密相连，地下水埋深小于等于 2m 时以沼泽草甸发育最好；地下水埋深介于 3～6m 时以抗旱的芦苇、骆驼蓬等盐化草甸发育良好，水生草甸植被则发育不良且呈现衰退状态；而当地下水埋深在 14m 左右时以高抗旱、耐盐的柽柳和灌木林发育最好。

不同植被所需适宜的地下水矿化度存在差异，但较低矿化度的地下水更有利于植被的生长。王琪等指出，石羊河流域地下水矿化度增大与地下水埋深降低呈正相关，且流域下游地下水埋深下降较为严重，而下游矿化度则呈显著增高趋势。Ma 等指出，地下水埋深与土壤含盐量成反比，地下水动态变化与部门用水量密切相关，具体体现在大定额灌溉水可有效补充地下水，从而缓解地下水下降速率。郑利民研究黑河中游灌区地下水时空变异时发现，随局部灌溉面积增大，较大定额的灌溉水降低了地下水下降速率，对有效回升地下水埋深效果显著。

2.8 主要结论

（1）地下水埋深与地下水开采量、气温、粮食作物种植面积、蒸发量、人口规模间均呈正相关，但与上游来水量、降雨量间则呈负相关。代表自然因素的气温与地下水埋深的相关性最大，然后是降雨量，蒸发量最小，相关系数分别为 0.688、-0.434、0.251；而表征人为因素的地下水开采量与地下水埋深的相关性最大，上游来水量次之，然后是作物种植面积，人口规模最小，相关系数分别为 0.942、-0.828、0.488、0.290。

（2）2007—2016 年民勤绿洲地下水埋深呈逐年增加趋势，从 2007 年的基础埋深 21.15m 增加到 2016 年 23.31m，10 年间地下水水位下降了 2.16m，年均增加 0.2m。年内 6—9 月地下水埋深普遍较全年其他月份高，尤其在 7 月、8 月、9 月地下水埋深较大，在 8 月达到峰值，月增加速率达 0.02m；1—5 月因无显著水事活动，该时段内地下水埋深呈相对稳定状态；11 月至次年 1 月地下水埋深变化也相对较为稳定，为地下水位缓慢恢复阶段。

（3）从本研究通过逐步回归模型确定的最优回归方程 $Y=24.980-0.557X_8+0.228X_4-0.109X_{10}$（$X_8$ 为地下水开采量、X_4 为上游来水量、X_{10} 为人口数量）可知，地下水开采量、上游来水量和人口数量是影响地下水变化的主要因素，这三个变量可以解释地下水埋深变化的 94.3%，而地下水开采量可以解释地下水变化的 88.7%，因而地下水开采量是影响地下水变化的主要因子。最优回归方程可对民勤绿洲地下水埋深进行预测，当地下水开采量增加 1 亿 m^3 时地下水水位将下降 0.557m；当上游来水量增加 1 亿 m^3 时地下水水位将上升 0.228m；当人口增加 1 万时地下水水位将下降 0.109m。

（4）民勤绿洲地下水埋深对植被生长、盖度、丰度等均有明显的调节作用，适宜的地下水埋深可促进植被良好生长，在植被分布密度较大的区域所对应的地下水埋深为植被群落的适宜埋深。民勤绿洲适宜植被生长的地下水埋深为 4.5m，草地、灌木潜水埋深均在 1.8~2.25 左右时植被频率较高，高于或低于此埋深植被均生长不良。

（5）在干旱荒漠区，当地下水矿化度位于适宜植被生长的范围以内时有利于植被正常的生理活动，但矿化度偏高或偏低均不利于植被生长。不同植被适宜的地下水矿化度存在差异，但较低矿化度的地下水更有利于植被生长。地下水埋深与土壤含盐量成反比，地下水动态变化与部门用水量密切相关，具体体现在大定额灌溉水可有效补充地下水，从而减缓地下水下降速率。随局部灌溉面积增大，较大定额的灌溉水降低了地下水下降速率，对有效回升地下水埋深效果显著。

参 考 文 献

［1］ 曹珊珊. 内蒙古自治区水资源承载力评价与发展对策研究 ［D］. 大连：辽宁师范大学，2015.
［2］ 钟世航. 地球的最后一滴水是泪水 ［J］. 科学中国人，2002（8）：58-59.
［3］ 王明华. 世界上哪些国家最缺水 ［J］. 水资源研究，2011（3）：49-49.

［4］ Anna Jborn，占车生．一个 10 年水资源可持续管理的多学科研究小结［J］．AMBIO -人类环境杂志，2005，34（3）：266 - 266.

［5］ 陈亚宁．博斯腾湖流域水资源可持续利用研究［M］．北京：科学出版社，2013.

［6］ 邹进，何士华．水资源可持续管理的系统框架［J］．水资源研究，2006（1）：12 - 14.

［7］ 赵天石，王卫东．地下水资源开发模式和降落漏斗问题［C］．海岸带地质环境与城市发展研讨会，2004：139 - 143.

［8］ 张沛沛．屋面雨水水质处理与地下水化学动态变化研究［D］．济南：济南大学，2011.

［9］ 田辉，刘强，赵海卿，等．齐齐哈尔市地下水降落漏斗现状浅析［J］．地下水，2012，34（6）：44 - 45，110.

［10］ 青石．地下水超采造成严重的环境破坏［J］．南京农专学报，2001，17（3）：8 - 8.

［11］ 孟敏．民勤绿洲生态脆弱性评价与环境变化公众理解研究［D］．兰州：兰州大学，2011.

［12］ 宋冬梅．石羊河下游民勤绿洲景观变化与生态安全研究［D］．中国科学院沈阳应用生态研究所，2003.

［13］ 李元红，卢树超，刘佳莉，等．基于 GIS 的民勤绿洲水资源调度管理系统设计［J］．中国水利，2010，（5）：40 - 41.

［14］ 赵梁明．基于 GIS 的流域水资源调度管理系统研究［D］．武汉：武汉大学，2004.

［15］ 王伟．石羊河流域水资源调度决策支持系统［D］．上海：东华大学，2013.

［16］ 康迪．黄土高原丘陵沟壑区典型恢复植被群落结构及演替规律［D］．咸阳：西北农林科技大学，2013.

［17］ 刘宏霞．塔里木河中下游植物群落结构特征及与地下水埋深的关系［D］．中国科学院新疆生态与地理研究所，2008.

［18］ 武鹏飞，王茂军，张学霞．基于 ETM＋的北京西部山区乔木群落结构研究［J］．遥感信息，2010（5）：105 - 109.

［19］ 吴春燕．银川平原草甸湿地养分累积特征研究［D］．银川：宁夏大学，2017.

［20］ 杨涛，宫辉力，胡金明，等．长期水分胁迫对典型湿地植物群落多样性特征的影响［J］．草业学报，2010，19（6）：9 - 17.

［21］ 徐高兴，王立，徐先英，等．民勤绿洲边缘地下水埋深对柽柳灌丛生长及物种多样性的影响［J］．草原与草坪，2017，37（2）：49 - 56.

［22］ 马全林，王继和，刘虎俊，等．民勤绿洲边缘柽柳荒漠林的时空变化及其驱动因素［J］．中国沙漠，2006，26（5）：802 - 808.

［23］ 曹仪植，吕忠恕．天然生长抑制物质的累积与植物对不良环境适应性的关系［J］．植物学报，1983，25（2）：123 - 130.

［24］ 李亚，贺访印，纪永福，等．民勤天然柠条群落物种多样性分析［J］．西南林业大学学报（自然科学），2011，31（6）：13 - 16.

［25］ 李爱德．民勤连古城自然保护区植物多样性研究［D］．兰州：甘肃农业大学，2006.

［26］ 闫金凤，陈曦，罗格平，等．绿洲浅层地下水埋深与水质变化对人为驱动 LUCC 的响应——以三工河流域为例［J］．自然资源学报，2005，20（2）：172 - 180.

［27］ Yan J F，Chen X，Luo G P，et al. Response of the Changes of Shallow Groundwater Level and Quality to LUCC Driven by Artificial Factors - A Case Study in the Sangong River Watershed in Xinjiang［J］．Journal of Natural Resources，2005，20（2）：172 - 180.

［28］ 杨晓红，念青，张恩东，等．河西走廊将被拦腰截断，两大沙漠夹击下的民勤绿洲［J］．国家人文地理，2009（11）：38 - 47.

［29］ 李小玉，武开拓，肖笃宁．石羊河流域及其典型绿洲景观动态变化研究［J］．冰川冻土，2004，26（6）：747 - 754.

[30] 冯绳武. 民勤绿洲的水系演变 [J]. 地理学报, 1963 (3): 69-77.

[31] 张浩. 亚洲最大人工沙漠水库节水工程开建 [J]. 水处理技术, 2008 (5): 47-47.

[32] 何亚娟, 潘学标. 甘肃省民勤绿洲种植结构与水资源利用的研究 [J]. 中国生态农业学报, 2003, 11 (4): 121-123.

[33] 李勇进, 李凤民, 柳波, 等. 退化绿洲生态恢复的政策保障研究——以甘肃省民勤县为例 [J]. 干旱区资源与环境, 2012, 26 (1): 12-18.

[34] 张淑兰, 蒙吉军. 民勤绿洲的演化及其发展初探 [J]. 兰州学刊, 1997 (2): 22-24.

[35] 徐海量, 叶茂, 李吉玫. 塔里木河下游输水后地下水动态变化及天然植被的生态响应 [J]. 自然科学进展, 2007, 17 (4): 460-470.

[36] 陈亚新, 史海滨. 地质统计学在水资源系统的应用和发展 [J]. 内蒙古水利, 1997 (1): 12-16.

[37] Davis, John C. Statistics and Data Analysis in Geology (3rd Edition) [M]. New York: John Wiley & Sons, 2002: 57-61.

[38] 肖笃宁, 李小玉, 宋冬梅, 等. 民勤绿洲地下水开采时空动态模拟 [J]. 中国科学 (D 辑: 地球科学), 2006 (6): 567-578.

[39] Maria Vicenta Esteller, Carlos Diaz-Deigado. Environmental effects of aquifer overex-Ploitation: a case study in the Highlands of Mexico [J], Environmental Managemeitt, 2002, 29 (2): 266-278.

[40] В. С. Ковалевский, С. М. Семенов, 宋清, 等. 地下水动态中具有代表性的气候和人为趋势评价 [J]. 水文地质工程地质技术方法动态, 2009 (1): 38-42.

[41] Scibek J, Allen D M, Cannon A J, et al. Groundwater-surface water interaction under scenarios of climate change using a high-resolution transient groundwater model [J]. Journal of Hydrology, 2007, 50 (1): 50-62.

[42] Mendicino G, Senatore A, Versace P. A Groundwater Resource Index (GRI) for drought monitoring and forecasting in a Mediterranean climate [J]. Journal of Hydrology, 2008, 357 (3-4): 282-302.

[43] 董起广, 周维博, 刘雷, 等. BP 神经网络在渭北旱塬区地下水埋深预测中的应用 [J]. 水资源与水工程学报, 2012, 23 (4): 112-114.

[44] 杨婷, 魏晓妹, 胡国杰, 等. 灰色 BP 神经网络模型在民勤盆地地下水埋深动态预测中的应用 [J]. 干旱地区农业研究, 2011, 29 (2): 204-208.

[45] 王宇, 卢文喜, 卞建民, 等. 小波神经网络在白城地区浅层地下水埋深预测中的研究 [J]. 节水灌溉, 2014 (12): 64-67.

[46] 闫浩文, 刘艳平, 曹建君. 民勤绿洲地下水埋深影响因素分析及其变化趋势预测 [J]. 中国水土保持科学, 2013, 11 (2): 45-50.

[47] 席海洋, 冯起, 司建华, 等. 额济纳盆地地下水时空变化特征 [J]. 干旱区研究, 2011, 28 (4): 592-601.

[48] 赵哈林, 赵学勇, 张铜会, 等. 内蒙古奈曼旗中部沙漠化地区近 20a 地下水时空变化特征及其原因分析 [J]. 中国沙漠, 1999, 19 (S1): 8-12.

[49] 王金凤, 常学向. 近 30a 黑河流域中游临泽县地下水变化趋势 [J]. 干旱区研究, 2013, 30 (4): 594-602.

[50] 朱发昇, 董增川. 跨流域引水灌溉对地下水变化响应的数值分析 [J]. 水利水电技术, 2008, 39 (2): 58-60.

[51] 夏倩柔, 熊黑钢, 张芳. 绿洲不同尺度地下水时空动态变化特征及成因分析 [J]. 新疆农业科学, 2013, 50 (6): 1137-1144.

[52] 葛倚汀, 王俊, 范莉. 干旱内陆河灌区灌溉条件下地下水变化规律 [J]. 水土保持研究, 2007, 14 (4): 223-225.

[53] 张喜风, 张兰慧, 顾娟, 等. 敦煌绿洲地下水时空变异特征及其对土地利用/覆被变化的响应分

析 [J]. 兰州大学学报 (自然科学版)，2014，50 (3)：311-317.

[54] 仲生年，柴成武，王方琳，等. 石羊河下游民勤绿洲地下水埋深时空分布动态研究 [J]. 水土保持研究，2009，16 (1)：227-229.

[55] 陈亮，马金辉，冯兆东，等. 基于 GIS 和统计的民勤绿洲地下水埋深模拟 [J]. 兰州大学学报 (自然科学版)，2009，45 (6)：21-27.

[56] 刘春蓁，刘志雨，谢正辉. 地下水对气候变化的敏感性研究进展 [J]. 水文，2007，27 (2)：1-6.

[57] 鲍艳，李耀辉，陈仁升，等. 地下水埋深下降对区域气候影响的虚拟试验 [J]. 干旱区研究，2007 (4)：434-440.

[58] 张武文，史生胜. 额济纳绿洲地下水动态与植被退化关系的研究 [J]. 冰川冻土，2002，24 (4)：421-425.

[59] 刘敏. 和田绿洲地下水时空分布规律及其生态环境效应研究 [D]. 西安：西安理工大学，2007.

[60] 满苏尔·沙比提，胡江玲. 新疆渭干河—库车河三角洲绿洲地下水特征对天然植被的影响分析 [J]. 冰川冻土，2010，32 (2)：422-428.

[61] 马玉蕾，王德，刘俊民，等. 地下水与植被关系的研究进展 [J]. 水资源与水工程学报，2013，24 (5)：36-40.

[62] 姚荣江，杨劲松. 黄河三角洲典型地区地下水埋深与土壤盐分空间分布的指示克立格评价 [J]. 农业环境科学学报，2007，26 (6)：2118-2124.

[63] 张华. 地下水平衡与生态演替耦合模型研究 [D]. 武汉：华中科技大学，2010.

[64] 张圆圆. 石羊河流域中下游荒漠河岸植被受损与水土因子关系研究 [D]. 北京：中国林业科学研究院，2013.

[65] 张立伟，延军平. 咸阳市气候干燥度与地下水变化趋势分析 [J]. 农业现代化研究，2010，31 (6)：754-757.

[66] 蒋志荣，安力，柴成武. 民勤县荒漠化影响因素定量分析 [J]. 中国沙漠，2008，28 (1)：35-38.

[67] 郑玉峰，王占义，方彪，等. 鄂尔多斯市 2005—2014 年地下水埋深变化 [J]. 中国沙漠，2015，35 (4)：1036-1040.

[68] 李贺丽. 地下水动态预测方法分析 [J]. 河南水利与南水北调，2011 (7)：54-55.

[69] 张建芝，邢立亭. 回归分析法在地下水动态分析中的应用 [J]. 地下水，2010，32 (4)：88-90.

[70] 赵言，花向红，李萌. 逐步回归模型在地表沉降监测中的应用研究 [J]. 测绘地理信息，2012，37 (1)：6-8.

[71] 张广勤，袁俊玲. 拯救民勤，与沙漠争夺最后的绿洲 [J]. 魅力中国，2009 (6)：6-9.

[72] 李元红，卢树超，刘佳莉，等. 基于 GIS 的民勤绿洲水资源调度管理系统设计 [J]. 中国水利，2010 (5)：40-41.

[73] 侍育勤，邱进强. 干旱沙区枸杞幼园间作沙葱栽培技术 [J]. 甘肃林业，2015 (6)：42-43.

[74] 韩福贵，仲生年，常兆丰. 民勤沙区沙丘的基本特征及其移动规律研究 [J]. 防护林科技，2005 (3)：4-6.

[75] 刘英姿. 腾格里沙漠中格状沙丘形态及成因研究 [D]. 西安：陕西师范大学，2013.

[76] 严子柱，张莹花，李菁菁. 民勤荒漠区沙葱种群的生态特性分析 [J]. 中国农学通报，2013，29 (22)：62-66.

[77] 谭伯勋. 灌漠土的发生演变和培育 [J]. 土壤通报，1983 (2)：12-13.

[78] 王玉刚，李彦. 灌区间盐分变迁与耕地安全特征——以三工河流域农业绿洲为例 [J]. 干旱区地理，2010，33 (6)：896-903.

[79] 雒应福. 河套灌区五原绿洲土壤特性的空间变异研究 [D]. 兰州：西北师范大学，2008.

[80] 徐先英，丁国栋，高志海，等. 近 50 年民勤绿洲生态环境演变及综合治理对策 [J]. 中国水土保持科学，2006，4 (1)：40-48.

［81］ 乔宇，徐先英. 干旱荒漠区物理结皮的土壤水文效应 ［J］. 中国农学通报，2015，31（7）：206－211.

［82］ 郭挺. 民勤绿洲—荒漠过渡带微区水分过程研究 ［D］. 兰州：甘肃农业大学，2015.

［83］ 王彦武，柴强，欧阳雪芝，等. 民勤绿洲荒漠过渡带固沙林土壤微生物数量和酶活性研究 ［J］. 干旱区地理，2016，39（1）：104－111.

［84］ 刘克彪. 不同密度人工梭梭林土壤含水量和林下植被的演替 ［J］. 防护林科技，1998（2）：12－15.

［85］ 占玉芳，滕玉风，甄伟玲，等. 民勤地区梭梭人工林密度与林下植物多样性的关系 ［J］. 水土保持通报，2017，37（6）：62－67.

［86］ 常兆丰. 民勤荒漠植物生态特征研究 ［D］. 兰州：甘肃农业大学，2006.

［87］ 马振梅. 气候变化及人类活动对石羊河流域出山径流影响的研究 ［D］. 北京：中国农业大学，2007.

［88］ 赵映东. 论石羊河流域水资源管理与人口、耕地、经济、生态之间的关系 ［C］. 甘肃省科协年会，2007.

［89］ 刘普幸. 近 54 年民勤绿洲气候变化趋势与周期特征 ［J］. 干旱区研究，2009，26（4）：471－476.

［90］ 王燕. 民勤绿洲节水农业发展战略研究 ［D］. 兰州：甘肃农业大学，2008.

［91］ 常兆丰，仲生年，韩富贵. 民勤沙漠区气候特征的分析 ［J］. 防护林科技，1999（3）：15－18.

［92］ Lafferty K D. The ecology of climate change and infectious diseases ［J］. Ecology，2009，90（4）：888－900.

［93］ 巩杰，王玉川. 干旱区绿洲荒漠过渡带植被恢复的土壤环境效应——以民勤绿洲荒漠过渡带为例 ［C］. 中国地理学会 2011 年学术年会暨中国科学院新疆生态与地理研究所建所五十年庆典，2011.

［94］ 赵鹏. 民勤绿洲荒漠过渡带植被空间分布及其环境解释 ［D］. 兰州：甘肃农业大学，2014.

［95］ 郑田. 塔里木河下游绿洲荒漠过渡带土壤异质性及对植物群落的影响 ［J］. 中国沙漠，2010，30（1）：128－134.

［96］ Garner W，Steinberger Y. A proposed mechanism for the formation of 'fertile islands' in the desert ecosystem ［J］. Journal of Arid Environments，1989，16（3）：257－262.

［97］ 戴晟懋，邱国玉，赵明. 甘肃民勤绿洲荒漠化防治研究 ［J］. 干旱区研究，2008，25（3）：319－324.

［98］ 魏怀东，周兰萍，徐先英，李亚，丁峰，常兆丰，杨自辉. 2003—2008 年甘肃民勤绿洲土地荒漠化动态监测 ［J］. 干旱地区研究，2011，28（4）：572－579.

［99］ 韩福贵，徐先英，尉秋实，等. 民勤绿洲—荒漠过渡带典型固沙植物生殖物候对气候变化的响应 ［J］. 中国沙漠，2015，35（2）：330－337.

［100］ 吕烨，杨培岭，管孝艳，等. 咸淡水交替淋溶下土壤盐分运移试验 ［J］. 水利水电科技进展，2007，27（6）：90－93.

［101］ 李新国，古丽克孜·吐拉克，赖宁. 基于 RS/GIS 的博斯腾湖湖滨绿洲土壤盐渍化敏感性研究 ［J］. 水土保持研究，2016，23（1）：165－168.

［102］ 朱震达. 中国土地沙质荒漠化 ［M］. 北京：科学出版社，1994.

［103］ 徐启运，胡敬松. 我国西北地区沙尘暴天气时空分布特征 ［J］. 应用气象学报，1996，7（4）：479－482.

［104］ 郝博，粟晓玲，马孝义. 甘肃省民勤县天然植被生态需水研究 ［J］. 西北农林科技大学学报（自然科学版），2010，38（2）：158－164.

［105］ 富飞. 石羊河流域水文生态特征及治理规划研究 ［D］. 西安：长安大学，2012.

［106］ 杨裕英，李慧敏. 潜水蒸发影响因素的分析 ［J］. 江苏水利，1988（1）：72－78.

［107］ 王娟，延军平，杜继稳. 华北平原典型区地下水动态变化趋势及其区域响应 ［J］. 湖南师范大学自然科学学报，2009，32（4）：102－107.

［108］ 王仕琴，宋献方，王勤学，等. 华北平原浅层地下水水位动态变化 ［J］. 地理学报，2008，

63 (5)：462 - 472.

[109] 赵传燕，李守波，贾艳红，等．黑河下游地下水波动带地下水与植被动态耦合模拟 [J]．应用生态学报，2008，19 (12)：2687 - 2692.

[110] 严明疆，王金哲，张光辉，等．作物生长季节降水量和农业地下水开采量对地下水变化影响研究——以河北晋州地区为例 [J]．水文，2012，32 (2)：28 - 33.

[111] 王玉刚，肖笃宁，李彦，等．新疆三工河流域尾闾绿洲地下水变化与土壤积盐的响应 [J]．生态学报，2007，27 (10)：4036 - 4044.

[112] 胡兴林，蓝永超．近三十年黑河中下游盆地地下水资源变化特征与演变趋势分析 [J]．地下水，2009，31 (6)：1 - 4.

[113] 杨雪菲．民勤绿洲地下水埋深动态变化与气候变化下的植被响应研究 [D]．咸阳：西北农林科技大学，2011.

[114] 路俊伟．巴丹吉林沙漠东南部地下水变化特征及流动方向研究 [D]．兰州：兰州大学，2013.

[115] 杨怀德，冯起，郭小燕，等．基于回归模型预测的民勤绿洲地下水埋深动态驱动因子分析 [J]．干旱区资源与环境，2017，31 (2)：98 - 103.

[116] 郝兴明，李卫红，陈亚宁．新疆塔里木河下游荒漠河岸（林）植被合理生态水位 [J]．植物生态学报，2008，32 (4)：838 - 847.

[117] 张奎俊．石羊河流域下游民勤绿洲生态需水与措施研究 [D]．兰州：兰州理工大学，2008.

[118] 杨秀英，张鑫，蔡焕杰．石羊河流域下游民勤县生态需水量研究 [J]．干旱地区农业研究，2006，24 (1)：169 - 173.

[119] 陈永金，陈亚宁，李卫红，等．塔里木河下游输水条件下浅层地下水化学特征变化与合理生态水位探讨 [J]．自然科学进展，2006，16 (9)：1130 - 1137.

[120] Kang Shaozhong, Su Xiaoling, Tong Ling et al. The impacts of water related human activities on the water - land environment of Shiyang River Basin, an arid region in Northwest China [J]. Hydrological Sciences Journal, 2004, 49 (3): 413 - 427.

[121] 王化齐，董增川，权锦，等．石羊河流域天然植被生态需水量计算 [J]．水电能源科学，2009，27 (1)：51 - 53.

[122] 王浩，陈敏建，唐克旺．水生态环境价值和保护对策 [M]．北京：北京交通大学出版社，2004.

[123] 张丽，董增川，黄晓玲．干旱区典型植物生长与地下水埋深关系的模型研究 [J]．中国沙漠，2004，24 (1)：110 - 113.

[124] 刘虎俊，王继和，常兆丰，等．石羊河下游荒漠植物区系及其植被特征 [J]．生态学杂志，2006，25 (2)：113 - 118.

[125] 王琪，史基安，张中宁，等．石羊河流域环境现状及其演化趋势分析 [J]．中国沙漠，2003，23 (1)：46 - 52.

[126] Ma J Z, Qian J, Gao Q Z. The groundwater evolution andits influence on the fragile ecology in the south edge of Traim Basin [J]. Journal of Desert Research, 2000, 20 (2): 145 - 149.

[127] 郑利民，杨一松，张二军，等．黑河中游灌区地下水埋深时空变异特性分析 [J]．中国农村水利水电，2015 (10)：107 - 111.

第 3 章　民勤绿洲生态适宜程度评价 与绿洲干旱驱动机制解析

3.1　研究背景及意义

3.1.1　研究背景

  干旱是人类生存发展面临的重要问题。随着经济迅速发展和人口快速增长，人们对水资源的过度开发利用导致了生态环境恶化和失衡。水资源分布不均、利用不当和浪费严重及气候变暖已破坏了区域水循环过程，加剧了全球范围内的干旱程度，严重制约了农业生产和工业发展，也对人类生存产生威胁。研究表明，造成粮食减产和人们生活质量下降最重要的原因是干旱。全球有大量宜耕土地处于供水不足状态，土壤含水量不足以维持农作物正常生长，农业灌溉配套设施不完善无法有效解决土地缺水问题，对粮食产量的严重威胁没有缓解。由于我国地域及自然环境的复杂性和多样性，区域地形地貌各具特色。我国北方暖温带和温带地区由于远离海洋及受青藏高原地势隆起的影响，形成大面积干旱、半干旱气候区。尤其西北地区干燥少雨，日照充足，冷热巨变，植被稀少，风化作用强烈，风沙活动十分活跃，风力成为地貌塑造的重要动力，形成了大面积沙漠、荒漠戈壁及沙化土地，约占国土总面积的 17%。在这些地区，干旱多风和人类不合理的土地利用方式及利用强度等因素作用于疏松沙质地表，破坏了脆弱的生态平衡，使靠近沙漠边缘的耕地林地形成以风沙侵蚀活动为主要标志的土地沙漠化。

  绿洲是西北干旱区人类赖以生存的空间基础和环境基础，也是区域经济发展的载体和物质能量转化运移的本体，更是阻隔沙漠合拢和关系我国北方地区安危的重要生态屏障。然而，随着人口和经济的增长及不合理的水资源利用，西北内陆干旱区水资源日趋匮乏引起了严重的生态危机，已成为我国最干旱、荒漠化危害最严重的地区之一。此外，绿洲面积缩减和生态环境恶化也已成为严重的环境—经济—社会问题，给生态环境和社会经济带来极大危害：一是打破了生态系统物质循环的平衡状态，导致生态环境恶化和土地生产力衰退，严重影响作物生长和危及人们的生存发展；二是荒漠化侵占了大量农牧业土地资源，显著降低了农牧业生产力；三是威胁到村镇建设和交通、水利、工矿设施安全运营生产，严重制约经济社会的可持续发展。然而，《中华人民共和国防沙治沙法》的颁布和诸多防沙治沙工程项目的实施使荒漠绿洲生态环境有了逆转和自我恢复的可能。如在国家政策及地方环保项目的支持下改变以往"零敲碎打"的治沙模式，在腾格里沙漠边缘采用规模化、工程化措施实施工程压沙、人工造林、退耕还林草等工程，沙漠化治理成效显著，民勤绿洲退化生态系统稳定性得到增强，绿洲面积逐步恢复，绿洲生态环境得到改善。

  我国历来重视绿洲沙漠化及生态环境需水相关问题研究。一直以来，大批学者对沙漠地区的绿洲自然条件适宜性和自然环境衰变的过程进行了较为系统的分析,但更多地侧重于植被生态需水、防风固沙、土壤改良等方面。关于绿洲生态环境危险性评价和适宜性的研究是伴随生态需水研究的蓬勃发展而开展的。随着现代科技的发展,研究者和研究机构多次应用遥感和地理信息系统技术在北方地区开展了大范围的沙漠、戈壁、沙漠化土地、沙漠化过程及其灾害的监测和评估研究。Landsat MSS 和 TM 数据表明,到 20 世纪末土地沙漠化有所增加,这是以牺牲生态环境、生态平衡为代价的发展。以往的研究虽然已对近半个世纪以来的沙漠化趋势进行了评估,但是由于条件、技术、数据源等诸多因素的限制,这些研究数据均通过典型区调查监测和外推获取,不仅难以全面了解和分析我国北方土地沙漠化发展过程,也难以客观评估绿洲生态系统适宜程度、绿洲环境建设及沙漠化治理效果。

3.1.2 研究目的及意义

地处我国西北的绿洲干旱区是人类生存的根本保障,在较短的历史阶段内流域开发逐步挤占了天然植被生长空间并挤占了维持生态平衡的生态用水,导致水循环平衡状态被打破,生态环境严重恶化,进而对区域生态经济发展形成巨大障碍。水环境是干旱生态系统存在的必要物质基础,它决定着生态环境演化方向、演化过程及演化时间。植被是生态系统的基本骨架,在很大程度上影响着人类和动物的生存发展,同时它作为物质能量循环转化的载体,对水循环及生态系统平衡稳定状态发挥着极其重要的作用。因此,深入系统研究干旱区植被生态需水可为保证该区生态用水和合理分配利用水资源提供科学依据。但是,国内外对植被生态需水概念及其内涵尚存在很大差异,为适应 21 世纪水文生态学理论的发展,需迫切研究不同植被类型和水文生态条件下植被生态需水内涵不完善、估算方法存在差异、生态耗水量化过程准确性有待提高等问题。

随着人口增长和区域经济的高速发展,人们对水资源的利用已从满足基本生存到发展国民经济,从和谐开发到无序掠夺,人类生产生活用水与生态用水的矛盾日益加剧,不合理的水资源配置和大量挤占生态用水使西北内陆干旱区出现了诸如河道断流、水库干涸、土地沙化、植被大量枯死等生态环境问题,用水主体的权益难以保障,直接影响到西北干旱区的政治稳定和生态安全。适宜植被生长的生态环境是可持续发展的前提条件,如何准确定位、评判荒漠绿洲生态环境的适宜程度则是可持续发展的基础,而将微观与宏观有机结合,建立复杂性视角下的生态系统适宜程度识别指标体系是研究的难点,量化指标阈值区间及划分生态适宜区间则是研究的重点所在。干旱的发生与持续是多种要素共同作用的结果。参考国内外研究成果,对干旱环境进行定义和概述,阐述绿洲干旱形成原因及分类,需结合我国西北干旱区的生态特征对其进行分类,阐明水对生态系统平衡稳定的重要性,明晰水在物质能量循环和转化过程中的重要作用及干旱发生的主要原因。

因此,本研究基于系统工程理论研究了民勤荒漠绿洲生态环境适宜性及干旱驱动机制等问题,通过构建生态系统适宜程度识别指标体系探索绿洲干旱形成的原因并解析其驱动机制,可进一步丰富和完善植被生态需水理论,为绿洲干旱区植被恢复和生态环境适宜程度提高提供重要参考,同时构建符合生态—社会—经济可持续发展要求的评价体系,进而为解决民勤绿洲水资源日趋匮乏和开发利用不合理等诸多制约农业发展的问题与促进该区生态用水安全保障建设和缓解荒漠化提供理论依据。

3.2 概述

国内外对荒漠绿洲的研究有三个重要方面：①针对荒漠绿洲植被生态需水内涵方面的研究；②对荒漠绿洲的生态适宜程度的研究；③荒漠绿洲干旱环境形成的驱动因素及驱动机制研究。

3.2.1 生态需水内涵

生态需水研究涵盖生态学、水文学、植物生理学、统计学、地理学等学科，是当前研究的热点之一。生态需水最早由国外学者所提出，用于避免河流生态退化，探究河道内生物种群变化、鱼类产量与所需水量的关系，目的在于满足航运要求和保护鱼类等。Covich、Cleick、Tennant 分别从生态系统健康发展、生物多样性及生态整合性角度研究了生态系统所需最小水量。我国生态需水研究起步较晚，自 20 世纪 90 年代起，国内众多学者从不同角度、不同区域对生态需水问题进行了探索研究。郭巧玲、邓坤、宋兰兰、高凡等从水循环角度划分了生态需水类型，从河流水文要素中筛选反映河流特征的水文参数，认为生态需水概念的界定应考虑时间性、空间性和目标性。吕妍等强调，植被类型、土壤理化特性、水资源利用状况等均对生态需水量化有重要的影响。陈敏建、张树军等分层次分析了能量转化规律，划分了我国不同区域生态类型，借此估算了特定区域植被生态需水量。白元等利用 RS 和 GIS 技术及缓冲区梯度分析方法对林地分布结构和生态需水进行了研究。施文军认为生态需水研究需考虑差异化水量、水量交叉、尺度转换和评价体系四个方面内容。蒙格平从全球生态系统水分平衡角度、维持生态系统健康与稳定角度及保护和改善生态系统角度出发论述了生态需水内涵。目前，国内外对生态需水的量化研究主要依赖于植被生态需水模型和经验公式，常见的有直接计算法、间接计算法、水量平衡法、基于生物量的计算方法、基于植物蒸散发量的计算方法、基于遥感与地理信息系统的计算方法和基于参考作物蒸发蒸腾量和作物系数、土壤水分限制系数的计算方法等。上述计算方法通常要求有适宜计算的环境条件要求，如基础工作良好的林地采用面积定额法就可较准确地量化生态需水量，而降水较少、植被生长完全依赖地下水的区域则需选择潜水蒸发法来量化生态需水。

总之，学者们研究提出的生态需水理论不尽相同，生态需水估算方法间缺少对比研究，植被生态需水研究常基于生态功能发挥方面，与干旱地区水资源调配及管理不相容，降低了生态需水研究结果的指导性和适用性，造成了不必要的人力和物力资源浪费。因此，如何准确量化植被生态耗水过程，完善植被生态需水理论体系，探明植被生态需水机理将是未来植被生态需水研究的核心内容。

3.2.2 生态系统适宜程度

生态系统适宜程度是指在生态系统中各影响因素的共同作用下得以使生态系统的结构稳定、功能效应发挥正常、资源形成良性循环、动植物种群和谐有序发展的状态，它是人类意识形态下划分的产物，是综合考虑社会、经济、人口等因素下的复杂指标，随生态系统改变、社会经济发展、科技水平提高而变化。由于人们无法直接观测或准确了解现有生态系统的变化过程和驱动机制，需建立多种指标体系来描述生态系统存在的状态。如采用 PSR 模型，分析各类退化机制压力及人类干扰与红树林生长的响应关系，构建红树林退化机制的评估指标体系，或运用荒漠化模型的概念，提取自然因素、土地状况因子、社会因素和经济因子，建立了基于 PSR 石漠化风险评估体系，以此揭示人类活动对石漠化的影响程度，或基于模糊模式识别模型，将农田排水再利用划分为 5 级适应性。为准确衡量城市生态优劣程度，已有研究引入逆生态化、城区生境等概念并运用模糊逻辑工具箱（fuzzy logic toolbox）对城市生态适宜性指标体系进行模糊评价，也有人运用最小累积抵抗理论构建生态适宜性的综合土地利用安全模型。蒋桂芹等基于"驱动力—压力—状态—响应"模式研究了干旱驱动机制与评估方法，同时采用径向基函数网络模型对喀斯特石漠化风险进行评估，并对风险研究区进行分类。刘麟同时从宏观和微观角度着手系统全面总结了黑河流域中上游生态环境监测的各种单因素和多因素指标。高志海等将遥感影像处理与模拟相结合研究了植被覆盖变化过程，提出绿洲荒漠化的遥感评价方法，与此同时结合主成分分析和支持向量机模型分析了石漠化风险评估方法和实施过程，发现风险评估模型 PSO - SVM 在石漠化解释中更为准确。陈贺等运用 Mann - Kendall 检验法对白洋淀生态系统受干扰程度进行了评价，孙兰东等采用综合指标法选取 4 类 13 项指标定义了敏感度及适应能力概念，构建了石羊河流域生态系统脆弱性评价指标体系。上述指标体系及国内研究多集中于脆弱型、压力指数型、危险性等方面，对荒漠绿洲生态系统适宜性评价方面研究尚较欠缺。

世界上第一套荒漠评价指标体系由 Berry 和 Ford 提出，该评价指标体系考虑了气候、土壤、植被、动物和人类的影响，而 1984 年 FAO 和 UNEP 把荒漠化评价分为现状评价、发展速率评价和危险性评价 3 个方面，这也是当前研究的 3 个重要分支。生态系统一般具有多层性、相关性和环境适应性，而荒漠绿洲生态系统则具有多样性、多变性、整体性、统计性、自组织性、临界性等特征，且各影响因子间存在复杂的非线性耦合关系，因此不能完全采用定量计算方法来评价生态系统的适宜程度。必须建立一个从多层次、多要素、多角度、多透视点入手的评价系统，采用定性与定量有机结合的方法，通过科学合理的运算体系和简明的计算方法使复杂多变的评价问题明朗化和简单化。评价指标体系涵盖人们生活的各个方面，不同的指标体系有不同的构建原则和方法，所选取的指标层次和指标种类随评价指标体系侧重点的差异而千差万别。

民勤荒漠绿洲生态系统在独特的地理环境、降水形成条件、人类生存等干扰因素综合影响下呈现非良性循环，河道断流、水库干涸、地下水位下降、绿洲面积减少、沙尘暴危害加剧等已严重危及人们安全和环境及经济社会发展。因此，有必要构建一个适宜程度识别指标体系，通过对指标体系的评估分析准确定位民勤荒漠绿洲生态系统所处的状态，明晰生态系统演化方向并对生态系统进行跟踪监测和反馈调节，以期维持较长时间的区域生态动态平衡和稳定性。

3.2.3 干旱驱动成因

翁白莎在丰富干旱内涵的同时以东辽河为背景构建了广义干旱演变的整体驱动模式，并提出基于 3S 技术的广义干旱风险区划方法。余中元、蒋桂芹、闫浩文等结合"暴露度-敏感性-恢复力"模型研究了社会生态系统脆弱性驱动机制，从各层面追溯干旱形成的原因，并采用主成分分析法探究影响民勤绿洲地下水埋深的因素，同时运用灰色预测模型对主要人为因素进行了预测。董杰利、薛文杰、王海青等采用信息熵理论、逐步回归分析法与主成分分析法相结合的方式对土地利用变化进行分析后指出，干旱面积的扩张是气候干旱、水文干旱、人为干旱影响的结果。程国栋、马海娇等分析发现，水资源开发利用、水土保持及土地利用等人类活动等是导致西北地区水文干旱进一步加剧的因素，且干旱荒漠化为诸多因子的综合影响过程。马艳萍通过建立植被与风蚀量的动力学模型研究绿洲与沙漠间的动态转化过程指出，绿色植被覆盖度增加能够抑制风蚀的发生，但其效应缓慢。杨东、李骞国等分别以酒泉市和张掖市为例利用主成分分析法和空间叠加法探究了人文因素与土地利用变化、城市扩展的关系。吴杰锋运用游程理论识别了干旱事件的特征，并利用 Logarithm 函数建立了水文干旱与气象干旱特征的响应关系模型。刘文琨则采用分布拟合和 Copula 函数对区域气象干旱特征进行了分析。

　　干旱评估方法是定量研究干旱驱动的重要手段，主要分为站点干旱强度分析阶段、站点干旱特征分析阶段和干旱空间特征分析阶段。通常利用灰色系统理论确定绿洲稳定性变化的驱动因素，而空间叠加法的依据是要区分干旱驱动因素及影响程度的大小关系，今后可利用 GIS 技术将不同等级不同影响力的干旱驱动因素的影响力划分等级并附以相应的压力，以栅格的形式在空间上进行叠加表达，通过 GIS 属性数据库和运算获得干旱荒漠绿洲区的干旱风险分级分布图。

　　干旱成因分析及干旱生态环境演替已有 20 多年的研究经验，对干旱环境概念及干旱分类的研究已越来越深入。然而现存的问题诸如缺少大量真实可靠的现场观测数据、缺乏科学统一的定义方法等均是导致研究进展缓慢、研究成果不具普遍适用性的主要原因。目前干旱演变驱动机制研究尚处于起步阶段，研究成果尚不够系统深入，加强干旱事件演变的驱动机制分析将是未来的研究趋势。因此，要从根本上揭示荒漠绿洲系统干旱环境与生产、生活的关系，就必须从多方面、多角度、多层次入手，揭示引起干旱形成的重要驱动因素，深入分析荒漠绿洲系统气象、水文、农业、社会经济干旱间的相互作用，通过对可控指标的合理调控来改变干旱发展方向和过程，不断提高绿洲系统承载能力，阐明干旱形成条件及其驱动机制，为荒漠绿洲干旱生态系统恢复与建设提供宏观指导和理论依据。

3.3　研究区概况与研究方法

3.3.1　研究区概况

1. 自然地理

　　民勤县处于北纬 38°04′07″~39°27′38″、东经 101°49′38″~104°11′55″之间，位于甘肃省西北部，河西走廊东北部，是石羊河流域下游的最后一块绿洲，东、西、北三面被腾格里沙漠和巴丹吉林沙漠包围。民勤盆地在全新世时期之前大部分为湖泊水域，后来湖泊面积逐渐萎缩，民勤县现有陆地总面积约 160 万 hm²，由沙漠、低山丘陵和平原三种基本地貌单元组成，最低海拔 1298.00m，最高海拔 1936.00m，平均海拔 1400.00m。民勤气候属典型的温带大陆性季风气候，太阳辐射强、年均日照时数 3208h；降水稀少，多年平均降雨量为 116mm，与腾格里沙漠接壤的民勤北部地区年降水量仅 50mm；蒸发强烈，年蒸发量 2500mm 左右；温差大，年均气温 8.35℃，昼夜温差 15.2℃，年均 8 级以上大风 27.8 天。绿洲植物主要以乔、灌、草植被为主，荒漠区以旱生、超旱生荒漠植物白刺为主。民勤县绿洲面积为 14.4 万 hm^2，仅占总面积的 8.99%；绿洲外围沙漠面积为 112 万 hm^2，占总面积的 70%，且绿洲内部还有沙漠面积 0.14 万 hm^2。2012 年，民勤县荒漠化面积已占土地面积的 94%，民勤绿洲西部和北部沙漠一直向前推进，有 70% 以上的天然沙生植被衰退，因近年来持续采用工程压沙、退耕还林和建设固沙林等措施，有效减缓了沙尘肆虐，也在一定程度上阻止了沙漠入侵并将部分沙化土地成功转为人工绿洲。

2. 水文水资源概况

石羊河是甘肃省三大内陆河之一，石羊河相较于黑河和疏勒河，水资源总量和可利用水资源量均最少，但其经济用水量最高，位于石羊河流域末端的民勤盆地生态用水量在上游层层掠夺后必然最少。水资源短缺及社会经济各部门长期竞争用水对生态用水的挤占导致民勤生态环境形成恶性循环，因此此种情形下外流域调水对维持生态环境的基本功能具有极其重要的作用。由于石羊河上游对水资源的掠夺和中游工农业发展用水量的增加，进入下游民勤绿洲的地表水由 20 世纪 50 年代的 5.9 亿 m^3 减少到 1.0 亿 m^3，日益增长的用水需求导致地下水的无控制、无节制开采，一度使石羊河流域地下水水位持续下降，地表水和地下水矿化度逐年升高。据统计，石羊河流域强度开采区地下水矿化度上升了 3～10g/L，下游民勤湖区的矿化度近年来上升了 18g/L。民勤盆地农业灌溉用水连年减少，从 2006 年的 5.62 亿 m^3 减少到 2010 年的 3.1213 亿 m^3，再到 2015 年的 2.2314 亿 m^3。可喜的是，民勤绿洲生态用水量近几年呈增长趋势，由 2011 年的 0.1424 亿 m^3 增加到 2013 年的 0.6790 亿 m^3，再到 2015 年的 1.1867 亿 m^3，其他各部门用水均处于稳定水平。民勤绿洲近 10 年在农业、工业和生态方面的水资源用量变化如图 3-1 所示。在石羊河流域综合治理背景下，2006—2015 年间民勤绿洲地下水开采量逐年减少，上游来水量经过调度后逐年增加，生态生活用水得以满足，出库水量和民调水量也均持续增大。水资源利用状况见表 3-1。

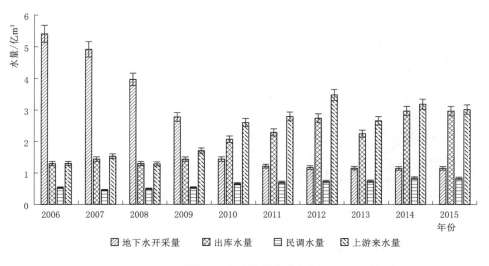

图 3-1　水资源变化

表 3-1　　　　　　　　　　　　　水 资 源 利 用 状 况

年份	农业用水 /万 m³	工业用水 /万 m³	生态用水 /万 m³	年份	农业用水 /万 m³	工业用水 /万 m³	生态用水 /万 m³
2006	56200	900	8300	2011	32219	240	1424
2007	52000	900	8900	2012	27575	494	5792
2008	48234	317	7486	2013	25391	573	6790
2009	42708	150	9003	2014	24923	587	9161
2010	31213	228	2036	2015	22314	566	11867

随着现代农业科技的发展和节水农业的发展，农业用水从 2006 年至 2015 年逐年减少，这是农业用水量减少的一个方面，工业用水虽然也在减少但变幅不大。近年来，生态恶化对人类生存的威胁已成为全社会重点关注的问题，人们应对环境的策略一定程度上决定未来的生存和发展，因此必须重视生态建设和人与自然的和谐共处，通过对水资源的有效调控确保生态用水。

3. 民勤绿洲现存的主要生态环境问题

石羊河中上游地表水资源的过度利用和不合理调配及下游民勤绿洲地下水的过度开发利用已引起严重的生态危机。随着植被衰退、沙丘活化、荒漠化加剧的进一步发展，民勤也成为全国四大沙尘暴策源地之一。民勤境内风沙线长达 408km，近年来民勤绿洲八级大风日发生天数及沙尘暴发生次数见表 3-2。民勤绿洲存在的生态环境问题主要集中在以下几个方面：

(1) 对地表水资源和地下水资源的开发利用措施及现行标准还有待验证和转变，民勤绿洲地下水的监测情况如图 3-2 和图 3-3 所示。由于站点地理位置位于荒漠地带，因此地下水埋深较之于湖区更深，但是通过分析地下水变化趋势也可直观了解荒漠区水资源状况及绿洲现存植被的生存状况。

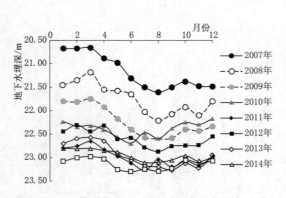

图 3-2　民勤绿洲地下水埋深年内及年际间变化

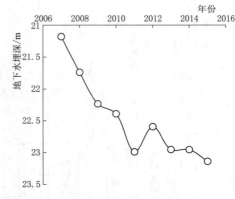

图 3-3　民勤绿洲不同年份地下水埋深变化

(2) 生态环境恶化不容小觑。实地调查发现，距离民勤治沙综合试验站 20km 左右的植被已经退化，具有防风固沙功能的梭梭、沙拐枣等也干枯死亡。深入荒漠腹地，植被种类则以零星分布的白刺为主，绿洲植被生存概率减小意味着沙漠化威胁加剧，生态结构逐步失衡,生态脆弱区域此种情形更为严重,大量农田弃耕,土地资源浪费和土壤盐渍化问题加重。已有研究表明,民勤湖区农田弃耕 10 年后土壤盐分累积要高于未弃耕土地,在表层 0～10cm 处弃耕农田含盐量为未弃耕农田的 38 倍,其中钠离子含量高达未弃耕农田的 150 倍,氯离子含量高达未弃耕农田的 183 倍。

表 3 - 2 　　　　　　　　　　民勤绿洲八级大风日发生天数及沙尘暴发生次数

年份	分　类	1月	3月	4月	5月	6月	7月	8月	9月	10月	11月	12月	共计
2010	八级大风日发生天数	1	4	4	1						1		11
	沙尘暴发生次数		4	2		1						1	8
2011	八级大风日发生天数			2	1								3
	沙尘暴发生次数			1									1
2012	八级大风日发生天数		1	1					1		2	2	7
	沙尘暴发生次数												0
2013	八级大风日发生天数			2		1	3	1	2		1		10
	沙尘暴发生次数		1										1
2014	八级大风日发生天数		1	2	6	1	1			1		1	13
	沙尘暴发生次数		1										1
2015	八级大风日发生天数		1	2	4	2	2	1	2			1	15
	沙尘暴发生次数					1							1

(3) 城镇扩张速度加快,人居环境安全性降低,舒适性也有待提高,居住地分布不合理,居住配套设施不完善,基础设施建设滞后。魏伟等运用 GIS 栅格叠加分析发现,石羊河流域人居环境指数由西南向东北依次降低,居民点分布杂乱无章且人居环境安全性较低,一些村镇分布区域与沙漠边缘的直线距离太短,威胁较大。

(4) 人工生态系统增加,自然生态系统被压缩甚至取代,人工林、水库、城镇面积明显增大,自然水系及河段长度改变或缩短。人类领土扩张导致野生动物栖息地面积缩减,造成野生动植物种类减少甚至有灭绝的危险。

由表 3 - 2 可知,民勤绿洲 2010—2015 年间八级大风日发生最多的次数在每年的 4 月,六年期间共发生 13 次;其次是每年 5 月,共发生 12 次;然后是每年 3 月,共发生 7 次。由此可见,八级大风日易发生在 3 月、4 月、5 月、7 月和 9 月,而沙尘暴易发生在 3 月、4 月和 6 月。虽然 2010—2015 年间每年八级大风日发生次数出现上下波动,但变化不大,而沙尘暴发生次数从 2010 年的 8 次逐渐降低到 2015 年的 1 次,并保持相对稳定状态,这与民勤生态环境改善和生态系统的适应性增强有密切关系,一定程度上是人们重新重视生态环境及与自然和谐共处的结果。

4. 地下水埋深变化

20 世纪 60 年代初,民勤绿洲边缘地下水位为 1～3m,主要地貌类型为河漫滩地,60 多年来植被变迁始于这两种地貌,在河漫滩涂地主要以湿生植被演替为主,在流动沙丘则为旱生植被生态演替。随着地下水位逐年下降,湿生植被演替从草甸过渡到盐生再演变为旱生,最后变成依赖降水的雨养系列。旱生植被演替从草本植被逐渐演变为半灌木,再演变为灌木，最终也形成依赖降水的雨养系列。地下水埋深与植被种类和植被生长息息相关。当地下水埋深在 2～3m 时，植被以芦苇、芨芨草、盐爪爪、赖草和马蔺为主；当地下水埋深增至 5～7m 时，植被以白刺、柽柳为主；当地下水埋深增至 12m 以下时，植被以白刺和沙拐枣为主，且多分布在半固定沙丘。

依据民勤治沙综合试验站 2007—2015 年地下水位观测数据（图 3-2 和图 3-3），地下水位在波动过程中有所下降，其中 2007—2011 年地下水水位持续下降，下降速率较大，此后地下水水位虽然也呈下降趋势，但是下降速率减缓。还可以看出，每年 7 月、8 月和 9 月，地下水水位达到一年中最低状态，此后水位略有回升。7 月、8 月、9 月大气温度较高，蒸发强烈，是民勤荒漠绿洲植被生长的关键需水期，虽然植被根系深度不足 20m，但随着植被需水量的增加，水循环速度加快必然影响地下水水位变化。

5. 干旱环境形成原因

（1）干旱环境概述。世界不同国家和地区对"干旱"的定义和理解不同。在干旱半干旱区，"干旱"是指某一地区长期无雨或少雨导致空气干燥、土壤水分匮缺、作物吸收水分受到抑制，水文循环减弱或形成非良性循环，生态平衡遭到破坏，从而影响生态系统发展的自然现象。干旱的发生和持续造成水资源短缺，作物产量下降，经济损失严重。随着人口和经济的快速增长及水资源的不合理利用，区域水资源日益匮乏，直接导致干旱地区绿洲面积缩小和干旱化程度加剧，引起严重的生态问题，因而干旱的形成过程和作用机制就成为全球关注的重点。干旱环境影响植被类型分布，干旱区森林植被生长缓慢，地表分布的植被类型主要为草本植物。干旱环境也影响植被密度和盖度，因而干旱区植被稀疏。干旱环境还影响植被种类，干旱区缺水条件下只能生长一些耐旱耐瘠薄的植被，如民勤绿洲分布大量的梭梭、沙拐枣、柽柳等植物。此外，干旱环境还影响植被的形态特征，植物叶片面积普遍保持较小以减少水分蒸发损失和保持水分，地表以上部分植株矮小且地下根系发达。

干旱环境下，地下水水位下降、天然降水分布不均和人工灌溉设施不完善导致土壤水分不足，不能满足农作物生长发育的需要，严重影响农作物产量和畜牧业发展，也影响人们生产生活。工业发展依赖于水，缺水将导致工业产品产量及质量下降，经济收益降低，影响社会经济发展。在水资源本就匮乏的绿洲干旱区，无节制无计划地开采地下水将导致地下水位下降，民勤绿洲地下水埋深已由 20 世纪 60 年代的 2m 下降到 80 年代的 9.4m、90 年代的 13m 以下，严重影响到民勤乃至整个河西走廊的水循环过程。干旱还导致植被覆盖度降低，天然绿洲萎缩，草场退化，土地沙漠化等问题突出。在生态平衡被破坏后，绿洲宜耕土地受灾情况与干旱环境的关系愈加紧密。民勤县地区受灾面积变化及其占比如图 3-4 和图 3-5 所示。

（2）干旱形成原因。水文循环过程与生态系统演变趋势密切相关。人们通过对地表径流和地下水的开发利用改变水文循环的天然属性，通过水利工程改变径流形成条件、运动过

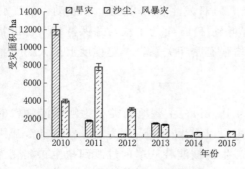

图 3-4　民勤地区受灾面积变化

程和耗散规律，进而改变水循环基本格局，导致生态系统某个层面上的干旱形成与发展。全球的干旱环境条件与地理位置和海拔高度直接关联。虽然南极大陆是世界上重要的淡水储藏库，但全洲年均降水量却仅为 55mm，因为气候极为寒冷，极点附近几乎无降水、无蒸发，所以被称为白色荒漠。干旱环境条件与各大水系距离远近也有直接关联。世界上离海洋最远的陆地是位于我国新疆北部的古尔班通古特沙漠，也是我国面积最大沙漠。干旱环境条件也

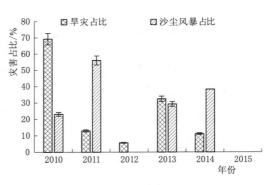

图 3-5 受灾面积占比

与区域植被覆盖情况有直接关联。干旱环境条件还与温室效应有关。在高浓度 CO_2 环境下植物能够合成更多有机物质，干物质积累更多，生长发育更快。但是，温室效应也影响大气环流，继而在垂直方向上影响水循环过程。干旱还与温度平衡分布、大气循环状态改变、化学元素分布及人类活动有关。究其原因，民勤绿洲干旱形成的原因主要有以下几点：

1）地理位置：民勤绿洲被腾格里和巴丹吉林两大沙漠包围，且由于远离海洋，湿润气流难以到达，降雨稀少，植被稀疏，土地荒漠化程度严重，致使沙漠不断向绿洲入侵。

2）气候条件：民勤属温带大陆性干旱气候，包括温带沙漠气候、温带草原气候等，气候呈极端大陆性，植被也由森林过渡到草原、荒漠。全球气候变暖导致蒸发加剧、冰川融化、海平面上升，造成降水重新分布，不断改变着水文循环过程和世界气候格局，内陆一些地区降水减少，极端天气（干旱、沙尘暴、高温天气）出现的频率与强度增加。谭显春等研究指出，在过去的 130 年间我国的气候变化幅度更为剧烈，我国陆地区域平均增温 0.9～1.5℃，增幅高于全球平均水平。

3）人类干预：进入农业社会以后，人们已经能够改变局部地区的自然生态系统，通过人为干预将森林开垦为农田，将草原用于家畜饲养。人类活动加快了生物圈的物质转化和能量循环，但同时也将水域变为了荒漠。

3.3.2 研究方法

3.3.2.1 民勤绿洲生态适宜程度评价指标体系构建方法

1. 层次分析法及其评价过程

评价对象和目标属性的多样化、评价结构的复杂性和评价功能的差异性决定了难以完全采用定量或定性的方法进行有效的优化分析与评价，因此需建立包含多指标要素、多层次涉及多个学科内容的评价体系。美国运筹学家、匹兹堡大学教授 T. L. Saaty 提出的著名的层次分析法（analytic hierarchy process，AHP）解析递阶过程，是一种决策方法，能够在很大程度上解决上述问题。运用 AHP 方法进行评价通常分为 4 个步骤：

（1）分类并列举评价系统中各基本要素间的关系，建立系统的递阶层次结构。一般分

为 3 个层次：最高层是预定目标期望实现的理想结果和需要评价的具体对象，是评价系统的最终服务目标；中间层包括为实现目标所涉及、划分的中间项目环节，可以由若干个层次组成；最底层是评价对象的具体化，即具体选取的评价指标种类。

（2）对处于同一层次的各分项元素或指标关于上一层次中某一准则的重要性进行两两比较并构造两两比较判断矩阵，用 MATLAB2014 计算矩阵对应的特征根并进行一致性检验。利用标度法构造判断矩阵，判断矩阵标度定义见表 3-3。

表 3-3　判 断 矩 阵 标 度 定 义

标度	含　　义	标度	含　　义
1	两个要素相比，具有同样的重要性	9	两个要素相比，前者比后者极端重要
3	两个要素相比，前者比后者稍重要	2、4、6、8	上述相邻判断的中间值
5	两个要素相比，前者比后者明显重要	倒数	两个要素相比，后者比前者的重要性标度
7	两个要素相比，前者比后者强烈重要		

（3）由判断矩阵计算被比较要素对该准则的相对权重并计算权重系数。常用的要素相对权重 W 的计算方法有算术平均法（求和法）、几何平均法（方根法）、特征根方法、最小二乘法 4 种。

（4）计算各层要素对系统总目标的合成总权重。人们对这种方法研究较早，也较为成熟，但依赖于专家学者的主观判断，虽然在客观性上不及熵权法、变异系数法等，但 AHP 方法能更符合人们的价值观。

2. 指标选择原则

指标的选择应立足民勤生态水文特点，认清民勤绿洲退化的既定事实，选择指标应具有系统性，即各指标间要有一定的逻辑关系，它们不仅要深入生态系统和社会经济的各个层面体现整个生存环境的主要特征和状态，也要准确反映特定区域的环境、经济、社会变化的综合特征。同时，指标的选择还必须具有动态性、可获取性、现实可操作性、真实可靠性以及可比性，指标体系的构建要为区域政策制定和科学管理服务。

3. 权重确定

权重反映指标在整体评价体系中的相对重要程度，是评价过程中被评价对象的不同侧面重要度的定量分配值，因此对评价指标在总体评价中的作用大小和重要程度应进行区别对待。权重确定有多种方法，包括层次分析法、德尔菲法、统计平均法、变异系数法、熵权法等。本研究采用常用的层次分析法。用 A 表示目标层，$B_1 \sim B_5$ 分别表示准则层的 5 个元素，$C_1 \sim C_{19}$ 分别表示指标层的 19 个影响因素。并且，采用 $1 \sim 9$ 标度法构造判断矩阵 A。判断矩阵 A 表达式如下：

$$A = \begin{bmatrix} a_{11} & a_{12} & \cdots & a_{1n} \\ a_{21} & a_{22} & \cdots & a_{2n} \\ \vdots & \vdots & \vdots & \vdots \\ a_{n1} & a_{n2} & \cdots & a_{nn} \end{bmatrix}$$

两元素同时关于上一层次进行相对重要性对比，量化值选择在 1，2，…，9 中，其中用1、3、5、7、9分别表示两指标具有的重要性相同、前者相对于后者稍重要、前者明显重要于后者、前者比后者强烈重要、前者比后者极端重要的相对程度；用2、4、6、8表示相邻判断的中间值；倒数代表后者比前者的重要性标度。三阶矩阵的各项系数见表3-4，其中 $0<a_{ij}\leqslant 9$，$a_{ii}=1$，$a_{ji}=1/a_{ij}$，$0<x\leqslant 9$，$0<y\leqslant 9$。然后，依据公式求各指标相对于上一准则层的归一化相对重要度向量 $W^0=W_i^0$ 即可求得判断矩阵各行元素的几何平均值 W_i、权重系数 W_i^0 和最大特征根 λ_{max}，其计算公式分别为

$$W_i=(\prod_{j=1}^{n}a_{ij})^{\frac{1}{n}} \qquad (3-1)$$

$$W_i^0=\frac{W_i}{\sum_i W_i} \qquad (3-2)$$

$$\lambda_{max}\approx\frac{1}{n}\sum_{i=1}^{n}\frac{(AW)_i}{W_i}=\frac{1}{n}\sum_{i=1}^{n}\frac{\sum_{j=1}^{n}a_{ij}W_j}{W_i} \qquad (3-3)$$

表3-4   三 阶 矩 阵 系 数

A	B_1	B_2	B_3	A	B_1	B_2	B_3
B_1	1	$1/x$	y	B_3	$1/y$	$1/z$	1
B_2	x	1	z				

为检验各层元素重要度之间的协调性，明确已构造判断矩阵是否符合要求，进而判断权重系数是否合理，需进行一致性检验。一致性指标 CI 和一致性比例 CR 的计算公式为

$$CI=\frac{\lambda_{max}-n}{n-1} \qquad (3-4)$$

$$CR=\frac{CI}{RI}<0.1 \qquad (3-5)$$

式中 CI——一致性指标；

       RI——平均随机一致性指标；

       CR——一致性比例。

当 $CI=0$ 时，有完全的一致性；CI 越接近于0，有满意的一致性；CI 越大，不一致性越严重。RI 为同阶随机判断矩阵的一致性指标的平均值，引入 RI 可在一定程度上避免一致性判断指标随 n 值增大时造成误差较大的情况。若一致性检验不通过或检验结果为负值，则需重新构造判断矩阵或调整矩阵中数值的两两关系后再进行一致性检验。引入平均随机一致性指标是解决弊端的主要方法，平均随机一致性指标见表3-5。

表3-5   平均随机一致性指标

n	1	2	3	4	5	6	7	8	9	10	11	12	13
RI	0	0	0.52	0.89	1.12	1.26	1.36	1.41	1.46	1.49	1.52	1.54	1.56

4. 评价指标体系的功能

利用评价指标体系可较准确地实现对人们本身和生存环境的定位，及时了解植被生态系统的需求和生态修复活动的效果，进而采取相关措施来积极配合生态系统的循环过程。评价指标体系主要有以下 4 种功能：

（1）导向功能。适宜共存的生态系统不是静态的，其中包含的所有因素均对系统本身有影响，且系统随要素的变化而动态变化。荒漠绿洲生态系统适宜程度识别指标体系的首要功能即为导向功能，可指导各项工作的方向和最终目标的确定。

（2）评价功能。生态适宜程度指标体系是一个全面严格的体系，它以目标导向为理想标准，依据地区各项指标对当前状态的定位和检测探究影响生态适宜程度的多种原因并寻找最优解决方法。

（3）描述功能。生态系统适宜程度指标体系不仅是对未来荒漠绿洲生态环境发展的导向，更是对现有状态的描述，可通过对指标体系各项参数、各个指标的对比分析确定当前生态环境的适宜程度和对基础生态环境的整体、深入认识，也可针对其不足之处对症下药，有效提高生态系统的稳定性。

（4）监测预警功能。荒漠绿洲生态系统适宜程度识别指标体系同时也是一套监测预警系统，它以指标阈值界限为警示线，若生态环境适应性降低且评分减小，则说明某一环节与指标要求背道而驰，环境指数中的相关指标也将发生变化，体现了指标体系的监测预警功能。

3.3.2.2 干旱驱动机制研究方法

荒漠绿洲生态系统所具有的多层性、多样性、多变性、整体性、完整性和统计性、不可逆性等是生态系统复杂性的起源，同时由于生态系统具有的高度开放性及影响因子间存在非线性耦合关系等原因，导致研究干旱驱动机制的方法多样。尽管研究方法不同，但它们均需有驱动力来完成对生态系统发展方向的推动、干预作用，而驱动力来源虽包含生态系统的不同层面，但或多或少均与水资源需求变化有关，其区别在于影响力的比重大小。

1. 主成分分析法

主成分分析法（principal component analysis，PCA）也称主分量分析或矩阵数据分析，是利用降维的思想在损失较少信息的前提下将众多线性相关指标转换为少数线性无关指标，克服了多变量之间的重叠性。在原始指标上抽取信息后转化成的综合指标即为主成分，且每个主成分均是原始指标变量的线性组合。当第一个综合指标的线性组合不能抽取更多信息和不能表达原始指标的大量信息时再考虑用第二个线性组合，直到所抽取的信息与原指标相差不多时为止，一般所占85%以上才能够代替原始信息。

主成分分析法计算步骤如下：

（1）设 n 个随机变量（n 个指标）并获取样本（表 3-6）。

表 3-6　　　　　　　　　n 个指标取值的一组样本数据

样　本	指　标			
	X_1	X_2	…	X_n
1	Y^{11}	Y^{12}	…	Y^{1n}
2	Y^{21}	Y^{22}	…	Y^{2n}

样 本	指 标			
	X_1	X_2	...	X_n
$\vdots$	$\vdots$	$\vdots$	$\vdots$	$\vdots$
m	Y^{m1}	Y^{m2}	...	Y^{mn}

（2）对样本进行标准化处理。各类指标对干旱的影响有正有负。定义正向指标与干旱呈正向相关关系，即指标值越高，干旱程度越大；定义负向指标与干旱呈负向相关性，即指标值越低，干旱程度越大。因此，需要对指标进行正向化处理，而正向化处理方法一般为取倒数。主成分分析对极端异常值非常敏感，为减弱极端异常值对结果的影响和确保指标间具有可比性，需对指标进行标准化处理。标准化后的样本满足 $E(X)=0$，$D(X)=1$，计算式公式为

$$X_{ij}=(Y_{ij}-\overline{Y_j})/S_j \tag{3-6}$$

$$\overline{Y_j}=\frac{1}{m}\sum_{i=1}^{m}Y_{ij} \tag{3-7}$$

$$S_j^2=\frac{1}{m-1}\sum_{i=1}^{m}(Y_{ij}-\overline{Y_j})^2 \tag{3-8}$$

其中 S_j^2——方差；

$\overline{Y_j}$——均值；

X_{ij}——标准化值。

（3）利用标准化的样本估计 σ。根据公式 $\sigma=E(XX^T)=\mathrm{cov}(XX^T)$ 可通过样本估计总体的协方差矩阵，并证明下述两种估计均为无偏估计，可得到实对称协方差阵内元素为

$$\sigma_{ij}=\frac{1}{m-1}\sum_{k=1}^{m}X_{ki}X_{kj} \quad (i,j=1,2,\cdots,n) \tag{3-9}$$

$$\sigma_{ij}=\frac{\sum_{k=1}^{m}X_{ki}X_{kj}}{\sqrt{\sum_{k=1}^{m}X_{ki}^2\sum_{k=1}^{m}X_{kj}^2}} \quad (i,j=1,2,\cdots,n) \tag{3-10}$$

（4）计算各主成分。依据上述所得协方差矩阵可得 n 个非负特征根，从而得到 n 个单位化特征向量并构建正交矩阵 a，a_{ij} 中 i 代表第 i 个主分量，j 代表第 j 个主分量。对于 m 个样本中的第 k 个样本，根据 $Z_k=a_kX$ 可得对于全部 m 个样本的主成分：

$$Z_0^T=aX_0^T$$

$$\begin{pmatrix} Z_{11} & Z_{12} & \cdots & Z_{m1} \\ Z_{12} & Z_{22} & \cdots & Z_{m2} \\ \vdots & & & \\ Z_{1n} & Z_{2n} & \cdots & Z_{mn} \end{pmatrix} = \begin{pmatrix} a_{11} & a_{12} & \cdots & a_{1n} \\ a_{21} & a_{22} & \cdots & a_{2n} \\ \vdots & & & \\ a_{n1} & a_{n2} & \cdots & a_{nn} \end{pmatrix} \begin{pmatrix} X_{11} & X_{12} & \cdots & X_{m1} \\ X_{12} & X_{22} & \cdots & X_{m2} \\ \vdots & & & \\ X_{1n} & X_{2n} & \cdots & X_{mn} \end{pmatrix} \tag{3-11}$$

整理后得 $Z_0 = X_0 a^T$，其中 Z_0 为样本主成分，X 为标准化的样本。至此就将原来研究 X_0 的问题转化为研究 Z_0 的问题，且 Z_0 中的各主成分线性无关。

（5）建立主成分数学表达式。引入贡献率表明选取主成分能够反映原样本信息量的程度，有效描述多个指标构成的样本。用 λ_i 表示协方差矩阵 σ 的第 i 个特征根，则 $\lambda_k / \sum\limits_{i=1}^{n} \lambda_i$ 为第 k 个主成分贡献率；且 $\sum\limits_{i=1}^{r} \lambda_i / \sum\limits_{i=1}^{n} \lambda_i$ 为第 r 个主成分的累积贡献率。当累积贡献率大于 85% 时，认为所选取新的主成分包含原变量的大部分信息，即可用主成分代替原变量。主成分数学表达式为

$$\begin{cases} Y_1 = u_{11}X_1 + u_{12}X_2 + \cdots + u_{1p}X_p \\ Y_2 = u_{21}X_1 + u_{22}X_2 + \cdots + u_{2p}X_p \\ \vdots \\ Y_p = u_{p1}X_1 + u_{p2}X_2 + \cdots + u_{pp}X_p \end{cases} \tag{3-12}$$

其中　$Y_1 \sim Y_p$——主成分；

　　　$X_1 \sim X_p$——标准化后的标准变量；

　　　$u_{11} \sim u_{pp}$——特征向量矩阵。

2. 灰色关联度分析法

荒漠绿洲生态系统因其复杂的系统组成和影响因素的多样化而使其研究存在较大的困难，虽然可根据实际选取反映生态系统变化特征的相关指标，但尚有很多未知影响因素没有被重视和充分考虑。现有研究条件下，一定程度上仍然存在相关数据指标观测记录不完整、部分数据未知等问题，而灰色系统理论则在很大程度上解决这一难题。基于灰色系统理论提出的灰色关联度方法的最大特点是对样本没有严格要求，比较适宜于绿洲干旱驱动机制的研究，其分析步骤一般为：①建立参考数列和比较数列；②对各类数列进行初值化处理；③求关联系数；④求解关联度；⑤对关联度进行排序，依据关联度排出各指标要素对综合目标值的影响大小顺序。

3. 聚类分析法

各单项干旱指标在本质上有内在联系。按照内在联系规律和亲疏程度将指标进行分析的方法就是聚类分析。在聚类分析过程中，为使指标具有可比性，应对不同量纲和数量级的原始指标数据进行变换处理。可用矩阵表示样本，并对原始数据进行标准化转化，通过取值变化得到明科夫斯基距离和欧式距离。求取所有样本指标的欧氏距离，当得到对称的距离矩阵中数值为零时表示进行比较的两类指标无差别，可归为一类，然后由小到大逐步归类。通过归类遴选得到聚类谱系图，进而得到指标变量间的相关关系，从而明确哪些指标是影响生态系统稳定性和适应性的重要驱动因素。

3.3.2.3　数据来源

气象资料和水文数据自甘肃民勤荒漠草地生态系统国家野外科学观测研究站和民勤治沙综合试验站，其余数据来自《民勤县国民经济和社会发展统计资料汇编》，分别采用 Microsoft Office Excel 2007、MATLAB 2014 及 SPSS19.0 对相关数据进行处理和统计分析。

3.3.3　技术路线

　　本研究采用现场测定、实地调研、专家咨询、文献查阅等方法，收集和整理民勤县各类植被和水文气象相关资料，采用系统工程理论及统计学理论分析民勤绿洲不同植被生态系统的组成结构和相关特性及其差异性。具体技术路线如图 3-6 所示。

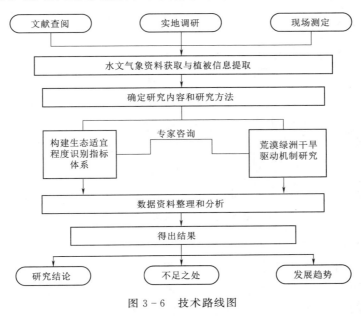

图 3-6　技术路线图

3.4　生态适宜程度评价指标体系的构建

3.4.1　评价指标的选择

　　评价指标体系是指用科学有效手段建立的一个表征评价对象特征及状态且具有完整内在结构的评价标准。指标体系的构建具有自上而下的层次性，要兼顾宏观和微观构成一个不可分割的完整评价系统，其中选取的指标既要外在相互独立，又必须内在彼此有联系。本研究从生态系统的目的性和层次性出发，运用层次分析法（AHP）建立荒漠绿洲生态系统的递阶层次结构，分别为目标层、准则层和指标层。首先，利用标度法构造两两比较判断矩阵，计算特征根及平均值并进行一致性检验，根据判断矩阵计算被比较指标对于上一层次的相对权重。其次，计算各层指标要素对绿洲生态系统适宜性的总权重，并结合现有指标数据及评价尺度对各要素进行定位和打分，最后对现状荒漠绿洲生态系统进行适宜程度评价。

　　人类社会与自然界的和谐有序发展是生态经济建设的终极目标，也是综合评价的意义和重点。邓建伟在对石羊河流域北部平原区进行生态安全评价时利用聚类分析法筛选出威胁生态安全的主要因素及其影响原因，但并未给出安全性等级。本研究在同一评价层次上全面考虑了影响民勤绿洲环境、经济、社会系统的诸多指标和要素，通过综合分析和评价预测了荒漠绿洲生态系统的发展趋势。本研究构建的民勤荒漠绿洲生态环境适宜程度识别指标体系是以生态环境为前提条件、以经济基础为动力构建的较为完整的系统性平台。对生态适宜程度的量化有四个步骤：①分层选择指标；②赋予指标因子权重以表达重要性；③制定参评标准；④划分适宜程度等级并量化；⑤根据分值对生态环境适宜程度进行评价。按上述步骤可确定 1 个目的层、5 个准则层，分别从水文水资源、气象因素、生态建设、社会经济和人口发展着手选择了 19 个指标，指标层次及分类如图 3-7 所示。

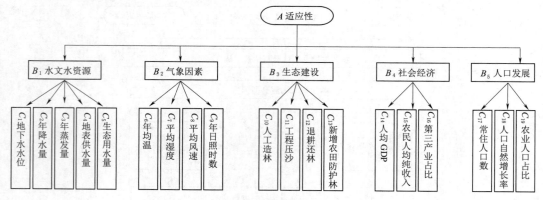

图 3-7　指标层次及分类

3.4.2　数据处理

生态系统若处于适宜发展的状态，大部分指标值将处于一个适宜的范围。按照国际现行标准并参考国内外专家学者的研究，建立了绿洲荒漠生态系统适宜性指标分级，其赋值见表 3-7。根据民勤治沙综合试验站资料及民勤县统计局统计资料汇编对各参评指标进行汇总，计算了各指标权重，各指标层均通过一致性检验，CI 值均小于 0.1，CR 均小于 0.1，2010—2015 年各指标统计数据及权重见表 3-8。

表 3-7　　　　　　　　　荒漠绿洲生态系统适宜性评价指标分级赋值

指　　标	评价指标分级赋值				
	100	75	50	30	10
C_1 地下水水位/m	1.5~2.5	2.5~3.5	3.5~5	5~10	>10
C_2 年降水量/mm	>400	350~400	200~350	100~200	<100
C_3 年蒸发量/mm	<360	230~360	360~600	600~1000	>1000
C_4 地表供水量/万 m³	>27259	24818~27259	22767~24818	20716~22767	<20715
C_5 生态用水量/万 m³	>9025	6184~9025	3804~6184	1424~3804	<1424
C_6 年均温/℃	>8.8	8.4~8.7	7.9~8.4	7.6~7.9	<7.6
C_7 平均湿度/%	>55.3	53.6~55.2	52.9~53.6	52.3~52.9	<52.3
C_8 平均风速/(m/s)	<0.5	0.6~0.9	0.9~1.1	1.2~1.5	>1.5
C_9 年日照时数/h	>3237.8	3208.0~3237.8	3145.5~3238.0	3083.0~3145.5	<3083.0
C_{10} 人工造林/10^2 hm²	.>111.3	95.3~111.3	72.7~95.3	50.0~72.7	<50.0
C_{11} 工程压沙/10^2 hm²	>34.9	29.1~34.9	27.9~29.1	26.7~27.9	<26.7

指　　标	评价指标分级赋值				
	100	75	50	30	10
C_{12} 退耕还林/10^2 hm²	>216.9	215.0~216.9	212.3~215.0	209.5~212.3	<209.5
C_{13} 新增农田防护林/10^2 hm²	>7.7	7.3~7.7	7.0~7.3	6.7~7.0	<6.7
C_{14} 人均 GDP/元	>26982	10793~26982	5396~10793	2698~5396	<2698
C_{15} 农民人均纯收入/元	>32415	24518~32415	18483~24518	11434~18483	<11434
C_{16} 第三产业占比/%	>18.4	15.6~18.4	14.2~15.6	12.7~14.2	<12.7
C_{17} 常住人口数/万人	>24.14	24.12~24.14	24.11~24.12	24.10~24.11	<24.10
C_{18} 人口自然增长率/%	>1.99	1.57~1.99	0.90~1.57	0.25~0.90	<0.25
C_{19} 农业人口占比/%	<69.6	69.7~71.54	71.54~73.38	73.38~74.64	>74.64

表 3-8　　　　　　　　　　　　　2010—2015 年各指标统计数据及权重

指标统计值	年　份						指标权重
	2010	2011	2012	2013	2014	2015	
C_1 地下水水位/m	22.39	22.99	22.59	22.95	22.95	23.14	0.099
C_2 年降水量/mm	105	138.7	128.3	89.1	127	136.2	0.056
C_3 年蒸发量/mm	1902.4	1367.3	1495.9	1716.1	1559.7	1583.3	0.06
C_4 地表供水量/万 m³	20716	22892	23400	22500	29700	29700	0.288
C_5 生态用水量/万 m³	2036	1424	5792	6790	9196	11867	0.498
C_6 年均温/℃	8.3	7.6	7.9	9.1	8.5	8.7	0.233
C_7 平均湿度/%	52.5	52.6	53.2	52.3	54.4	56.8	0.138
C_8 平均风速/(m/s)	1.8	1.3	1	1.1	1	0.6	0.084
C_9 年日照时数/h	3083	3166.6	3260.7	3223.2	3247.1	3267.6	0.545
C_{10} 人工造林/10^2 hm²	50.2	75.5	114.5	127.1	107.9	95.7	0.333
C_{11} 工程压沙/10^2 hm²	26.7	26.7	26.9	26.8	26.9	40.8	0.146
C_{12} 退耕还林/10^2 hm²	209.5	212.2	214.2	217.5	217.5	218.9	0.419
C_{13} 新增农田防护林/10^2 hm²	6.7	7.7	7.7	8.0	6.7	—	0.101
C_{14} 人均 GDP/元	11977	14299	21437	24483	26710	28840	0.614
C_{15} 农民人均纯收入/元	5215	5908	7035	7893	7834	9101	0.268
C_{16} 第三产业占比/%	13.2	13.2	12.7	15.6	17.9	21.2	0.117
C_{17} 常住人口数/万人	24.1	24.11	24.16	24.12	24.11	24.12	0.268
C_{18} 人口自然增长率/%	1.97	1.66	1.68	1.42	2.42	0.24	0.117
C_{19} 农业人口占比/%	—	74.5	75.9	74.3	72.5	69.7	0.614

　　将荒漠绿洲生态系统划分为适宜、较适宜、稳定、不适宜、严重不适宜 5 个等级，通过对专家评分及科研人员的评分意见的统计，适宜程度评分区间见表 3-9。

表 3-9 适 宜 程 度 评 分 区 间

适宜程度	适宜	较适宜	稳定	不适宜	严重不适宜
评分区间	90分以上	75~90分	50~75分	20~50分	20分以下

3.4.3 生态适宜程度评价结果

民勤荒漠绿洲生态系统各层次不同年份综合得分见表 3-10。从水文水资源、气象、土地利用类型、社会经济、人口 5 个方面选取多个指标建立了民勤荒漠绿洲生态适宜程度指标体系。对民勤 2010—2015 年近六年的指标分析得出，准则层 $B_1 \sim B_5$ 的权重分别为 0.526、0.071、0.176、0.165、0.062，适宜性综合得分值分别为 32.73、37.84、50.73、58.22、75.23、80.79。适宜程度从 2010 年到 2015 年分别为不适宜、不适宜、稳定、稳定、较适宜和较适宜。虽然分值所处的适宜程度相同，但根据分值的不同却有很大差异。由 2010 年的 32.73 分（不适宜程度）上升到 2015 年的 80.79 分（较适宜程度），分值呈稳定增长趋势。

表 3-10 各层次不同年份综合得分

年份	准 则 层					综合得分 A
	B_1 (0.526)	B_2 (0.071)	B_3 (0.176)	B_4 (0.165)	B_5 (0.062)	
2010	26.85	35.74	29.97	52.24	35.24	32.73
2011	32.61	37.17	41.18	52.24	35.24	37.84
2012	42.57	77.25	66.21	52.24	41.72	50.73
2013	48.14	72.52	89.68	54.58	44.37	58.22
2014	81.87	86.53	74.29	57.51	55.80	75.23
2015	81.87	92.08	82.49	75.78	67.32	80.79

指标变化趋势图如图 3-8 所示。从图 3-8 可知，2010—2013 年 B_1 增速缓慢，2013 年之后增幅较大。因 B_1 权重系数最大，其增长对综合评分值影响也最大，且 B_2 的年际变化波动较大，这与民勤气候有关，不易改变，但由于 B_2 的权重为 0.071，因此对整体的评分值影响较小；2011—2013 年 B_3 呈现大幅增长，之后出现波动，增速放缓，B_3 的权重为 0.176；2010—2014 年 B_4 变化不大，人均 GDP 与第三产业占比虽然增长迅速，但农民纯收入却变化不大，2014—2015 年 B_4 增长主要取决于人均 GDP 增长；B_5 对综合得分的影响较小，但因其一直保持较稳定的增长趋势，在一定程度上保证了综合得分持续上升。综合得分增长率如图 3-9 所示。由图 3-9 可知，2010—2015 年的综合得分增长率分别为 13.50%、25.41%、12.86%、22.61%、6.88%。

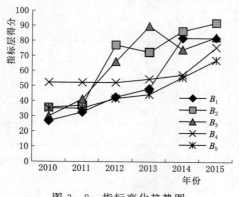

图 3-8 指标变化趋势图

3.4.4 讨论与小结

民勤荒漠绿洲生态系统适宜程度综合评价得分增长率有两个高峰，分别为 2012 年相对于 2011 年增长 12.89 分，增长率为 25.41%，其中 B_1 单项增长 9.96 分，对综合分值贡献 5.60 分。水文水资源改变是导致生态系统状态变化的最主要驱动因素，提高分值的途径是增加生态用水和地表供水量等。在水资源短缺问题严峻的大环境下，水资源压力指数由 2000 年的 0.627 减小到 2009 年的 0.329，这与人为调控及预测密不可分。

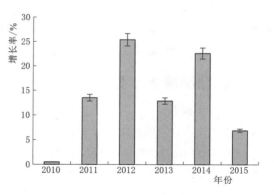

图 3-9 综合得分增长率

B_2 单项增长 40.08 分，对综合分值贡献 2.846 分，大气环流和下垫面变化是气象干旱的主要因素。B_3 单项增长 25.03 分，对综合分值贡献 4.41 分，B_3 的波动主要源自人工造林面积变化而非天然植被。蒋友严等通过建立环境评价模型研究民勤绿洲生态脆弱性变化发现，极度脆弱、高度脆弱、中度和轻度脆弱分别为荒漠区、绿洲荒漠交错带和绿洲区域。2000—2010 年间绿洲内部中度脆弱区域明显增多，北部外围岛状绿洲区域增多，民勤荒漠与绿洲的交界区域部分转化为绿洲区，这是人工造林、工程压沙、退耕还林等影响因素共同作用的结果。文星等研究指出，2000—2010 年间民勤绿洲面积增加了 327.87km²，但林地和草地面积持续缩小，绿洲破碎度增加而连通性降低，造成绿洲稳定性下降和自我调节功能受到影响，这也是生态建设单项分值出现波动的重要原因。2014 年相对于 2013 年综合评价得分增长 17.01 分，增长率为 22.61%，其中 B_1 单项增长 33.73 分，对综合分值贡献 17.74 分，因 B_3 单项递减 15.39 分导致综合分值减少 2.71 分，从而抵消了一部分来自 B_1 的增长分值。地表供水量及生态用水量的增加引起单项分值大幅增长，递减则是由人工造林面积缩小导致。2014—2015 年增速放缓，增长率下降为 6.88%，其中 B_2、B_3、B_4、B_5 单项分值均有所增大，但增幅不大，对综合分值贡献率均较小。B_4 的主要增加值来自人均 GDP，农村经济发展水平在一定程度上可增强生态系统的适宜程度，但农民人均纯收入增长缓慢、第三产业占比小也成为发展的阻力。随着国民素质的提高，人口数量并不是阻碍生态适宜程度改善的主要因素，但农业人口比重大则是 B_5 增长的制约因素。

按照当前趋势，增速放缓并不影响生态发展趋势，只要在阈值范围内对资源进行有效调控，即可保持生态系统的适宜性。通过近年来的人为调控，民勤荒漠绿洲生态系统稳定性得到逐步提高并实现良性循环，适宜程度综合评价得分也日益接近分值较低的适宜状态，表明现行的人为水资源调控分配较为合理，自 2001 年 3 月景电二期向民勤调水延伸工程通水以来，民勤绿洲面积从 8.93% 增加到 2010 的 11.98%，民勤绿洲植被生态恢复取得了较好的效果。虽然在分级上属于较适宜状态，但因为荒漠绿洲系统本身的脆弱性仍存在生态系统退化风险，所以若不继续加以重视和进行保护与调控，生态系统抗逆性将被消耗殆尽，一旦超过临界值原有的生态系统将会被具有新型功能和结构的系统所取代，进而再次危及人类生存。因此，在低分值较适宜状态下，只有按照既定调控机制对现有生态环境继续进行保护和调节，特别是需注意在权重系数较大和对环境影响巨大时要加大或至少继续保持现有的保护调节模式才能保持生态系统的稳定发展趋势，从而实现人类与生存环境的和谐与良性循环。

3.5 民勤绿洲干旱分类及干旱驱动机制研究

3.5.1 干旱分类

世界气象组织将干旱划分为六种类型，包括气象干旱、水文干旱、农业干旱、气候干旱、大气干旱和用水管理干旱，而国内干旱研究通常集中在气象干旱、农业干旱和水文干旱方面。本研究以民勤荒漠绿洲生态系统为研究对象，对比绿洲气候、地理环境等不同要素，在参考大量文献的基础上将荒漠绿洲干旱环境划分为气象干旱、水文干旱、农业干旱、社会经济干旱等 4 种类型，并从各方面深入探讨干旱形成的驱动因素。

（1）气象干旱。气象干旱一般指非正常的干燥天气，通常主要以降水短缺、标准化前期降水指数（SAPI）作为气象干旱指标，最直观的表现是降水量的减少。依据 2006 年 11 月 1 日开始实施的《气象干旱等级》国家标准，将干旱划分为五个等级，分别为无旱、轻旱、中旱、重旱和特旱，表明我国在气象干旱评价方面已有了统一规范的标准。吴杰锋采用标准化降水指数（SPI）和标准化径流指数（SSI）两个干旱指数及游程理论识别干旱事件特征，同时应用 logarithm 函数方法探究了水文干旱对气象干旱的响应关系，并对不同干旱类型的转化条件进行了严格界定。本研究在参照国家标准的同时结合西北干旱区特定的自然环境，有针对性地制定了干旱内陆区不同干旱分级标准，以期较为准确地评估荒漠绿洲区的干旱情形。

（2）水文干旱。水文干旱指在湖泊、水库、河流、地下水和土壤中的水（分）含量低于平均含水量造成干旱的情形，一般侧重于地表或地下水水量的短缺，重点刻画河道径流变化和水分在下垫面运行的全部过程。石羊河流域的水资源在实际开发利用过程中产生的供需矛盾很突出，地下水严重超采、地下水位下降和水污染等问题均不同程度加重了水文干旱程度。水文干旱在国际上尚无统一定量标准，这由地域特性的多样性所决定，然而监测技术和评估方法的标准化和规范化则是未来精准研究水文干旱的必然选择。在研究确定水文干旱评价指标时需依据国家有关规范及规程和标准，广泛收集整理水文干旱相关资料，充分考虑水文气候特征并结合特定区域水文过程的实际情况选择，评价指标应规定水文旱情等级划分及其指标、水文旱情评价、旱情指标的计算方法等，确保能够有效反映水文干旱特征。

（3）农业干旱。农业干旱一般指由于降水减少导致土壤含水量过低，造成农作物生育期的生长过程受到抑制和威胁的现象。农业干旱表现为大面积的宜耕地缺水和农业用水资源匮乏，其结果是导致农作物产量降低，品质下降。通过建立并模拟农业旱情产生和发展的全过程能够客观地评估农业旱情的严重程度。农业干旱形成的原因主要在于两个方面：内因包括农业资源结构形式、农林占地资源的分配、农户经济水平、农户受教育程度等；外因主要表现为土地政策、税收、区域经济的自由贸易程度等因素，不仅仅局限于水文和气象因素，但是平均气温、月降水量、陆面蒸散量、干燥度等水文气象要素也是粮食产量稳定的重要保证要素，因此亦不可忽视。对农业干旱的等级划分能较为准确地定位评估土地现有状态，在此基础上可通过采取有效的防减灾措施在很大程度上节约资源和成本，避免造成浪费。

（4）社会经济干旱。社会经济干旱是指相互作用的自然系统与人类社会经济系统因为水资源供需矛盾突出、水资源分布利用不平衡造成的生产力降低、生产资料分配不合理、经济疲软等社会经济活动现象。社会经济干旱程度主要由干旱所造成的经济损失来量化，但目前尚未形成一个完善的参考体系，故量化后的结果可比性较低，只能以特定地区为基础进行纵向比较。陈金凤等引入水贫乏指数作为评价社会经济干旱指标，选取水资源状况、供水设施状况、利用能力、利用效率和生态环境等要素作为评价指标体系，在评估社会经济干旱现状的同时分析了导致社会经济干旱的原因及应对方法，这一方法对评估社会经济干旱状况具有现实指导意义。社会经济干旱指标能较为全面地反映干旱状况，常用损失系数法来描述。

3.5.2 干旱评估指标

本研究从气象、水文、农业、社会经济四个方面入手研究民勤荒漠绿洲干旱驱动机制，分为第一层目标层、第二层表征层和第三层指标层，共选取 21 个指标（图 3-10）。

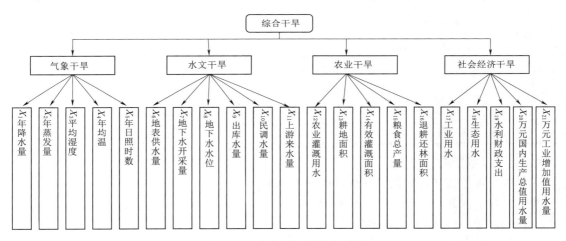

图 3-10 指标层次及指标选择

3.5.3 干旱指标主成分分析

2010—2015 年数据正向标准化处理结果见表 3-11。

表 3-11 　　　　　　　　**2010—2015 年数据正向标准化处理结果**

年份	指 标 选 取						
	X_1	X_2	X_3	X_4	X_5	X_6	X_7
2010	0.65464	1.60958	−1.48667	−0.26022	−1.75329	1.19096	1.98733
2011	−0.81714	−1.2779	1.42283	−1.0462	−0.581	0.43121	0.03537
2012	−0.44543	−0.58395	0.5394	−0.78067	0.73852	0.27418	−0.37151
2013	1.7356	0.60428	−0.66873	0.51513	0.21268	0.55722	−0.5162

年份	指 标 选 取						
	X_1	X_2	X_3	X_4	X_5	X_6	X_7
2014	−0.39469	−0.23968	0.16196	−0.14339	0.54781	−1.22679	−0.58635
2015	−0.73297	−0.11233	0.03121	1.71534	0.83528	−1.22679	−0.54864
	X_8	X_9	X_{10}	X_{11}	X_{12}	X_{13}	X_{14}
2010	−1.57509	1.32126	1.42475	1.13539	−1.00175	0.64535	0.64568
2011	0.5408	0.58549	0.5895	0.4204	−1.19302	0.64535	0.64543
2012	−0.86124	−0.57399	0.1902	−1.44381	−0.19357	0.64535	0.64543
2013	0.41012	0.70753	0.06577	0.90532	0.40285	0.64535	0.64543
2014	0.41602	−1.02015	−1.18581	−0.74584	0.54425	−1.25678	−1.29822
2015	1.0694	−1.02015	−1.08441	−0.27145	1.44125	−1.32462	−1.28374
	X_{15}	X_{16}	X_{17}	X_{18}	X_{19}	X_{20}	X_{21}
2010	−0.92022	1.51114	−1.30248	0.81782	−0.97381	−1.4111	−1.2928
2011	−1.30903	0.75431	−1.23144	1.653	−0.69753	−0.9498	1.70459
2012	0.23743	0.19905	0.27234	−0.44238	1.11016	−0.06625	−0.45729
2013	−0.14628	−0.7037	0.74005	−0.54278	−0.71007	0.58592	−0.26512
2014	0.87395	−0.7037	0.82293	−0.69359	1.34992	0.74185	−0.0631
2015	1.26415	−1.0571	0.6986	−0.79207	−0.07867	1.09938	0.37371

3.5.4 干旱驱动因子解析

对各表征层指标进行因子分析,探究若干个变量各自对各表征层干旱指标的效应。用少数因子描述因素之间的联系,并提取特征值、方差贡献率等,结果见表 3-12~表 3-15;同时对 21 个指标进行处理分析,结果见表 3-16 和表 3-17。

(1)气象干旱驱动因子。气象因子解释总方差及成分矩阵见表 3-12。

表 3-12　　　　　气象干旱驱动因子解释总方差及成分矩阵

成分	初始特征值			提取平方和载入			指标	成 分	
	合计	方差贡献率/%	累积占比/%	合计	方差贡献率/%	累积占比/%		1	2
1	2.961	59.222	59.222	2.961	59.222	59.222	年降水	0.821	0.019
2	1.382	27.631	86.853	1.382	27.631	86.853	年蒸发	0.982	0.021
3	0.489	9.773	96.626				平均湿度	−0.974	−0.111
4	0.169	3.373	99.998				年均温	0.289	0.898
5	8.03×10^{-5}	0.002	100				年日照时数	−0.54	0.749

（2）水文干旱驱动因子。水文水资源因子解释总方差及成分矩阵见表 3-13。

表 3-13　　　　　　　　　　水文水资源因子解释总方差及成分矩阵

成分	初始特征值			提取平方和载入			指标	成分	
	合计	方差贡献率/%	累积占比/%	合计	方差贡献率/%	累积占比/%		1	2
1	4.523	75.383	75.383	4.523	75.383	75.383	地表供水量	0.94	−0.04
2	1.008	16.808	92.19	1.008	16.808	92.19	地下水开采	0.876	−0.156
3	0.391	6.515	98.705				地下水水位	−0.736	0.652
4	0.073	1.209	99.914				出库水量	0.946	0.297
5	0.005	0.086	100				民调水量	0.968	−0.107
6	1.14E−17	1.90E−16	100				上游来水量	0.706	0.676

（3）农业干旱驱动因子。农业因子解释总方差及成分矩阵见表 3-14。

表 3-14　　　　　　　　　　农业因子解释总方差及成分矩阵

成分	初始特征值			提取平方和载入			指标	成分
	合计	方差贡献率/%	累积占比/%	合计	方差贡献率/%	累积占比/%		1
1	4.309	86.179	86.179	4.309	86.179	86.179	农业灌溉用水	−0.95
2	0.528	10.554	96.733				耕地面积	0.924
3	0.128	2.566	99.299				有效灌溉面积	0.922
4	0.035	0.698	99.997				粮食总产量	−0.955
5	0	0.003	100				退耕还林面积	0.889

（4）社会经济干旱驱动因子。社会经济因子解释总方差及成分矩阵见表 3-15。

表 3-15　　　　　　　　　　社会经济因子解释总方差及成分矩阵

成分	初始特征值			提取平方和载入			指标	成分	
	合计	方差贡献率/%	累积占比/%	合计	方差贡献率/%	累积占比/%		1	2
1	3.295	65.898	65.898	3.295	65.898	65.898	工业用水	0.98	0.085
2	1.084	21.684	87.582	1.084	21.684	87.582	生态用水	−0.971	0.189
3	0.599	11.976	99.558				水利财政支出	0.705	0.043
4	0.017	0.344	99.902				万元国内生产总值用水量	0.926	0.276
5	0.005	0.098	100				万元工业增加值用水量	−0.188	0.981

3.5.5　综合干旱驱动机制分析

采用 Varimax 法进行因子旋转后可得因子负荷矩阵，两者相比发现，旋转后能更好地对主因子进行解释。旋转后的因子负荷矩阵两端集中，能更好地解释因子对主成分的贡献率（表 3-17）。主成分分析碎石图如图 3-11 所示，各主成分与影响因素关系如图 3-12 所示。指标对评价总目标的影响程度由荷载绝对值来体现，正负号反映指标与主成分间的作用方向，主成分载荷的绝对值越大表示指标对评价结果越重要，即公因子所包含原始指标信息越多。

表 3-16　　　　　　　　　　　总指标解释总方差

成分	初始特征值			提取平方和载入			旋转平方和载入		
	合计	方差贡献率/%	累积占比/%	合计	方差贡献率/%	累积占比/%	合计	方差贡献率/%	累积占比/%
1	12.516	59.600	59.600	12.516	59.600	59.600	7.915	37.691	37.691
2	4.326	20.598	80.198	4.326	20.598	80.198	4.779	22.759	60.450
3	2.182	10.389	90.588	2.182	10.389	90.588	4.337	20.655	81.104
4	1.610	7.667	98.255	1.610	7.667	98.255	3.602	17.150	98.255
5	0.367	1.745	100.000						
6	4.901×10^{-16}	2.334×10^{-15}	100.000						
...	...	...	...						
21	-6.918×10^{-16}	-3.295×10^{-15}	100.000						

注　提取方法为主成分分析。

表 3-17　　　　　　　　　　　因子负荷矩阵及特征向量矩阵

指　标	旋转后的因子负荷矩阵				指标	特征向量矩阵			
	成　分					特征向量			
	1	2	3	4		t_1	t_2	t_3	t_4
年降水量	0.29	0.505	0.599	0.5	X_1	0.1	0.35	0.12	0.4
年蒸发量	-0.091	-0.011	0.923	0.373	X_2	0.11	0.43	-0.04	-0.13
平均湿度	-0.004	0.035	-0.939	-0.339	X_3	-0.09	-0.45	0.05	0.1
年均温	0.599	-0.576	0.244	0.381	X_4	-0.16	0.29	0.29	-0.14
年日照时数	0.811	-0.182	-0.301	-0.448	X_5	-0.26	-0.06	-0.07	0.27
地表供水量	-0.495	0.762	0.271	0.3	X_6	0.26	0.04	-0.03	0.25
地下水开采量	-0.805	0.068	0.525	0.262	X_7	0.24	0.13	-0.09	-0.35
地下水位	0.581	-0.401	-0.647	0.276	X_8	-0.2	-0.12	0.45	0.04
出库水量	-0.504	0.551	0.248	0.613	X_9	0.26	0.09	0.18	0.11
民调水量	-0.697	0.603	0.244	0.266	X_{10}	0.28	0	-0.05	0.06
上游来水量	-0.278	0.157	0.228	0.909	X_{11}	0.18	0.19	0.43	-0.05
农业灌溉用水	0.824	-0.539	0.097	-0.052	X_{12}	-0.25	0.19	0.09	0
耕地面积	-0.368	0.904	0.06	0.166	X_{13}	0.23	-0.05	-0.05	0.42
有效灌溉面积	-0.365	0.899	0.058	0.176	X_{14}	0.23	-0.05	-0.04	0.42
粮食总产量	0.689	-0.593	0.134	-0.378	X_{15}	-0.26	0.14	-0.12	-0.09
退耕还林面积	-0.918	0.357	0.16	0.048	X_{16}	0.26	-0.09	-0.16	-0.18
工业用水量	0.932	-0.216	0.082	-0.266	X_{17}	-0.25	0.15	-0.05	0.27

旋转后的因子负荷矩阵					特征向量矩阵				
指　标	成　分				指标	特征向量			
	1	2	3	4		t1	t2	t3	t4
生态用水量	−0.836	0.266	−0.346	0.329	X_{18}	0.23	−0.24	0.17	−0.17
水利财政支出	0.318	−0.206	−0.065	−0.901	X_{19}	−0.19	−0.11	−0.46	0.03
万元国内生产总值用水量	0.908	−0.392	−0.074	−0.128	X_{20}	−0.27	0.11	0.09	0.15
万元工业增加值用水量	−0.001	−0.103	−0.979	0.176	X_{21}	−0.06	−0.38	0.39	0.01

注　提取方法为主成分分析。旋转法即具有 Kaiser 标准化的正交旋转法，旋转在 6 次迭代后收敛。

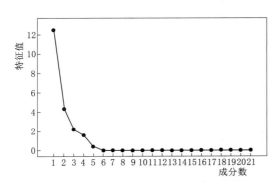

图 3−11　主成分分析碎石图

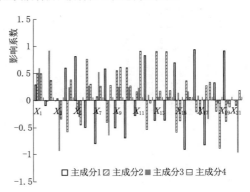

图 3−12　主成分影响因子的作用

　　通过转换和计算变量命令来计算主成分特征向量矩阵（表 3−17），从而得到主成分表达式，进而完成主成分分析。主成分表达式为：

$$Y_1 = 0.1X_1 + 0.11X_2 - 0.09X_3 - 0.16X_4 - 0.26X_5 + 0.26X_6 + 0.24X_7 - 0.2X_8 + 0.26X_9 + 0.28X_{10} + 0.18X_{11} - 0.25X_{12} + 0.23X_{13} + 0.23X_{14} - 0.26X_{15} + 0.26X_{16} - 0.25X_{17} + 0.23X_{18} - 0.19X_{19} - 0.27X_{20} - 0.06X_{21}$$ (3−13)

$$Y_2 = 0.35X_1 + 0.43X_2 - 0.45X_3 + 0.29X_4 - 0.06X_5 + 0.04X_6 + 0.13X_7 - 0.12X_8 + 0.09X_9 + 0X_{10} + 0.19X_{11} + 0.19X_{12} - 0.05X_{13} - 0.05X_{14} + 0.14X_{15} - 0.09X_{16} + 0.15X_{17} - 0.24X_{18} - 0.11X_{19} + 0.11X_{20} - 0.38X_{21}$$ (3−14)

$$Y_3 = 0.12X_1 - 0.04X_2 + 0.05X_3 + 0.29X_4 - 0.07X_5 - 0.03X_6 - 0.09X_7 + 0.45X_8 + 0.18X_9 - 0.05X_{10} + 0.43X_{11} + 0.09X_{12} - 0.05X_{13} - 0.04X_{14} - 0.12X_{15} - 0.16X_{16} - 0.05X_{17} + 0.17X_{18} - 0.46X_{19} - 0.09X_{20} + 0.39X_{21}$$ (3−15)

$$Y_4 = 0.4X_1 - 0.13X_2 + 0.1X_3 - 0.14X_4 + 0.27X_5 + 0.25X_6 - 0.35X_7 + 0.04X_8 + 0.11X_9 + 0.06X_{10} - 0.05X_{11} + 0X_{12} + 0.42X_{13} + 0.42X_{14} - 0.09X_{15} - 0.18X_{16} + 0.27X_{17} - 0.17X_{18} + 0.03X_{19} + 0.15X_{20} + 0.01X_{21}$$ (3−16)

3.5.6　结果分析

1. 准则层描述性分析

　　表 3−12 中提取了两个主成分，累计方差贡献率为 86.853%，年蒸发与成分 1 紧密相关，成分 2 则与年均温关系较大，说明年蒸发量与年均温变化是气象干旱的主要驱

动因素。由表 3-13 可知，提取两个主成分，方差贡献率高达 92.19%，包含的信息足够接近原信息。对成分 1 影响最大的因素是民调水量，其次为出库水量；成分 2 的变异主要依赖于上游来水量的变化。上述结果从侧面反映现阶段生态用水与人类发展的用水依赖于外流域调水和水库调节出水。表 3-14 中大于 1 的特征值仅为 4.309，故只提取了一个主成分，累计方差贡献率为 86.179%，该主成分与耕地面积关系最为密切，其次为有效灌溉面积，表明农业干旱的主要是由耕地面积和有效灌溉面积的增大所引起。表 3-15 中提取了两个主成分，累计方差贡献率为 87.582%，影响成分 1 的最大因素是工业用水，而与成分 2 相关的因素是万元工业增加值用水量，表明社会经济发展用水量增加是社会经济干旱的主要影响因素，从侧面反映出民勤绿洲用于经济建设的

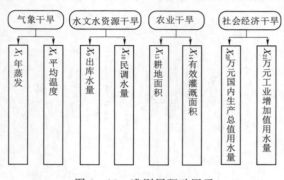

图 3-13 准则层驱动因子

水资源不合理分配已影响到农业发展诸多方面。通过上述结果识别了气象干旱、水文干旱、农业干旱和社会经济干旱的主要驱动因子，准则层驱动因子如图 3-13 所示。干旱是以水为导向的缓慢形成与发展过程，年蒸发量与年均气温变化是气象干旱的主要驱动因素。农业干旱和社会经济干旱通常由气象干旱与水文干旱共同引起，且四种干旱间存在相互作用和相互影响。

2. 目标层描述性分析

民勤荒漠绿洲生态系统研究涉及多领域、多层面，各影响因子之间存在非线性耦合关系，必须通过复杂性视角探究荒漠绿洲干旱驱动机制。为保证荒漠绿洲生态系统的完整性和统一性，对总指标进行处理，表 3-16 提取 4 个互相独立的主成分，累计方差贡献率为 98.255%，所提取信息总量明显高于各单项分别提取的信息量，是各影响因素对系统综合作用的体现。为从根本上解析各影响因素对干旱生态系统的影响程度，对矩阵进行旋转，旋转后通过表 3-17 中的特征值可得特征向量矩阵和主成分表达式。从主成分表达式（3-13）可以看出，第一主成分 Y_1 表达式中民调水量 X_{10} 有较高的荷载，说明第一主成分依赖于民调水量的变化。从公式（3-14）可以看出，第二主成分 Y_2 表达式中年蒸发 X_2 有较高的荷载，说明第二主成分的贡献率来源主要依赖于年蒸发的变化。公式（3-15）中的 X_8 地下水位和 X_{11} 上游来水量成为第三主成分 Y_3 的重要载荷项，表明第三主成分由变量 X_8 和变量 X_{11} 所决定。公式（3-16）中，耕地面积 X_{13} 和有效灌溉面积 X_{14} 成为第四主成分 Y_4 的主要荷载项。因此，各影响因子对干旱的影响程度排序依次为地下水水位 X_8＞年蒸发 X_2 和上游来水量 X_{11}＞耕地面积 X_{13} 和有效灌溉面积 X_{14}＞年降水量 X_1＞万

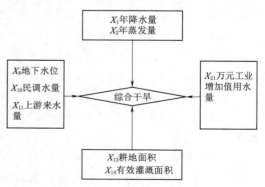

图 3-14 目标层驱动因子

元工业增加值用水量 X_{21}＞民调水量 X_{10}。目标层驱动因子如图 3-14 所示。

3.5.7 不同类型干旱间的关系

不同类型干旱并非独立存在，它们之间往往相互联系、相互影响、相互渗透，最终形成以水为主导因素的干旱演化过程。本研究发现，年蒸发量 X_2 和年降水量 X_1 是影响综合干旱的重要因子，上游来水量变化 X_{11} 则主要取决于石羊河中游绿洲区对水资源的开发利用状况，下游水环境由于受到来自气候和中下游人类活动的双重影响，在干旱演变过程中比中上游地区更为脆弱。民调水量 X_{10} 为石羊河下游民勤绿洲外调水量，在已形成的稳定生态系统中外流域调水已成为绿洲生态系统不可或缺的水量，降低了水文干旱发生的风险，在保证绿洲生态系统可持续发展的同时也成为影响干旱的因素。近年来随着人口增长和农业及水利科学技术的进步，耕地面积 X_{13} 和有效灌溉面积 X_{14} 也逐步增大，引起灌溉用水量大幅增加的同时挤占了生态用水，使得本就脆弱的绿洲生态系统逐步向干旱荒漠化发展，因此灌溉用水直接影响了农业干旱的形成和生态环境的演化。社会经济干旱主要考虑影响社会生产生活和人类消费活动的问题，万元工业增加值用水量 X_{21} 成为影响区域社会经济干旱的驱动因素，同时它也与农业干旱息息相关。

3.5.8 讨论与小结

本研究在对民勤荒漠绿洲生态环境进行干旱评价时重点考虑了年降水量 X_1、年蒸发量 X_2、地下水水位 X_8、民调水量 X_{10}、上游来水量 X_{11}、耕地面积 X_{13}、有效灌溉面积 X_{14}、万元工业增加值用水量 X_{21} 等影响因素，这些因素对干旱的影响大小排序依次为 X_8＞X_2/X_{11}＞X_{13}/X_{14}＞X_1＞X_{21}＞X_{10}。剔除多变量间重叠性后发现，民调水量的增加、较高的年蒸发量、地下水水位变化、上游来水量增加、耕地面积和有效灌溉面积等的变化是造成民勤绿洲综合干旱的主要原因，与吴杰峰、尹正杰的研究结果一致。金晓媚、白玉锋等研究指出，地下水埋深是控制荒漠植被类型、群落结构及地上部生物量的主要因素。魏怀东认为石羊河上游来水量减少和地下水水位下降是造成民勤绿洲植被退化、干旱形成的原因，这与本研究的结果一致。年蒸发量 X_2、年均气温变化 X_4 是气象干旱的主要驱动因素，类似研究也认为引起气象干旱的最直接原因是大气降水量减少和气温偏高。在民勤绿洲，蒸发量通常是有效降水量的 35 倍，对干旱的作用不容忽视，而水文干旱则更依赖于出库水量 X_9、民调水量 X_{10} 的变化。农业干旱主要是由耕地面积 X_{13} 与有效灌溉面积 X_{14} 的增大所引起，Fraser 却认为区域经济条件是农业干旱形成的主要影响因子，而气象干旱则是水文干旱和农业干旱的前兆和诱因。社会经济发展用水量是社会经济干旱的主要影响因素。徐新创等从农业脆弱性角度出发研究指出，社会经济对农业生产的影响逐渐深入并成为影响脆弱性程度的重要因素。需强调的是，虽然影响综合干旱的 8 个驱动因子与影响各分项的因子数量相等，但其类型却并不完全相同，主要原因在于表征干旱生态环境整体性和统一性的多项指标相互影响，存在复杂的耦合作用，因而分析结果亦有差别。

降水和蒸发是水循环的基本通量，可以构成连接大气与地表的立体空间。作为气候水文系统的核心过程，蒸散发量中有一半以上的陆面降水将返回大气中。在时间和空间维度上，干旱的形成及其演变历程取决于系统中的所有要素的共同作用，如包括气候、耕地面积、地下水埋深等驱动要素的变化均会直接作用于环境，进而对自然系统产生压力，系统也将通过自身状态变化应对来自各方面的压力，因而具有自我修复能力的生态系统能够在一定时间内和一定程度上维持稳定，超过其承受限度的压力将最终使生态环境趋于干旱，而不同类型干旱之间则通过物质和能量的转化与传递影响环境。气象干旱和水文干旱在水循环过程中相互依存，但就民勤荒漠绿洲而言，在地理位置和气候条件一定的现实环境下，水文干旱的重要性更加突出。也就是说，水文干旱对民勤绿洲的影响远大于气象干旱，如果地表水资源和地下水资源枯竭，民勤绿洲将会因干旱彻底成为沙漠的一部分。地表水资源调配影响农林业发展，气象干旱也直接影响农作物生长和农业干旱程度，作为水循环的重要过程，其作用不容忽视，但灌溉用水量也是保证粮食产量的重要因素。水文干旱直接影响社会经济的发展，而社会经济干旱也在农业机械化、农作物新品种选育等方面

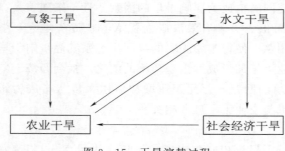

图 3-15　干旱演替过程

制约着农业的发展。气象干旱是干旱的先决条件，虽然没有直接影响到社会经济，但它以水循环作为运移途径间接影响社会经济发展和人们生活条件改善。干旱演替过程如图 3-15 所示。

民勤荒漠绿洲干旱的发生与流域水汽条件、农业灌溉用地、经济发展程度等有关。在无法剔除人类干预的情况下，本研究分别从准则层和目标层分析

了影响气象、水文、农业、社会经济干旱的影响因子及干旱形成的重要驱动因素，明晰了水在循环系统中的主导作用及干旱成因，阐明了干旱发展的方向及其内在联系，为荒漠绿洲干旱生态系统的恢复重建提供了参考。今后研究的重心应聚焦在阐明干旱形成机理、明晰不同影响因素间物质循环和能量转化过程、构建复杂性视角下干旱与其影响因素间的关系网络及解析各表征层之间的耦合关系，进而揭示民勤绿洲水环境变化与干旱形成的互馈机制，以期为实现绿洲社会-经济-生态可持续发展奠定基础。

3.6　主要结论

本研究从水循环基础理论出发，在明确荒漠绿洲植被生态需水内涵的基础上，分层次分析了民勤荒漠绿洲水文循环过程的水分变化，并通过分析与之相对应的水分循环与转化规律揭示水循环演变过程和生态环境变化效应。

（1）参照国内外现行标准并通过对生态环境适宜性评价指标统计制定了民勤绿洲生态环境适宜程度评价指标及其阈值区间，丰富和完善了该区生态适宜程度评价指标体系，对干旱环境下生态适宜性评价与生态安全具有重要意义。

（2）采用层次分析法从水文水资源、气象、土地利用类型、社会经济、人口等 5 个方面选取 19 个指标建立了民勤荒漠绿洲生态适宜程度指标体系，并进行了生态系统适应性评价。结果显示，生态系统适宜性综合得分分值从 2010 年的 32.73 分逐步增大至 2015 年的 80.79，适宜程度也从 2010 年的不适宜逐渐转化为 2015 年的较适宜程度。生态环境适宜性评价结果发现，民勤荒漠绿洲目前处于低分值较适宜状态，而在此基础上的预测结果表明，民勤绿洲未来生态环境发展速率将会放缓，但生态环境适宜程度则将进一步提高。

（3）在定义干旱环境的概念和阐明干旱成因及其分类的基础上，参考国际通用的分类

方法，结合我国西北干旱区的生态特征将民勤绿洲干旱分为气象干旱、水文干旱、农业干旱和社会经济干旱，阐明了水对生态系统平衡和稳定性及其在物质和能量运移与转化过程中的重要性，也是干旱环境形成的根本原因。

（4）采用主成分分析法解析了干旱影响因素对民勤荒漠绿洲不同类型干旱的贡献率及其影响程度。结果表明，年蒸发量和年均气温变化是民勤绿洲气象干旱的主要驱动因素，而水文干旱则源于民调水量、出库水量和上游来水量的变化，此三者的合理分配调度对缓解民勤绿洲水文干旱极为重要；农业干旱主要由耕地面积和有效灌溉面积增大所引起，耕地面积变化直接影响水资源分配和灌溉面积变化，因而成为农业干旱形成的重要驱动因子；社会经济发展用水量的减少则是阻碍社会经济发展和形成社会经济干旱的主要因素。

（5）从气象、水文、农业、社会经济四个方面研究民勤荒漠绿洲的干旱影响因子及其驱动机制，分析了水在循环系统中的主导作用及干旱成因，阐明了干旱发展的方向及其内在联系，可为进一步解析干旱形成过程提供借鉴，也为荒漠绿洲干旱生态系统恢复重建提供了参考。基于目标层、表征层和指标层选取了 21 个指标，通过 4 个相互独立的主成分提取及其表达式分析发现，各影响因子对干旱的影响程度排序依次为地下水水位 X_8 ＞年蒸发量 X_2 和上游来水量 X_{11} ＞耕地面积 X_{13} 和有效灌溉面积 X_{14} ＞年降水 X_1 ＞万元工业增加值用水量 X_{21} ＞民调水量 X_{10}。

参 考 文 献

［1］ 樊伟民. 水分胁迫对玉米主要生理指标及遗传方面影响 ［J］. 农业科技通讯，2010（8）：129－133.

［2］ 原嫄. 青藏高原抬升对我国区域气候的影响研究回顾 ［J］. 安徽农业科学，2012，40（18）：9815－9818.

［3］ 迟鹏，张升堂. 我国北方大面积干旱成因分析 ［J］. 安徽农业科学，2011，39（19）：11464－11466.

［4］ 赵鹏，徐先英，屈建军，等. 民勤绿洲荒漠过渡带人工梭梭群落与水土因子的关系 ［J］. 生态学报，2017，37（5）：1496－1505.

［5］ 杜宏茹，刘毅. 我国干旱区绿洲城市研究进展 ［J］. 地理科学进展，2005，24（2）：69－79.

［6］ 王涛，宋翔，颜长珍，等. 近 35a 来中国北方土地沙漠化趋势的遥感分析 ［J］. 中国沙漠，2011，31（6）：1351－1356.

［7］ 常兆丰，刘虎俊，赵明，等. 民勤荒漠植被的形成与演替过程及其发展趋势 ［J］. 干旱区资源与环境，2007，21（7）：116－124.

［8］ 李振山，包慧娟，王涛. 沙漠化地区可持续发展评价：Ⅰ. 指标体系 ［J］. 中国沙漠，2006，26（3）：432－439.

［9］ Covich A. Water and ecosystems Gleick P H ［A］. Water in Crisis—A Guide to the World's Fresh Water Resources ［C］. New York：Oxford University Press，1993.40－50.

［10］ Cleick P H. Water in crisis：Paths to sustainable water use ［J］. Ecological Applications，1996，8（3）：571－579.

［11］ Tennant D L. Instream flow regimes for fish，wildlife，recreation，and related environmental resources ［J］. American Fisheries Society，1976，1（4）：6－10.

［12］ 郭巧玲，杨云松，李建林，等. 额济纳绿洲生态需水及其预测研究 ［J］. 干旱区资源与环境，

2011, 25 (5): 135 - 139.

[13] 邓坤, 张璇, 杨永生, 等. 抚河流域生态环境需水量研究 [J]. 水电能源科学, 2012, 30 (3): 45 - 47.

[14] 宋兰兰, 陆桂华, 刘凌. 水文指数法确定河流生态需水 [J]. 水利学报, 2006, 37 (11): 1336 - 1341.

[15] 高凡, 黄强, 畅建霞. 我国生态需水研究现状、面临挑战与未来展望 [J]. 长江流域资源与环境, 2011, 20 (6): 755 - 760.

[16] 吕妍, 王让会, 蔡子颖. 我国干旱半干旱地区气候变化及其影响 [J]. 干旱区资源与环境, 2009, 23 (11): 65 - 71.

[17] 陈敏建. 水循环生态效应与区域生态需水类型 [J]. 水利学报, 2007, 38 (3): 282 - 288.

[18] 张树军, 王光谦, 王芳, 等. 柴达木盆地植被生态需水研究 [J]. 水电能源科学, 2010, 28 (12): 26 - 29.

[19] 白元, 徐海量, 凌红波, 等. 塔里木河干流区天然植被的空间分布及生态需水 [J]. 中国沙漠, 2014, 34 (5): 1410 - 1416.

[20] 施文军, 凌红波. 流域生态需水概念及估算方法评述 [J]. 水利规划与设计, 2013 (8): 31 - 36.

[21] 蒙格平, 尹世洋, 吴文勇, 等. 生态需水及其计算方法探讨 [J]. 北京水务, 2010 (5): 37 - 40.

[22] 张丽, 董增川, 赵斌. 干旱区天然植被生态需水量计算方法 [J]. 水科学进展, 2003, 14 (6): 745 - 748.

[23] 胡广录, 赵文智. 干旱半干旱区植被生态需水量计算方法评述 [J]. 生态学报, 2008, 28 (12): 6282 - 6291.

[24] 卢昌义, 峇涛, 叶勇, 等. 红树林生态退化机制评估指标体系构建与漳江河口案例研究 [J]. 台湾海峡, 2011, 30 (1): 97 - 102.

[25] 苏凯, 张军以, 苏维词等. 基于 PSR 模型的石漠化风险评价指标研究 [J]. 重庆师范大学学报 (自然科学版), 2011, 28 (1): 71 - 75.

[26] 王少丽, 刘大刚, 许迪等. 基于模糊模式识别的农田排水再利用适宜性评价 [J]. 排灌机械工程学报, 2015, 33 (3): 239 - 245.

[27] 马顺圣, 张沛琪, 朱利群等. 城市生态适宜度评价及实例分析 [J]. 南京林业大学学报 (自然科学版), 2011, 35 (4): 51 - 57.

[28] Xiang Y Y, Meng J J. Research into ecological suitability zoning and expansion patterns in agricultural oases based on the landscape process: a case study in the middle reaches of the Heihe River [J]. Environmental Sciences, 2016, 75 (20): 1 - 13.

[29] 蒋桂芹, 裴源生, 翟家齐. 农业干旱形成机制分析 [J]. 灌溉排水学报, 2012, 31 (6): 84 - 88.

[30] Zhang M, Wang K, Zhang C, et al. Using the radial basis function network model to assess rocky desertification in northwest Guangxi, China [J]. Environmental Earth Sciences, 2011, 62 (1): 69 - 76.

[31] 刘麟. 黑河流域中上游生态环境监测指标体系的确立 [J]. 甘肃环境研究与监测, 2003, 16 (2): 114 - 115, 117.

[32] 高志海, 李增元, 魏怀东, 等. 基于遥感的民勤绿洲植被覆盖变化定量监测 [J]. 地理研究, 2006, 25 (4): 587 - 595.

[33] 冷信风, 赖祖龙. 基于 GIS 和 PSO - SVM 模型的文山州石漠化风险评估 [J]. 安全与环境工程, 2014, 21 (4): 19 - 24.

[34] Zhang F, Tiyip T, Johnson V C, et al. Evaluation of land desertification from 1990 to 2010 and its causes in Ebinur Lake region, Xinjiang China [J]. Environmental Earth Sciences, 2015, 73 (9): 5731 - 5745.

[35] 陈贺，杨盈，于世伟，等. 基于生态系统受扰动程度评价的白洋淀生态需水研究 [J]. 生态学报，2011，31（23）：7218 - 7226.

[36] 孙兰东，岳立，郭慧. 石羊河流域生态系统的气候变化脆弱性评估 [J]. 干旱区研究，2010，27（2）：204 - 210.

[37] 韦莉. 基于 RS 和 GIS 的石羊河流域生态脆弱性评价研究 [D]. 兰州：西北师范大学，2010.

[38] 张洪波，黄强，彭少明，等. 黄河生态水文评估指标体系构建及案例研究 [J]. 水利学报，2012，43（6）：675 - 683.

[39] 崔循臻，贾生海. 石羊河流域水资源脆弱性评价 [J]. 安徽农业科学，2013（24）：10098 - 10100.

[40] 毛小苓，田坤，李静萍，等. 城市生态需水量变化的驱动机制研究——以深圳市宝安区为例 [J]. 北京大学学报（自然科学版），2009，45（6）：1046 - 1054.

[41] 李萍，徐广. 石羊河流域荒漠化评价指标体系研究 [J]. 中国水土保持，2008（2）：24 - 27.

[42] 王斯悦，何珊，刘嘉周，等. 北京优质护理服务工作卫生经济学评价指标体系构建 [J]. 中国医院管理，2017，37（6）：72 - 75.

[43] 翁白莎. 流域广义干旱风险评价与风险应对研究 [D]. 天津：天津大学，2012.

[44] 余中元，李波，张新时. 社会生态系统及脆弱性驱动机制分析 [J]. 生态学报，2014，34（7）：1870 - 1879.

[45] 蒋桂芹. 干旱驱动机制与评估方法研究 [D]. 北京：中国水利水电科学研究院，2013.

[46] 闫浩文，刘艳平，曹建君. 民勤绿洲地下水埋深影响因素分析及其变化趋势预测 [J]. 中国水土保持科学，2013，11（2）：45 - 50.

[47] 董杰，杨春德，周秀慧，等. 山东省土地利用结构时空变化及其驱动机制分析 [J]. 水土保持研究，2006，13（4）：206 - 210.

[48] 薛杰文，张保华，王雷，等. 山东省土地利用/覆盖变化驱动机制分析 [J]. 科技信息，2013（4）：184 - 186，88.

[49] 王海青，张勃. 黑河流域干旱化驱动力机制及其趋势预测 [J]. 干旱区资源与环境，2007，21（9）：68 - 72.

[50] 程国栋，王根绪. 中国西北地区的干旱与旱灾——变化趋势与对策 [J]. 地学前缘，2006，13（1）：3 - 14.

[51] 马海娇，杨志勇，韩宇平，等. 变化环境下干旱事件演变驱动机制研究进展 [J]. 水电能源科学，2013，31（11）：5 - 8.

[52] 郭瑞霞，管晓丹，张艳婷. 我国荒漠化主要研究进展 [J]. 干旱气象，2015，33（3）：505 - 551.

[53] 马艳萍. 绿洲—荒漠耦合研究及其驱动因子的灰色关联分析 [D]. 兰州：兰州大学，2012.

[54] 杨东，郑凤娟，窦慧亮，等. 干旱内陆河流域土地利用变化的人文驱动因素探究——以甘肃省酒泉市为例 [J]. 水土保持研究，2010，17（2）：218 - 222.

[55] 李骞国，石培基，魏伟. 干旱区绿洲城市扩展及驱动机制——以张掖市为例 [J]. 干旱区研究，2015，32（3）：598 - 605.

[56] 吴杰峰，陈兴伟，高路. 水文干旱对气象干旱的响应及其临界条件 [J]. 灾害学，2017，32（1）：199 - 204.

[57] 刘文琨，裴源生，赵勇，等. 区域气象干旱评估分析模式 [J]. 水科学进展，2014，25（3）：318 - 326.

[58] 刘婕，王明霞，毋兆鹏. 遥感模型支持下的精河流域绿洲表层土壤水分时空分布特征 [J]. 水土保持研究，2016，23（3）：95 - 99.

[59] 杨怀德，冯起，郭小燕. 1999—2013 年民勤绿洲地下水埋深年际变化动态及影响因素 [J]. 中国沙漠，2017，37（3）：562 - 570.

[60] 李勇进，李凤民，柳波，等. 退化绿洲生态恢复的政策保障研究——以甘肃省民勤县为例 [J]. 干旱区资源与环境，2012，26（1）：12 - 18.

[61] 戴晟懋, 邱国玉, 赵明. 甘肃民勤绿洲荒漠化防治研究 [J]. 干旱区研究, 2008, 25 (3): 319-324.

[62] 康绍忠, 粟晓玲, 沈清林, 等. 石羊河流域水资源利用与节水农业发展模式的战略思考 [J]. 水资源与水工程学报, 2004, 15 (4): 1-8.

[63] 陈福昌, 杨小英, 杨小梅. 石羊河流域水问题及生态需水估算 [J]. 兰州文理学院学报 (自然科学版), 2008, 22 (3): 82-87.

[64] 于文斌. 民勤县荒漠化草地治理监测与效益评价 [D]. 兰州: 兰州大学, 2016.

[65] 高志海. 基于 RS 和 GIS 的绿洲植被与荒漠化动态研究 [D]. 北京: 北京林业大学, 2003.

[66] 魏伟, 石培基, 冯海春, 等. 干旱内陆河流域人居环境适宜性评价——以石羊河流域为例 [J]. 自然资源学报, 2012, 27 (11): 1940-1950.

[67] 李瑞, 张克斌, 刘云芳, 等. 西北半干旱区湿地生态系统植物群落空间分布特征研究 [J]. 北京林业大学学报, 2008, 30 (1): 6-13.

[68] 曹建光. 春季干旱天气对农业生产的影响及应对措施 [J]. 现代农村科技, 2012 (5): 35-35.

[69] 王涛. 荒漠化治理中生态系统、社会经济系统协调发展问题探析——以中国北方半干旱荒漠区沙漠化防治为例 [J]. 生态学报, 2016, 36 (22): 7045-7048.

[70] 杨雪梅, 杨太保, 石培基, 等. 西北干旱地区水资源-城市化复合系统耦合效应研究——以石羊河流域为例 [J]. 干旱区地理, 2014, 37 (1): 19-30.

[71] 赵鹏. 民勤绿洲荒漠过渡带植被空间分布及其环境解释 [D]. 兰州: 甘肃农业大学, 2014.

[72] 王涛. 我国绿洲化及其研究的若干问题初探 [J]. 中国沙漠, 2010, 30 (5): 995-998.

[73] 陈敏建. 水循环生态效应与区域生态需水类型 [J]. 水利学报, 2007, 38 (3): 282-288.

[74] 王凤梅. 新疆中尺度对流系统时空分布特征的研究 [D]. 兰州: 兰州大学, 2006.

[75] 戴晟懋, 邱国玉, 赵明. 甘肃民勤绿洲荒漠化防治研究 [J]. 干旱区研究, 2008, 25 (3): 319-324.

[76] 魏怀东, 徐先英, 丁峰, 等. 民勤绿洲土地荒漠化动态监测 [J]. 干旱区资源与环境, 2007, 21 (10): 12-17.

[77] 演克武, 朱金福, 何涛. 层次分析法在多目标决策过程中的不足与改进 [J]. 统计与决策, 2007 (9): 10-11.

[78] 邓雪, 李家铭, 曾浩健, 等. 层次分析法权重计算方法分析及其应用研究 [J]. 数学的实践与认识, 2012, 42 (7): 93-100.

[79] 戈蕾. 生态文明城市建设规划及其指标体系研究 [D]. 长沙: 湖南农业大学, 2010.

[80] 康永辉, 解建仓, 黄伟军, 等. 农业干旱脆弱性模糊综合评价 [J]. 中国水土保持科学, 2014, 12 (2): 113-120.

[81] 王传武. 论生态需水问题的复杂性 [J]. 人民黄河, 2012, 34 (6): 63-65.

[82] 杨怀德, 冯起, 郭小燕. 1999—2013 年民勤绿洲地下水埋深年际变化动态及影响因素 [J]. 中国沙漠, 2017, 37 (3): 562-570.

[83] 高辉巧, 牛光辉, 肖献国. 土地荒漠化驱动因子的灰色综合关联度分析 [J]. 人民黄河, 2009, 31 (5): 95-96.

[84] 陈南祥, 杨莉, 邵玉冰. 灰色系统理论在区域干旱程度评价中的应用 [J]. 灌溉排水学报, 2007, 26 (1): 26-29.

[85] 赵成义. 干旱区土壤生态系统主导因子的灰色关联识别 [J]. 干旱区地理, 1992, 15 (4): 68-72.

[86] 杜灵通, 刘可, 胡悦, 等. 宁夏不同生态功能区 2000—2010 年生态干旱特征及驱动分析 [J]. 自然灾害学报, 2017, 26 (5): 149-156.

[87] 黄琳煜, 包为民. 基于因子分析和聚类分析的干旱指标结构研究 [C], 2010.

[88] 师彦武, 康绍忠. 石羊河流域水资源开发的水土环境效应评价 [J]. 中国农村水利水电, 2003 (7): 68-71.

[89] 孔江. 城市建设评价指标体系与方法研究 [D]. 昆明: 昆明理工大学, 2002.

[90] 邓建伟，唐小娟，张新民．石羊河流域北部平原区生态安全评价 [J]．干旱区资源与环境，
　　　 2009，23（8）：21－24.

[91] 陈敏建，王浩，王芳等．内陆干旱区水分驱动的生态演变机理 [J]．生态学报，2004，24（10）：
　　　 2108－2114.

[92] 张瑞君，段争虎，陈小红，等．民勤县 2000—2009 年来水资源生态环境压力分析 [J]．中国沙
　　　 漠，2012，32（2）：558－563.

[93] 蒋友严，韩涛，王有恒，等．石羊河调水 10a 来民勤绿洲生态脆弱性变化 [J]．干旱区研究，
　　　 2014，31（1）：157－162.

[94] 李瑛，曾磊，赵贵章．基于层次分析法的苏贝淖流域植被生态脆弱性评价 [J]．安徽农业科学，
　　　 2012，40（24）：12158－12160.

[95] 张兆鹏，李增元，李奇虎，等．基于 GF－1 遥感影像的 2013—2015 年民勤绿洲植被覆盖动态变
　　　 化分析 [J]．西南林业大学学报，2017，37（2）：163－170.

[96] Yang Y C，Li J J，Chen F H，et al. The human mechanism research of Minqin Oasis change in the
　　　 lower reaches of the Shiyang River [J]．Geographical Research，2002，21（4）：449－458.

[97] 文星，王涛，薛娴，等．1975—2010 年石羊河流域绿洲时空演变研究 [J]．中国沙漠，2013，
　　　 33（2）：478－485.

[98] 张艳丽．民勤县生态安全综合评价研究 [D]．北京：北京林业大学，2011.

[99] 李朝刚．民勤绿洲水资源综合调控与可持续发展 [C]，2007.

[100] 裴源生，蒋桂芹，翟家齐．干旱演变驱动机制理论框架及其关键问题 [J]．水科学进展，2013，
　　　 24（3）：449－456.

[101] 王春林，陈慧华，唐力生，等．基于前期降水指数的气象干旱指标及其应用 [J]．气候变化研
　　　 究进展，2012，8（3）：157－163.

[102] 耿鸿江，沈必成．水文干旱的定义及其意义 [J]．干旱地区农业研究，1992，10（4）：95－98.

[103] 张学伟．我国地下水资源开发利用现状及保护措施探讨 [J]．地下水，2017，39（3）：55－56.

[104] 李炳辉，杨礼祥．湖南省旱情评价指标体系研究 [J]．湖南水利水电，2006（6）：160－161.

[105] 徐向阳，刘俊，陈晓静．农业干旱评估指标体系 [J]．河海大学学报（自然科学版），2001，
　　　 29（4）：56－60.

[106] 姚玉璧，张存杰，邓振镛，等．气象、农业干旱指标综述 [J]．干旱地区农业研究，2007，
　　　 25（1）：185－189.

[107] 徐新创，葛全胜，郑景云，等．农业干旱风险评估研究综述 [J]．干旱地区农业研究，2010，
　　　 28（6）：263－270.

[108] 倪深海，顾颖，王会容．中国农业干旱脆弱性分区研究 [J]．水科学进展，2005，16（5）：705－709.

[109] 宁惠芳，林婧婧，陈佩璇．甘肃省气候暖干化与农业干旱灾害的联系 [J]．干旱气象，2010，
　　　 28（2）：198－201.

[110] 赵丽，冯宝平，张书花．国内外干旱及干旱指标研究进展 [J]．江苏农业科学，2012，40（8）：
　　　 345－348.

[111] 陈金凤，傅铁．水贫乏指数在社会经济干旱评估中的应用 [J]．水电能源科学，2011，29（9）：
　　　 130－133.

[112] 王文亚．变化环境下无定河流域水文干旱演变规律及驱动机制分析 [D]．咸阳：西北农林科技
　　　 大学，2017.

[113] 刘影，李丹，何蕾，等．赣南地区农业生态系统脆弱性评价及驱动力分析 [J]．江西师范大学
　　　 学报（哲学社会科学版），2016，49（3）：72－79.

[114] 吴杰峰，陈兴伟，高路．水文干旱对气象干旱的响应及其临界条件 [J]．灾害学，2017，
　　　 32（1）：199－204.

[115] 尹正杰，黄薇，陈进. 水库径流调节对水文干旱的影响分析 [J]. 水文，2009，29（2）：41-44.

[116] 金晓媚，王松涛，夏薇. 柴达木盆地植被对气候与地下水变化的响应研究 [J]. 水文地质工程地质，2016，43（2）：31-36.

[117] 白玉锋，徐海量，张沛，等. 塔里木河下游荒漠植物多样性、地上生物量与地下水埋深的关系 [J]. 中国沙漠，2017，37（4）：724-732.

[118] 肖生春，肖洪浪. 黑河流域水环境演变及其驱动机制研究进展 [J]. 地球科学进展，2008，23（7）：748-755.

[119] 魏怀东，徐先英，丁峰，等. 民勤绿洲土地荒漠化动态监测 [J]. 干旱区资源与环境，2007，21（10）：12-17.

[120] 段旭，陶云，郑建萌，等. 气象干旱时空表达方式的探讨 [J]. 高原气象，2012，31（5）：1332-1339.

[121] 刘宪锋，朱秀芳，潘耀忠，等. 农业干旱监测研究进展与展望 [J]. 地理学报，2015，70（11）：1835-1848.

[122] 杨帅，于志岗，苏筠. 中国气象干旱的空间格局特征（1951—2011）[J]. 干旱区资源与环境，2014，28（10）：54-60.

[123] 杨春杰. 海流兔流域地表蒸散量估算及空间分布研究 [D]. 北京：中国地质大学（北京），2011.

[124] Fraser E D G, Termansen M, Ning S, et al. Quantifying socioeconomic characteristics of drought-sensitive regions: Evidence from Chinese provincial agricultural data [J]. Comptes Rendus Geoscience, 2008, 340（9-10）：679-688.

[125] 徐新创，葛全胜，郑景云，等. 农业干旱风险评估研究综述 [J]. 干旱地区农业研究，2010，28（6）：263-270.

[126] 李修仓. 中国典型流域实际蒸散发的时空变异研究 [D]. 南京：南京信息工程大学，2013.

第4章 基于改进模糊综合法的
民勤绿洲水资源承载力评价研究

4.1 研究背景及意义

　　水资源是世间万物生存必需的自然资源，它不仅是生态环境中不可或缺的要素，也对社会经济发展具有重要作用。人类的发展史也是人与水资源相互影响、相互作用的历史，如幼发拉底河、尼罗河、印度河和黄河流域皆产生了最为灿烂的文明。时至今日，从第一产业、第二产业、第三产业的生产到各种能源的加工均与水资源息息相关。随着人口总量的不断增长和社会经济活动日趋频繁，各国各地对水资源的总需求量随之增多，水资源开采量的激增导致生态环境与人类活动矛盾持续加剧，而恶化的自然条件反过来又影响社会经济活动，形成恶性循环。特别在干旱地区，水资源这一决定性的基础资源是社会经济发展的桎梏，研究干旱区水资源开发利用已是世界范围内的热点话题之一。

　　石羊河作为河西干旱荒漠区内陆河之一，其下游的民勤绿洲面积虽小却是武威盆地的绿色屏障，阻挡着巴丹吉林沙漠和腾格里沙漠的合围之势，对武威、河西乃至整个西北的生态环境建设有着极其重要的战略地位。过去几十年，由于缺乏对水资源强有力的规划和管理，石羊河中游水资源形成无序利用，下游来水量剧减，人们为维系生存而被迫开采地下水，导致地下水水位连年下降，完全依赖于地下水生存的绿洲防沙林大面积枯死，绿洲退化、土地沙化等生态恶化又反过来影响中上游生态环境和社会经济发展状况。因此，如何处理民勤绿洲水资源保护与开发的矛盾，如何缓解绿洲水资源供给和需求之间的矛盾，以及如何解决社会经济发展与生态健康的矛盾等均已成为民勤绿洲水资源研究目前需面对的关键性难题。然而究其原因，是由于人类的某些行为超过了水资源的承载能力。因此，对水资源承载力进行综合评价不仅可以阐明水资源与自然条件、社会经济和生态环境间的协调程度，为解决民勤绿洲水资源危机提供理论支撑，也可通过估算水资源对复合系统的综合支撑能力和分析该区水资源开发利用状况，有针对性地制定长远战略，将人类生产生活用水量有效控制在水生态和水循环可承载的范围之内，对民勤绿洲生态环境恢复和社会经济发展具有重要现实意义。

4.2 概述

　　1758 年，Francois Quesnay 在《经济核算表》中第一次提出资源承载力相关理念，描述了土地资源对经济财富的限制。T. Malthus 在研究经济增长与资源的关系时发现，人口的增长受制于资源与环境及粮食和土地。直到 1921 年，Park 与 Burgess 才确切对"Carrying Capacity"一词做出阐释，即在特定条件下某区域所能维持一定物种数量的上限值。1970 年，联合国教科文组织（UNESCO）将"资源承载力"正式定义为"综合自然的能源、资源、智力和技术，以保障一定社会物质水平为原则，在预见期内研究区所能供养、支持的最大人口数"。过去 30 年中，很多学者将其应用于研究干旱区自然资源的供需平衡和可持续发展，并扩展到工业、农业、社会经济、人口及生态环境等各个方面。水资源作为最重要的自然资源，其质的恶化与量的短缺严重影响人类社会经济发展，从而使水资源承载力研究成为基础资源研究的热点。

4.2.1　水资源承载力研究进展

关于水资源承载力概念的探讨，国外学者将其划分在可持续发展理论的范畴。20 世纪初，Slesser 运用 SD 法模拟了发展中国家承载力与人口数量的动态变化。随后，Falkenmark 分析了干旱区水资源承载力对人口、环境、气候等因素的响应，并据此提出了一系列水资源管理制度。Engelman 在上述研究基础上考虑了资源分配、消费模式的影响因素，深入解析了淡水资源在一、二产业及生活用水分配中的矛盾。Joardar 在城市可持续发展规划中应用水资源承载力理论从水质、水量角度分析了承载能力。Harris 则将这一概念应用到农业用水方面，认为水资源承载力应作为探索区域农业发展潜力必须衡量的标准之一。21 世纪以来，水资源承载力研究进一步深入和丰富，Rijsberman 将该理论体系由农村发展规划衍生至城市水资源安全保障。美国 URS 公司率先为 Florida 政府提供了实用性较高的承载力分析应用模型。Roberta 在科学探讨城市发展规模时基于水资源承载力概念创造性地提出城市承载力理念。随着 3S 技术的快速发展，Senzanje 结合 GIS 技术与水资源承载力理论为非洲东南部林波库河流域水资源规划管理提出了合理性建议。Baris Yilmaz 利用水资源承载力理论建立 WEAP 模型并评估了 2010 年盖迪兹河流域水资源供需现状。Meriem 利用水资源承载力评价软件预测了 2014 年阿尔及利亚未来时段内水资源承载力发展趋势。Steven 等于 2015 年构建了国际水资源评价体系，从水环境污染、城市化、气候变化等方面将水资源承载力这一概念引向智慧水务城市领域。

国内对水资源承载力的研究开展较晚。新疆水资源课题组 1989 年首次定义了水资源承载力，即生态用水得以满足后有限水资源能够支撑的最大人口数量和经济增加值。施雅风等也给出类似的提法，认为现阶段生态环境是水资源首要的承载对象。许有鹏认为，应将水资源系统作为整体，同时考虑对生态环境、生产、生活的支撑力大小。冯尚友则结合可持续发展理念认为水资源承载力必须考虑后代人的需求。阮本青运用辩证的思维将水资源承载力解释为以人口数量为标准度量水资源承载力大小。傅湘等认为必须以研究区社会经济发展水平为前提讨论水资源承载能力。21 世纪以来，惠泱河和夏军等进一步明晰了水资源承载力的定义，即在一定的社会经济发展水平下水资源经过合理优化配置后能支撑的最大人口数量和经济规模。

4.2.2　干旱区水资源承载力研究的理论基础

目前干旱区水资源承载力概念研究尚处于发展阶段，并未形成科学完整的体系，也缺乏严谨的理论基础和内涵解读，大多数干旱区水资源承载力研究仅用来反映水资源的真实存量对研究区社会经济、生态环境的最大支撑能力，并未考虑干旱区独特的自然条件，因而很难体现人口、经济、生态等多方面指标间的相互作用和相互影响，因此如何从内涵出发提出干旱区水资源承载力概念就成为亟待解决的问题。

1. 干旱区水资源承载力内涵

(1) 时空尺度内涵。王建华认为不同时期干旱区的自然状况、产业结构、经济水平、科技程度和居民的认知能力不同造成水资源承载力在时间尺度上呈现动态变化特征，且不同地区自然条件、经济基础、科技水平、方针政策和管理能力等的不同导致即使在相同的水资源条件下水资源承载力在空间尺度下也会呈现不同的状况。因此，在定义干旱区水资源承载力时不仅要考虑社会经济、生态环境，还要结合研究区特点考虑不同时期的自然条件。

(2) 复合系统内涵。目前关于水资源承载力的探讨多基于水资源对社会经济和生态环境的支撑能力。Yuan认为，干旱区水资源承载力概念应是对"自然条件—水资源—社会经济—生态环境"构成的复合系统的描述，其中自然条件是前提，表征干旱地区的区域特征；水资源条件是主体，是该复合系统的内核；社会经济、生态环境是载体，体现了水资源在不同部门、不同系统之间的分配状况。Wang指出，在水资源承载力综合评价体系中，各子系统间的促进、制约与并存使复合系统具备有机性和错综性，只有对该复合系统进行综合意义上的评价才能更好地反映区域水资源承载力状况。

1) 水资源与生态环境：水能否支撑生态系统中动、植物正常生长和正向演替是干旱区生态安全的重点，对水资源承载力进行定义需以生态极限理念为基点，即水资源开发利用必须保证在一个合理的阈值范围内，超出这一范围即突破生态极限，将对生态环境造成破坏。

2) 水资源与社会经济：水资源可利用总量决定了地区的发展潜力，干旱区工农业发展很大程度上取决于水资源可利用量和利用效率的高低，水资源的合理分配与高效利用是实现区域经济社会可持续发展的必然选择，而区域生态治理和流域生态补偿均要依靠资金和技术支持，因此水资源与社会经济之间具备相互促进、相互依存、相互制约的关系。

3) 自然条件与复合系统：地理位置和地形地貌直接决定一个地区的气温、蒸发、降水、地下水矿化度等自然条件；干旱区一般距大海较远，水汽输送量少，水分循环缓慢，水资源基量相对较小，从自然属性上造成社会经济发展速度缓慢和生态环境脆弱，而人类经济活动对生态环境的破坏所产生的长期恶性循环则将进一步破坏区域自然状况；因此，"自然条件"体现了复合系统的地区属性，是水资源承载力评价体系的前提条件。

4) 复合系统与生态环境：由于各子系统间的协同作用造就了复合系统的有机性，因此复合系统内部的负面影响也会通过子系统间的连锁反应导致系统结构和功能衰退，在我国大部分干旱区，由于缺乏对水资源强有力的规划管理，无序开采地下水、社会经济用水过度等人类活动导致降水稀少、依赖于地下水生存的植被大面积枯死、绿洲退化、土地沙化等生态问题严重制约了干旱区生态环境和社会经济发展，进而影响到环保部门的投资，而投资额度的减少将直接导致生态环境问题愈加突出，因此，提高干旱区水资源承载力要从全局出发，对各子系统的研究要统筹兼顾、不可偏废其一。

(3) 可持续发展内涵。1987年联合国发展委员会（WCED）在《我们共同的未来》报告中将可持续发展定义为"既要满足当代人的需求，又不对满足后代人需求的能力构成危害的发展"，故可持续发展定义涵盖"资源、经济、社会、科技、生态、政治"等多方面内容，是当今资源发展理论的核心，已广泛应用于不同领域研究，使不同领域对可持续发展内涵的解读各具侧重点。

在生态环境方面，可持续发展理论最早应用于可再生资源管理策略研究，可归属于生态学领域。1991 年国际生物科学联合会（IUBS）和国际生态联合会（IAE）联合举办可持续发展研讨会并提出：自然资源的利用要以生态环境可承载能力为前提，进一步保障生态系统的可循环再生能力。在社会经济方面，可持续发展理论最早出现于 IUBS 和 IAE 在 1991 年联合发表的《保护地球—可持续生存战略》一书，提出要在生态系统能够维持其正常运转的前提下提高全人类的生活品质。随后，巴尔比发表了《经济、自然资源：不足和发展》一文，他认为社会经济可持续发展是在自然资源质量及所提供服务水平维持稳定的条件下所能承载经济增长量的最大值。经济学家皮尔斯则认为，社会经济的可持续发展要在保证当代人经济发展的同时不影响后代人的福利和不降低后代人的实际收入。

由此可见，可持续发展理论是由自然、资源、社会、经济等构成的具有有机性的统一整体，是一个内涵丰富的系统工程。水资源承载力则是以解决人类发展与自然资源矛盾为目的而提出的理论，是可持续发展理论在解决水资源供需问题中的具体应用，属于可持续发展理论体系的一个分支。Long 认为，对水资源承载力的评价反映了人类对水资源开发利用程度是否超过其再生限度，从而及时进行政策调整和技术改进。因此，在自然条件恶劣、水资源匮乏、社会经济落后、生态环境脆弱的干旱地区，水资源承载力评价研究要以实现有限水资源对社会经济和生态环境的可持续支撑为目的，既要满足当代人的用水需求、又要保证后代人的永续发展，要为缓解干旱和自然资源高效利用提供有力的理论依据。

2. 干旱区水资源承载力概念

参照诸多学者对水资源承载力的定义，在干旱区水资源承载力的时空内涵、复合系统内涵及可持续发展内涵基础上，结合干旱区发展特点归纳提出干旱区水资源承载力概念，即在特定的历史时期内依据可持续发展原则并结合干旱区自然条件，以推动干旱区生态环境良性发展及社会经济不断提高为目的，在水资源合理开发利用前提下表征"水资源"与"自然条件""社会经济""生态环境"子系统的协调程度及水资源对复合系统的综合支撑能力。

3. 水资源承载力评价方法

目前常用的水资源承载力评价方法有常规趋势法、主成分分析法、多目标决策法、系统动力学法和 BP 神经网络法、生态足迹法及模糊综合评价法等。

（1）常规趋势法。常规趋势法最早于 20 世纪 80 年代中期应用在新疆地区水资源承载力评价研究中。作为早期研究水资源承载力的方法，该法虽不能充分考虑水资源系统内部各层次要素间的关系，但还是考虑了工业、农业和人口用水变化趋势，相关结果为后来的研究提供很大启发，如曲耀光等、王在高等分别应用该法对黑河和岩溶地区水资源承载力进行了评价分析。

（2）主成分分析法。该法利用降维思想把大量信息简化综合成少数线性无关的指标后解释原始信息。近年来，大量关于水资源承载力的研究均应用了主成分分析法。周亮广等分析了 1998—2003 年贵阳市水资源承载力的动态变化情况；邵磊等综合主成分分析法与线性回归法对山西省水资源承载力进行了研究；王春娟等在鄂尔多斯市水资源承载力研究中应用了主成分分析法；曹丽娟等也应用主成分分析法从时间和空间尺度综合评价了甘肃省水资源承载力。

（3）多目标决策法。该法将不同研究区水资源系统分解为社会、经济、生态等复合系统，运用科学的方法处理各系统内部及系统之间的关系以寻求整体目标的最优化。贾嵘等依据干旱缺水地区实际情况对多个水资源相关的子系统进行单独研究后联合评价了当地水资源承载力大小。高宏超等构建了水资源承载力多目标优化模型并计算了不同年份、不同用水方式、不同自然条件下钱塘江流域最大的水资源承载力。

（4）系统动力学法。系统动力学法基于反馈控制理论将庞大、复杂且具有系统性的研究目标分解为相互关联、相互影响的子系统，并在尽可能完整描述子系统间非线性关系、相互作用等复杂因果反馈关系的基础上通过分析因素间的因果关系揭示各子系统变量间的关系，旨在研究水资源动态信息及其可支撑的经济发展规模。系统动力学的模型建立分为语言、量化、动态化和优化等四个过程，其目的是建立反馈体系并形成反馈概念，所建立的流程图要能够形象直观地反映系统结构的动态结构特征，因此系统动力学法常用于数据不足、精度要求较低的长期和周期性问题，而中、短期问题建模难度大，精度要求较高，所得结果往往不能解释目标问题。该法最早应用于库存管理、企业管理等规划问题，目前在管理学、工程学、医学等诸多领域也得以应用，从城市开发到自然资源利用方面均可，应用范围极其广泛。关于系统动力学法在水资源承载力评价中的应用研究最早见于发展中国家水资源量的规划利用，国外研究中有 Slather 提出的 ECCO 模型，该模型研究了人口变化引起的社会经济、生态、资源的变化；我国学者建立的 DYNAMO 计算机仿真模型也应用了系统动力学方法，使水资源承载力研究呈现出高阶次复杂系统的特点。

（5）BP 神经网络法。BP 神经网络属于前馈神经网络，其核心是误差的逆向传播，与水资源承载力理论结合便可对水资源供需进行有效预测。李淑霞应用 BP 神经网络及遗传算法评价了西北旱区水资源极限承载能力；杨琳琳等从跨越式发展和趋势外推两个角度，利用 BP 神经网络计算了新疆地区水资源承载状况；姚慧等以人口、经济间接反映水资源承载力，并利用该法进行了趋势变化研究。

（6）生态足迹法。加拿大学者里斯首次提出生态足迹的概念，用维持生存发展所消耗的自然资源来表征人类生产活动对生态系统的影响，并通过分析真实的水资源供需状况解析研究区生产消费规律，探索水资源消耗路径。生态足迹与生态承载力是一组具有相对意义的概念，若用自然资源供需平衡来解释，生态承载力体现的是"需求"，生态足迹体现的是"供给"，生态承载力是理想化的"标准"，生态足迹则是实质上的"消耗"，这组概念能够客观衡量不同时空尺度的供需平衡，从而体现水资源的可持续性状况。但该法具有瞬时性特点且仅局限于数据静态分析，结果反映的是环境对经济决策的响应。Wang 等基于水生态足迹将水资源划分为生活用水子账户、生产用水子账户及生态需水子账户探讨了辽河流域不同时空尺度水资源承载力。丁华等通过将经济指标与水生态足迹理论结合建立承载力评价模型研究了上海市水资源供需平衡问题。刘子刚等将生态足迹内涵细化提出水产品生态足迹、水污染生态足迹及淡水生态足迹，并基于此评价了湖州市水资源承载力。周健等为计算三峡库区生态补偿标准将生态系统服务价值理论与生态足迹相结合建立了水资源承载力模型。

（7）模糊综合评价法。为评价模糊性较大的经济现象，19 世纪 60 年代美国科学家

L. A. Zadeh 提出了模糊评价法。该法是将事物内部的复杂机理用隶属度思想进行量化后对研究目标进行定量评价，然而仅通过隶属度进行评价将增加指标数量和降低单个因素对系统的影响，且各指标的影响程度次序无法区分，因而评价结果较为粗糙。为弥补单一隶属度的缺陷，L. A. Zadeh 进一步将研究系统按属性划分为多个层次，并逐层对不同系统指标进行模糊评价，从而得到研究目标的综合评分，即模糊综合评价法。该法具有结果清晰、系统性强的特点，在资源评价领域得到极为广泛的应用。水资源问题研究往往充满了各种不确定性因素，模糊综合评价法则能很好地适用于这种无绝对肯定或否定的问题。罗军刚通过建立多层模糊综合评价体系表达各指标的重要程度，并依据评价指标特征选取恰当的隶属函数，科学评价了西安水资源短缺风险。徐兴鹏通过选取生态、生产和生活相关指标建立水资源需求程度分级标准研究评价了甘肃省河西地区的水资源承载力。秦莉云等结合AHP 法建立了淮河流域水资源承载能力评价指标体系，为后来的研究提供了思路。卜楠楠和袁艳梅在上述基础上改进评价方法后分别对浙江省和江阴市水资源承载力进行了评价。

4. 现存的问题

随着生活水平的日渐提高，人们从生产、生活各个方面对水资源需求均有了更高的要求，尤其在干旱区，由有限水资源引发的供需矛盾更加突出。虽然国内外对水资源承载力进行了大量研究，从理论研究到评价方法均取得了较大突破，也积累了许多研究成果，然而纵观已有研究，此方面仍存在一些不尽如人意之处：

（1）研究理论方面，干旱区水资源承载力理论研究体系尚不够完善，概念描述结合区域特点还不够紧密。作为我国干旱区资源承载力最重要的研究内容，水资源承载力研究不仅需考虑社会、经济、生态因素，还应重视研究区自然条件这一关键前提，要整体分析各要素间的协调发展。

（2）研究方法方面，现有指标权重值的确定方法或因主观性太强导致对相同研究区的评价结果不同，或因客观性太强而忽略了指标间的关系或缺乏经验导致评价结果失真。此外，指标阈值的设定也缺乏具体标准和有效算法，由此造成主观经验带来的评价误差，从而使水资源承载力评价结果可信度不够高。

目前水资源承载力研究已由随机性的单一系统过渡为稳定性的复合系统，研究时不仅增加了时间维度，也已由静态分析演化为动态评价。因此，本研究以"顺应新趋势，完善旧方法"为原则基于改进模糊综合法评价了民勤绿洲水资源承载力。

4.3 研究内容及技术路线

4.3.1 研究内容和数据来源

1. 研究内容

在现有水资源承载力研究理论和方法基础上，结合干旱区特点提出水资源承载力概念并建立民勤绿洲水资源承载力评价体系，基于改进模糊综合评价法研究该区 2006—2015年水资源承载力。

（1）干旱区水资源承载力概念及评价方法。对国内外干旱区水资源承载力理论基础和评价方法进行综合分析，从水资源承载力内涵及相关理论出发提出干旱区水资源承载力概念，并依据水资源承载力评价方法的特点和适用范围选取适用于干旱区的评价方法。

（2）民勤绿洲概况分析。基于复合系统理念和现有数据资料，分别从自然条件、水资源现状、社会经济状况及生态环境现状四个方面分析民勤绿洲基本概况。

（3）民勤绿洲水资源承载力评价体系构建及指标权重计算。结合民勤绿洲区域特点构建由"自然条件""水资源""社会经济"及"生态环境"及其表征指标组成的复合系统，建立科学有效的水资源承载力评价体系。在此基础上结合层次分析法和熵权法确定指标权重的思路提出改进算法，计算民勤绿洲各层次各指标的权重值，分析民勤绿洲水资源承载力的影响因素。

（4）民勤绿洲水资源承载力评价指标分级阈值确定。以生态环境子系统中"乔木林面积""灌木林面积""草本植被面积"三项植被指标为例，探讨指标分级阈值设定方法。首先引入"设计供水量"和"设计发展模式"的思想，通过优化潜水蒸发强度（E）和植被影响系数（K）改进植被需水定额间接法计算公式，求得民勤绿洲乔木林、灌木林和草本植被的需水定额。在此基础上分析社会经济、生态、水资源利用效率三个子系统中各指标及其协同作用，计算"退化模式""保持模式""发展模式"和"最优模式"下可承载的乔木林、灌木林及草本植被覆盖面积，并以此为界设定此三项指标的分级阈值。

（5）民勤绿洲2006—2015年水资源承载力状况分析计算。运用改进的模糊综合评价模型计算甘肃省民勤绿洲2006—2015年"自然条件""水资源""社会经济""生态环境"水平及水资源承载力，分析水资源与自然条件、社会经济、生态环境的协调度。通过分析变化趋势，提出维持或提高民勤绿洲水资源承载力的对策。

2. 数据来源

数据资料均来源于民勤综合治沙站和甘肃民勤草地生态系统国家野外科学观测站。

4.3.2 技术路线

本研究技术路线如图4-1所示。

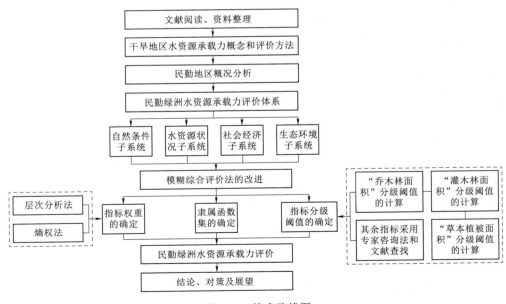

图 4-1 技术路线图

4.4 研究区概况与研究方法

4.4.1 研究区概况

（1）自然概况。民勤县位于石羊河下游甘肃省武威市境内，北、西、东三面被腾格里沙漠和巴丹吉林沙漠所包围，介于东经 103°03′～104°03′、北纬 38°05′～39°06′，是石羊河流域下游仅存的一片绿地，占地 15907km²。全新世时期的民勤绿洲以湖泊水域地貌为主，随时间演变，湖泊退化，形成了沙漠、平原和低山丘陵地貌形态，其最高海拔为 1936.00m，最低 1298.00m，平均海拔 1400.00m。气候方面，该地属于典型温带大陆季风气候，年均日照时数 3208h，辐射强，2006—2015 年蒸发量皆在 2500mm 左右，年均温度 8.35℃，且昼夜温差大，年均降雨量 116mm。土壤方面，由于生物作用微弱，易溶性盐累积持久，对母质有明显影响，具体表现为土壤铁质化和亚表层黏化明显，北部地区以灰漠土、灰棕漠土和灰钙土为主，绿洲内部土壤受熟化影响演变为绿洲灌淤土。由于受地下水影响较小，分布于海拔 1500.00m 以下的地带性土壤细粒物质少、质地粗，母质多为洪积物和沉积物，无明显的发育层次，pH 值多大于 8.0，有机质含量 0.4%～0.7%，比重 2.48～2.8g/cm³。非地带性土壤有半固定风沙土、流动风沙土和固定风沙土三个亚类。河岸边湖盆草场土壤类型为盐土，母质为湖积物。由于先天条件、后天开采及环保不到位，该地区地表水矿化度一直居高不下，据民勤治沙站统计，石羊河下游部分矿区地表水矿化度甚至高达 18g/L。

（2）水资源现状。黑河、疏勒河和石羊河是甘肃省的三大内陆河，其中石羊河的水资源可利用总量最小，经济用水却最高，用水主要消耗于中上游地区，造成下游的民勤绿洲水资源匮乏。过去几十年间，可进入民勤绿洲的地表水量曾一度锐减至年均 1 亿 m³。1970 年开始，由于人们大量超采地下水，地下水水位以 0.60m 的速度逐年下降，依赖地下水生长的植被大面积死亡。因降雨对该区水资源的补给甚微，且地下水埋藏较深，跨流域调水就成为改善和维持民勤绿洲生态环境的重要手段。石羊河流域严峻的生态形势得到党和政府的高度关注，为此投入了大量人力财力进行综合治理。从 2006—2015 年的统计资料来看，民勤绿洲地下水水位有了一定程度的上升，用水结构得到明显改善，亩均水资源量逐年减小，人均可利用水资源量不断增加，在这种良性循环中下游民勤绿洲的水资源量也逐年增多。

（3）社会经济状况。地处石羊河下游的民勤县为典型干旱荒漠绿洲区，农业是地区生产总值提高的主要驱动因素，而目前绿洲区可种植面积仅占流域总面积的 5%，其余 95% 为荒漠区。据统计，民勤县所辖 18 个乡镇，244 个行政村，2006—2015 年平均人口数为 24.13 万人，其中农业人口 18.66 万人，城镇人口 5.44 万人，城镇化率 23.1%，人口年增长率稳定且较小，为 3.5%。2006—2015 年地区生产总值、人均 GDP 逐年上升，其中农业生产总值平均值约占地区生产总值的 44.97%，但经济的增长是以水资源的大量投入和消耗为代价，因而单位 GDP 耗水量逐年增加。民勤县所辖灌区 1 个，2006 年农业灌溉面积 18.4 万 hm²，保灌面积 12.48 万 hm²，保灌率 67.8%，单位面积农业生产总值 7.59 万元/km²，2015 年统计结果显示，保灌率已达到 88%，单位面积农业生产总值 14.9 万元/km²。该地区无支柱产业，工业基础极为薄弱，目前生产产品主要包括地毯、皮棉、面粉、白酒、原煤，工业设施久未更新，十分陈旧，2006 年统计资料显示，工业企业带动的生产总值仅为 4.79 亿元。从人均可支配收入来看，从 2006 年的 4128 元增长到 2015 年的 10519 元。从 2006—2015 年各项社会经济指标可以看出，随着用水结构调整、产业结构优化和生态环境综合治理力度的加大，该地区社会经济状况得到一定程度改善，但严峻的沙漠化、水资源短缺问题仍然制约着民勤绿洲的发展，如何破解这一难题和推动经济社会健康可持续发展尚需进一步深入探究。

（4）生态环境现状。民勤县以南海拔 1100.00～1600.00m 的范围内为典型的干旱荒漠气候，所分布的植被类型主要为生产力低且片层结构简单的荒漠植被。由于石羊河上游截流量大，中游污染严重，位于下游的民勤绿洲在很长一段时期内只能通过超采地下水维持正常的生产生活。2007 年石羊河流域综合治理重点项目的启动实施有力促进了该区水资源的严格管理与高效可持续利用。目前在民勤绿洲可利用的水资源中地下水占比逐年减少，用水结构趋于合理，生态用水占比上升显著。民勤县治沙站的调查结果显示，目前该区种子植物共计有 36 科 115 属 150 余种，具有密度稀疏、结构简单、盖度小的特点，其中乔木 2 种、超旱生半旱生灌木 38 种，主要包括绵刺、沙冬青、胡杨、红砂、泡泡刺、戈壁针茅、沙蒿和霸王等。为改善生态环境，民勤县委县政府采取了一系列措施增加植被面积，2006—2015 年，灌木林、乔木林面积逐年增加，荒漠化土地面积显著降低。魏怀东等研究发现，民勤县荒漠化面积以年均 150hm^2 的速度减少，对应的荒漠化指数也逐年降低。

4.4.2 研究方法

干旱区水资源承载力研究需考虑以下问题：①干旱区水资源总量少，降雨无明显特征规律，水资源可利用量具有不确定性；②干旱区大部分县区经济落后，经济发展主要依赖于农业生产，水资源是影响地区社会经济和生产生活的首要因素，具有较大的关联性；③目前人类对水资源（尤其是地下水）的认识仍然十分有限，尚具有模糊性。结合各类评价方法的适用特点和范围，用改进的模糊综合法对民勤绿洲水资源承载力进行分析评价不但可以弥补单一模糊评价的不足，还能更为全面科学地对"自然条件—水资源—社会经济—生态环境"复合系统的协调程度进行评价分析。

首先，广泛阅读和收集国内外相关研究，对比分析水资源承载力相关理论和研究方法，制定适宜于干旱区水资源承载力评价的研究方案。其次，提出干旱区水资源承载力概念并选取适宜的评价方法，建立合理的水资源承载力评价体系并结合熵权法和层次分析法确定各级指标权重；咨询有关专家和参考国内外已有研究，以"乔木林面积""灌木林面积"和"草本植被面积"三项指标为例确定指标分级阈值。最后，运用模糊综合模型计算民勤绿洲 2006—2015 年水资源承载力评分并进行评价分析，进而提出应对策略。

4.5 民勤绿洲水资源承载力评价体系

4.5.1 民勤绿洲水资源承载力评价体系构建

现有的水资源承载力评价指标体系主要有两类：①基于水资源供需平衡思想建立相对独立的具有约束和优化目标的数学模型，这种建模方法简便直观，但不能准确反映各子系统之间以及子系统与总系统的联系；②根据研究区域的不同选取与水资源特征和水资源承载能力相关的指标，构建具有区域特色的复合系统和评价体系。由于影响干旱区水资源承载力的因素较多且内部机理复杂，因此本研究选用第二类方法。

1. 指标选取原则

水资源承载力评价体系构建不仅要考虑水资源量的大小及其状态，也要能够反映各指标间的相互关联关系。根据前人经验，评价体系中各指标的选取要遵循以下原则：

（1）科学性原则。构建水资源评价体系要基于科学理论，在充分了解目标区域水资源概况的基础上选取具有区域特色的评价指标进行量化和权重分析，使结果更具实用性。

（2）层次性原则。由于水资源承载力评价体系涉及诸多因素，应能够反映自然条件、水资源、社会经济条件和生态环境间的相互作用，内部机理十分复杂，只有建立合理的层次结构才能对目标系统进行合理评价。

（3）系统性和全面性原则。各子系统的指标数量不宜过多，但指标的选择须具备典型性和全面性，纵向各层次要有明确的包含关系而横向各系统要有明确的界限。

（4）独立性原则。各指标必须相互独立，同一指标只能出现在一个子系统中。

（5）可操作性原则。指标选取要综合考虑可测量性和可转化性，须能通过测量、资料查阅等方式获得，而对难以获取数据的指标可用相近指标替代。

（6）可比性原则。各指标要能将复合系统化繁为简，提高水资源动态分析的规范性和准确性，并具备一定的稳定性和外延性，便于对不同地区不同时期水资源承载力进行对比分析。

2. 评价指标体系的建立

水资源承载力综合评价是对不同系统信息的指标化，是对各子系统承载状况的综合量化，既能反映水资源的高效利用及合理配置程度，也能体现人类活动对水资源承载状况的干扰程度。借鉴国内外生态环境及水资源承载力评价的研究成果选取评价指标，并针对指标合理性向甘肃省治沙所的专家请教咨询，从"自然条件—水资源—社会经济—生态环境"复合系统视角建立民勤绿洲水资源承载力评价体系。其中准则层反映了各子系统对民勤绿洲水资源承载力的影响，指标层体现了子系统内各要素对所属系统的影响程度，共选取了 29 个影响水资源承载力的因子作为评价指标。

在自然条件子系统中，温度影响地表水蒸发，降水量和蒸发量大小影响地下水补给，地下水矿化度和土壤状况反映了干旱区的自然条件。因此，选用年平均蒸发量、年平均温度、年平均降雨量、土壤状况、地下水矿化度作为自然条件子系统的评价指标。

在水资源子系统中，指标选取要能反映民勤绿洲水资源可利用量、供需模数和利用效率的变化情况以反映旱区水资源的供需矛盾。因此，选取地下水埋深、年径流量、地均水资源总量、年水资源总量、人均水资源总量、径流系数、供水模数、需水模数和亩均水资源总量作为水资源子系统的评价指标。

社会经济子系统是水资源承载力系统发展变化的基础驱动力，社会和经济的发展带来了一系列水资源分配利用问题，水问题也同样制约着社会经济发展，因此，选取人口自然增长率、耕地灌溉率、单位 GDP 耗水、人均 GDP、单位面积人均生产总值、人均粮食占有量及人均收入作为社会经济子系统的评价指标。

在生态环境子系统中，各指标要能反映人类活动及社会经济发展扰动产生的结果，如地下水的无序开采造成对生态用水的过度挤占，干旱区各类植被逐年减小引发的土地荒漠化等。因此，选取地下水开采量占比、生态用水量占比、缺水率、荒漠化指数、乔木林面积、灌木林面积及草本面积等 7 个指标来衡量生态环境子系统。

民勤绿洲水资源承载力评价体系如图 4-2 所示。

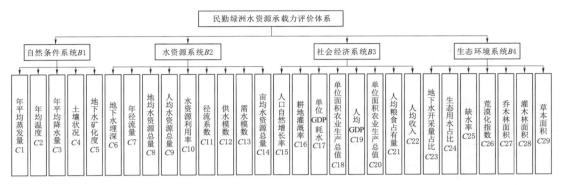

图 4-2 民勤绿洲水资源承载力评价体系

3. 评价指标权重的确定

（1）指标权重值确定方法的改进。权重值用来反映各指标在评价体系中的重要程度，影响程度越大，指标权重值也相应越大。目前确定指标权重值的方法分为：主观评价法、客观定量法和综合定权法三类。主观评价法包括专家打分法、试探法、层次分析法、统计学方法等；客观定量法包括主成分分析法、熵权法、Topsis 法等；综合定权法是对主观法和客观法的结合，用以降低单一方法的局限性。水资源承载力评价体系是由多系统、多层次组成的复杂系统，主观法和客观法的单独运用均有违科学性和合理性评价原则，因此本研究利用熵权法中的信息熵改进层次分析法中的专家赋值，从另一角度降低层次分析法的主观性和熵权法的客观性过强对评价结果造成的影响，从而使水资源承载力评价结果更具准确性和可操作性。

1）层次分析法的权重计算：在评价指标体系中，指标权重体现了次级指标相对上层系统的重要性。在层次分析法中各指标的重要性评判主要依据决策者的经验，因此需组织经验丰富的专家和工作人员进行评判，进而建立判断矩阵 $A=a(ij)_{m\times n}$，各指标的重要程度从小到大可用数字 1~9 表示，判断矩阵的标度及其含义见表 4-1。

表 4-1 判断矩阵的标度及其含义

标度	含 义
1	表示两个因素相比，具有同样重要性
3	表示两个因素相比，一个因素比另一个稍微重要
5	表示两个因素相比，一个因素比另一个明显重要
7	表示两个因素相比，一个因素比另一个强烈重要
9	表示两个因素相比，一个因素比另一个极端重要
2、4、6、8	上述相邻判断的中值
倒数	因素 i 与 j 比较的判断 a_{ij}，则因素 j 与 i 比较的判断 $a_{ji}=1/a_{ij}$

对判断矩阵 A 最大特征值 $\lambda_{\max}$ 的特征值进行归一化处理可得次级指标相对上层系统的重要性，即层次单排序。对上层指标的特征值进一步处理可得总排序结果。各层指标须通过一致性检验。方法如下：

一致性指标 CI (consistency index)：

$$CI = \frac{\lambda_{\max} - n}{n - 1} \tag{4-1}$$

一致性比例 CR (consistency ratio)：

$$CR = \frac{CI}{RI} \tag{4-2}$$

其中，RI 的取值参照表 4-2；CR 小于 0.1 说明一致性合格。

表 4-2 RI 取 值 参 照 表

矩阵阶数	1	2	3	4	5	6	7	8	9
RI	0.00	0.00	0.58	0.90	1.12	1.26	1.36	1.41	1.46

由此可见，层次分析法中指标权重值的确定很大程度上取决于决策者的主观经验，可能会因为不同决策者对评价目标的认知不同而产生完全不同的评价结果。

2）熵权法的权重计算：熵权法是运用指标提供的信息进行权重计算并依据客观资料对多个对象和指标进行评价的方法，受主观因素的影响很小。"熵"的概念源于物理学，学者申农将信息论与"熵"代表的物质系统能量衰竭程度结合表示指标的信息特征，其计算过程如下：

设矩阵 $A = a(ij)_{m \times n}$ 表示由 m 个评价指标和 n 个评价事物组成的矩阵，将数据进行归一化处理后得矩阵 $B = b(ij)_{m \times n}$，则第 i 个指标的熵值为

$$H_i = -\frac{1}{\ln m}\left(\sum_{j=1}^{m} \frac{b_{ij}}{\sum_{j=1}^{m} b_{ij}} \ln \frac{b_{ij}}{\sum_{j=1}^{m} b_{ij}}\right), \quad i = 1, 2, \cdots, n; j = 1, 2, \cdots, m \tag{4-3}$$

第 i 个指标的权重为

$$W_i = \frac{1 - H_i}{m - \sum_{i=1}^{m} H_i} \tag{4-4}$$

其中
$$\sum_{i=1}^{m} W_i = 1$$

从信息熵的推理过程可以得出，熵值与熵权正相关，其值越小指标相关信息的无序程度就越小，权重的贡献度也就越低，且指标相对上层系统的权值相应越小。熵权法对样本的依赖性很大且未考虑指标间的影响，也缺乏经验指导，因而因客观性过强导致权重计算失真。

3）改进的权重计算方法：为克服层次分析法的主观经验局限性和熵权法的客观计算失真，本研究将上述两种方法相结合，把熵值思想引入判断矩阵对复杂指标和多个对象进行评价，以期得到更加准确的评价值。具体思路如下：

设子系统中有 m 个评价指标，构成向量 $A = (a_1, a_2, \cdots, a_m)$，归一化后得向量 $B = (b_1, b_2, \cdots, b_m)$，计算公式为

$$b_i = \frac{a_i - a_{\min}}{a_{\max} - a_{\min}}, \quad (i=1,2,3,\cdots,m) \tag{4-5}$$

式中 $a_{\max}$、$a_{\min}$——同一指标中的最优值和最劣值。

正向指标中，最优值 $a_{\max}$ 为同一指标中的最大值；逆向指标中，最优值 $a_{\max}$ 为同一指标中的最小值。

第 i 个评价指标的熵值计算公式为

$$H_i = -\frac{1}{\ln m}(f_i \ln f_i), \quad (i=1,2,3,\cdots,m) \tag{4-6}$$

式中 $f_i = \dfrac{b_i}{\sum\limits_{i=1}^{m} b_i}$，且当 $f_i=0$ 时 $f_i \ln f_i = 0$，可证明 $H_i \in [0,1]$。

将各指标 H_i 值两两比较构建判断矩阵 $D = d(ij)_{m \times n}$。

各指标相对子系统的权重值 W_i 采用平均值法计算，即

$$W_i = \overline{w_i} / \sum_{i=1}^{m} \overline{w_i}, \quad (i=1,2,3,\cdots,m) \tag{4-7}$$

$$\overline{w_i} = m\sqrt{\prod\nolimits_{j=1}^{m} D_{ij}}$$

式中 $\overline{w_i}$——各指标熵值的几何平均值。

（2）指标权重计算结果。采用 MATLAB 对改进后的指标权重计算思路进行编程，以自然条件子系统为例计算指标权重值，其中 $m=5$、$n=1$，即得到 5 行 1 列矩阵，每行值为民勤绿洲各指标 2006—2015 年的平均值。代入程序可得各指标熵值分别为 0.49、0.65、0.74、0.09、0.79，构建判断矩阵如下

$$B1 = \begin{bmatrix} 1 & 0.69 & 0.5 & 1.78 & 0.41 \\ 1.44 & 1 & 0.72 & 2.57 & 0.6 \\ 1.99 & 1.38 & 1 & 3.55 & 0.83 \\ 0.56 & 0.39 & 0.28 & 1 & 0.23 \\ 2.41 & 1.67 & 1.21 & 4.3 & 1 \end{bmatrix} \tag{4-8}$$

由此可得 $C1 \sim C5$ 的权重值分别为 0.1351、0.1948、0.2689、0.0758、0.3255，说明地下水矿化度和年平均降水量是影响自然条件评分的主要因素。

同理可得水资源子系统、社会经济子系统和生态环境子系统的判断矩阵分别为

$$B2 = \begin{bmatrix} 1 & 0.66 & 0.6 & 0.51 & 0.63 & 0.78 & 1.05 & 0.88 & 1.12 & 0.75 \\ 1.51 & 1 & 0.9 & 0.78 & 0.95 & 1.17 & 1.58 & 1.32 & 1.7 & 1.12 \\ 1.67 & 1.11 & 1 & 0.85 & 1.05 & 1.3 & 1.76 & 1.47 & 1.88 & 1.24 \\ 1.95 & 1.29 & 1.17 & 1 & 1.23 & 1.51 & 2.04 & 1.71 & 2.19 & 1.45 \\ 1.59 & 1.05 & 0.95 & 0.81 & 1 & 1.23 & 1.67 & 1.39 & 1.78 & 1.18 \\ 1.29 & 0.85 & 0.77 & 0.66 & 0.81 & 1 & 1.34 & 1.12 & 1.45 & 0.95 \\ 0.95 & 0.63 & 0.57 & 0.49 & 0.6 & 0.75 & 1 & 0.83 & 1.07 & 1.41 \\ 1.14 & 0.76 & 0.68 & 0.58 & 0.72 & 0.89 & 1.2 & 1 & 1.28 & 0.85 \\ 0.89 & 0.59 & 0.53 & 0.46 & 0.56 & 0.69 & 0.93 & 0.78 & 1 & 0.66 \\ 1.34 & 0.89 & 0.81 & 0.69 & 0.85 & 1.05 & 0.71 & 1.17 & 1.51 & 1 \end{bmatrix} \tag{4-9}$$

$$B3=\begin{bmatrix} 1 & 0.18 & 0.24 & 0.66 & 0.31 & 0.39 & 0.48 \\ 5.53 & 1 & 1.35 & 3.67 & 1.73 & 2.18 & 2.66 \\ 4.12 & 0.74 & 1 & 2.73 & 1.29 & 2.62 & 1.99 \\ 0.66 & 0.27 & 0.37 & 1 & 0.83 & 0.6 & 0.73 \\ 3.18 & 0.57 & 0.78 & 2.12 & 1 & 1.25 & 1.54 \\ 2.54 & 0.46 & 0.62 & 1.68 & 0.8 & 1 & 1.23 \\ 2.07 & 0.38 & 0.5 & 1.37 & 0.65 & 0.81 & 1 \end{bmatrix} \quad (4-10)$$

$$B4=\begin{bmatrix} 1 & 0.67 & 0.57 & 1.25 & 2.15 & 2.05 & 2.06 \\ 1.5 & 1 & 0.8 & 1.3 & 2.15 & 2.1 & 2.08 \\ 1.75 & 1.25 & 1 & 2 & 2.5 & 2.6 & 2.4 \\ 0.8 & 0.77 & 0.5 & 1 & 1.43 & 0.8 & 0.95 \\ 0.47 & 0.47 & 0.4 & 0.7 & 1 & 0.56 & 0.74 \\ 0.49 & 0.48 & 0.38 & 1.25 & 1.76 & 1 & 1.31 \\ 0.49 & 0.48 & 0.42 & 1.05 & 1.36 & 0.76 & 1 \end{bmatrix} \quad (4-11)$$

$C6 \sim C15$ 相对 $B2$ 的权重值分别为 0.0749、0.113、0.1252、0.146、0.1189、0.0963、0.0781、0.0856、0.0067、0.0953，其中地均水资源量和人均水资源量是水资源子系统的主要影响因素；$C16 \sim C22$ 相对 $B3$ 的权重值分别为 0.0504、0.2789、0.2075、0.0699、0.1608、0.1282、0.1044，其中耕地有效灌溉率是社会经济因子的主要影响因素；$C23 \sim C29$ 相对 $B4$ 的权值分别为 0.1646、0.1951、0.2418、0.114、0.0782、0.1103、0.096，其中缺水率是生态因子的主要影响因素。各矩阵均通过一致性检验。

准则层指标判断矩阵的构建采用传统的层次分析法。将准则层（B）中的四个因子两两比较得到判断矩阵（式 4-12），各取值大小借鉴已有研究评价标准和实践经验丰富的 9 名专业人员的均值。

$$N=\begin{bmatrix} 1 & 0.22 & 0.47 & 0.25 \\ 4.56 & 1 & 2.16 & 1.66 \\ 2.11 & 0.46 & 1 & 0.54 \\ 3.93 & 0.6 & 1.86 & 1 \end{bmatrix} \quad (4-12)$$

对矩阵（4-12）进行层次单排序运算，得到 $B1 \sim B4$ 对 A 的权重值分别为 0.0852、0.4272、0.1801、0.3075，因而水资源因子及生态因子对水资源承载力评价的影响最大。各指标对目标层的权重值 W 见表 4-3。

表 4-3　　　　　　　　　　各指标对目标层的权重值 W

指标编号	0.0852（B1）	0.4272（B2）	0.1801（B3）	0.3075（B4）	权值 W
$C1$	0.1351				0.0115
$C2$	0.1948				0.0166
$C3$	0.2689				0.0229
$C4$	0.0758				0.0065
$C5$	0.3255				0.0278

指标编号	0.0852（B1）	0.4272（B2）	0.1801（B3）	0.3075（B4）	权值 W
C6		0.0749			0.0320
C7		0.113			0.0483
C8		0.1252			0.0535
C9		0.146			0.0624
C10		0.1189			0.0508
C11		0.0963			0.0411
C12		0.0781			0.0334
C13		0.0856			0.0366
C14		0.0667			0.0285
C15		0.0953			0.0407
C16			0.0504		0.0091
C17			0.2789		0.0502
C18			0.2075		0.0374
C19			0.0699		0.0126
C20			0.1608		0.029
C21			0.1282		0.0231
C22			0.1044		0.0188
C23				0.1646	0.0506
C24				0.1951	0.060
C25				0.2418	0.0744
C26				0.114	0.0351
C27				0.0782	0.024
C28				0.1103	0.0339
C29				0.096	0.0295

从表 4-3 中层次总排序可以看出，对民勤绿洲水资源承载力影响较大的是水资源子系统和生态环境子系统，自然条件的影响相对较小。从指标层的角度，即层次单排序看，对水资源承载力影响最大的前五个指标分别为生态缺水量、年平均水资源量、生态用水量占比、地均水资源量和人均水资源量，其权重值分别为 0.0744、0.0624、0.0535、0.0508；对评价值影响最小的五个指标分别是土壤状况、人口自然增长率、年平均蒸发量、人均 GDP 和年平均温度，其权重值分别为 0.0065、0.0091、0.0115、0.0126、0.0166。因此，加强水资源的合理利用与规划管理并注重生态条件改善才能实现生态环境的健康发展和水资源合理配置，保障区域水资源可持续利用与生态安全，同时提高水资源利用的经济效益和生态效益，最终达到提高该地区水资源承载力的目的。

4.5.2　讨论与小结

本研究结合民勤绿洲区的特点将水资源承载力评价体系分为"自然条件""水资源"

"社会经济"及"生态环境"四个子系统，进而建立了 3 层评价体系，包括 1 目标、4 准则、29 指标。在此基础上阐明了层次分析法和熵权法确定指标权重的思路，提出改进的指标权重计算方法并对各层次指标权重值进行计算。

从准则层权重可以看出，影响民勤绿洲水资源承载力的两大子系统分别是水资源子系统和生态环境子系统。孙栋元等对新疆台兰河流域水资源评价时发现，水资源是影响该地区水资源承载力状况的主要因素，生态环境和社会经济因素次之。杨琳琳等认为，改善水资源条件与生态环境是提升新疆地区水资源承载力的关键。黄佳等研究则表明，制约山东缺水地区经济发展的主要原因不仅是水资源的匮乏，还与区域生态环境状况密切相关，与本研究结果一致，因此水资源量和生态环境状况是影响干旱区水资源承载力的两大主要因素。张光凤利用复合模糊评价模型建立了南京市水资源承载力评价体系，发现水资源子系统和社会经济子系统是影响该地区水资源承载力的主要因素。任杰宇等运用主成分分析法评价天门市水资源承载力后认为，水资源自然条件子系统中地表水资源量和社会经济技术水平子系统中工业生产总值对该地区水资源承载力具有较大影响。李荣荣基于仿真模拟对湖南长沙水资源承载力进行评价时发现，以工业用水量和农业灌溉用水量为主导的经济用水是水资源供需压力的主要来源。从上述研究可知，在我国水资源条件较好的地区，社会经济发展引发的水资源问题是影响水资源承载力水平的主要因素。

提升干旱区水资源承载力需从水资源和生态环境两个方面考虑。对水资源条件，要坚持"减耕、退耕、节水"战略，对机关和企事业单位征用和确权开发的土地及无序开荒的土地适度退耕；定期对输水管道进行维护，减少蒸发渗漏等无效损耗；大力发展喷滴灌等节水技术，积极开展雨水利用，减少地下水开采量，提高地表水利用效率。对生态环境条件，要推广生物改良、水利工程改良、化学改良和农业改良等技术进行土壤盐渍化改良；通过草地封育、草地改良、人工草地建植等措施防止草场退化并进行草地重建；建设沙障，遏制土地沙化蔓延，同时对风沙危害严重的区域积极退耕还林还草和推广免耕法。此外，还应注重水文、气象、土壤及环境等方面的研究，处理好干旱区发展与保护的关系。对水资源条件较好的地区，要重点解决社会经济发展引发的水资源问题，不断调整产业结构，优先保证低耗水作物种植；大力研发和应用节水灌溉技术与设备，采用先进的喷滴灌方式提升农业节水水平；工矿企业要优化用水分配，对高精尖高效益科技企业要保证优质供水，对部分水质要求不高的工业用水企业可配置其他水源以减少开采。

4.6　民勤绿洲水资源承载力评价指标分级阈值

干旱区水资源承载力状况评级标准见表 4-4。根据表 4-4 可知，水资源承载力状况可分为"强""较强""一般""较弱""弱"五个等级，分别对应不同的分值区间，各区间又对应不同分级阈值。现有研究对水资源承载力评价体系中各指标分级阈值的设定多结合研究区实际情况，遵循系统性、全面性、可度量性、针对性及重点性原则，通过专家经验或相关规范来制定，此种方法适用于数据资料缺乏或难以测量地区的水资源承载力评价，但受主观经验的影响，大多数指标的阈值划分灵活性大，不同学者对同一指标的评分值存在较大差别。鉴于此，本研究设定了生态环境子系统中"乔木林面积""灌木林面积"和"草本面积"3 个指标的分级阈值，以期为今后评价体系中指标分级阈值的设定提供思路。

表 4 - 4 干旱区水资源承载力状况评级标准

评级标准	强	较强	一般	较弱	弱
分值	5	[4, 5)	[3, 4)	[2, 3)	[1, 2)

4.6.1 指标分级阈值设定思路

指标分级阈值的设定要体现"设计"思想，要能够依据研究对象的特征进行定量和定性评价，故植被不同分级的临界值可看作植被在不同条件下的"设计"面积，即在"设计"发展模式与水资源量下水资源能够支撑各类植被的最大面积。因此，要准确对植被不同分级阈值进行设定的关键在于设计供水量、发展模式及植被需水定额的确定。

1. 设计供水量

对特定地区而言，不同年份水资源供给量往往不一致，不利于指标分级阈值的设定，为此本研究引入设计供水量的概念。设计供水量 $\overline{W_P}$ 类似于水利计算中的"设计洪水"，即在未来某一时期该供水量出现的可能性大小。$\overline{W_P}$ 是一个特定值，当供水量超过此值时水资源对植被设计承载面积的保证率为 P；若供水量小于该值，则水资源承载力无法达到该设计水平的可能性为 $1-P$。P 值的选择是一项相对复杂的工作，需充分考虑社会、经济、技术及国家政策的影响。参考已有报道，居民用水供水保证率一般高于 95%，工业用水保证率一般低于 90%。由于受到自然、经济条件的限制，农村地区用水保证率相对较低。P 值的确定还受到城市规模的影响，设计供水保证率见表 4 - 5。

表 4 - 5 设 计 供 水 保 证 率

地区类别	小规模地区	中等规模地区	大规模地区
水源充裕地区	85%	90%	95%
水资源匮乏地区	80%	85%	90%

2. 设计发展模式

设计发展模式反映了天然植被的生态状况与水资源利用的特征关系，它与经济方针、发展规划及基本国策等密切相关，因此必须从战略层面进行考量，如地区发展战略对生态用水保障的优先程度、管理法规体制对水资源承载能力的影响程度。在水资源匮乏地区，提高灌溉效率、重复利用率及污水处理率能显著降低生产、生活用水，减少对生态环境用水的挤占，从而提高承载能力。本研究分别针对乔木林、灌木林和草本植被提出 4 种发展模式：①退化模式，即水资源无法满足植被正常需水，研究区生态环境和植被生长无法维持正常生长导致生态环境进一步退化的发展模式；②保持模式，即植被生长状态良好，研究区生态维持目前状态的发展模式；③恢复模式，即可以满足研究区植被生长且一定程度促进区域生态正向演替的发展模式；④最优模式，即研究区生态环境功能得到充分发挥，区域植被种类和数量达到可承载最大丰度的发展模式。不同发展模式对应不同的承载力，因此以上述 4 种模式下植被设计面积为界进行阈值划分，分别对应五个不同等级。

3. 植被需水定额

目前植被需水定额的计算方法主要有直接计算法、间接计算法、水量平衡方程法及基于遥感技术的计算方法。对地下水依赖较强的干旱区，天然植被的需水定额可通过潜水蒸

发来估算，即间接法，计算公式为

$$I = \sum_{i=1}^{n} E_i \cdot K_i \qquad (4-13)$$

式中　I——植被需水定额，m^3；

　　　E_i——第 i 种植被对应的潜水蒸发强度，mm；

　　　K_i——第 i 种植被的影响系数。

对上述参数进行合理计算是准确量化植被需水定额的关键。

(1) 潜水蒸发强度 E 优选。潜水蒸发强度 E 的大小影响植物生长的土壤水分状况，土壤稳定蒸发时地表蒸发强度与土壤含水量均保持稳定，三者在数值上相等。目前主要有两种计算方法：

1) 根据降雨量、温度、辐射量等气象因素建立模型，如 Penman - Monteith 模型、Hargreaves 模型等，但这类模型的计算需长期观测和积累大量气象数据，很难应用于部分工作基础较差（难以通过试验获取所需数据）且模型参数获取困难的干旱区。

2) 建立潜水蒸发强度与埋深的关系模型。常见的关系模型大体可分为三类：①潜水蒸发强度与潜水埋深呈单一的相关关系，如叶水庭指数型公式，该公式由于忽视了蒸发强度与蒸发能力相关的特点，因而有一定的局限性；②同时考虑了蒸发强度与埋深及蒸发能力关系的改进公式，如沈立昌公式；③建立了潜水蒸发系数与土壤输水特性及土表蒸发的关系函数，如雷志栋公式。研究表明，后两类公式用于拟合埋深大于 1m 的实测资料较好。

由于现有潜水蒸发模型适用条件不同，利用常规方法计算潜水蒸发强度对不同埋深的潜水蒸发强度表现不够理想。潜水蒸发公式见表 4 - 6。本研究利用 MATLAB 将表 4 - 6 中各类公式编入同一个程序，分别对不同埋深的潜水蒸发强度进行拟合，排除不满足相关度的模型公式后，结合去极值法和 0.618 法进行结果优选。编程思路如下：

表 4 - 6　　　　　　　　　　　潜 水 蒸 发 公 式

公式编号	公 式 名 称	公 式 形 式	参考文献编号
1	沈立昌公式	$E = c\mu E_0^a/(1+h)^b$	[106]
2	叶水庭公式	$E = E_0 e^{-ah}$	[105]
3	雷志栋公式	$E = ah^{-b}(1-e^{-0.85E_0/ah^{-b}})$	[107]
4	毛晓敏公式	$E = E_0[1-(h-\Delta h)/h_0]^a$	[108]
5	张朝新公式	$E = E_0 \cdot a/(h_0+N)^b$	[109]
6	反 log 公式	$E = cE_0/ae^{bh}$	[110]
7	束苍龙公式	$E = aE_0^{(1+b)}(1-h/h_0)^c$	[111]
8	阿维里昂诺夫公式	$E = E_0 \cdot a \cdot (1-h/h_0)^b$	[112]

注　a、b、c 为经验参数，通过拟合可得；E_0 为大气蒸发量，mm/d；h 为地下水埋深，m。

民勤绿洲极限地下水埋深 h_{max} 为 4.5m，因此地下水埋深 h 以 [1, 4.5] 为变化区间、以 0.01 为步长增长，代入各公式得到 350 组不同的潜水蒸发强度，构成矩阵 E 为

$$E=\begin{bmatrix} E_{1,1} & E_{1,2} & \cdots & E_{1,6} \\ E_{2,1} & E_{2,2} & \cdots & E_{2,6} \\ \vdots & \vdots & \vdots & \vdots \\ E_{350,1} & E_{350,2} & \cdots & E_{350,6} \end{bmatrix} \qquad (4-14)$$

去掉每行最大值、最小值得到新的矩阵 E'：

$$E'=\begin{bmatrix} E'_{1,1} & E'_{1,2} & E'_{1,3} & E'_{1,4} \\ E'_{2,1} & E'_{2,2} & E'_{2,3} & E'_{2,4} \\ \vdots & \vdots & \vdots & \vdots \\ E'_{350,1} & E'_{350,2} & E'_{350,3} & E'_{350,4} \end{bmatrix} \qquad (4-15)$$

求得优化结果 E_0 为

$$E_{0i}=\max(E'_i)\times0.618+\min(E'_i)\times0.382 \quad (i=1,2,3,\cdots,350) \qquad (4-16)$$

针对部分研究区试验条件有限和缺乏实测潜水蒸发强度—埋深数据现状，根据研究区土壤和气候特点，采用相似地区阿维里昂诺夫经验参数模拟数据进行计算。阿维里昂诺夫模型因形式简单（表4-6中公式编号8）且易于推广被广泛应用于实际生产，已积累了大量研究资料。选取三组阿维里昂诺夫经验参数，以三组不同的潜水埋深（1m，2m，3m，4m）、（1.35m，2.65m，3.35m，4.35m）、（1.75m，2.25m，3.75m，3.85m）生成模拟蒸发点进行拟合。

阿维里昂诺夫初始参数见表4-7。在充分考虑不同植被盖度的蒸腾量、不同水质及地下水埋深与植被蒸腾量的相关关系基础上，对表4-7中阿维里昂诺夫初始参数生成的模拟点进行拟合，结果如图4-3～图4-6所示，各公式拟合度均大于 $R_{0.05}$，线性关系合理，与三种经典公式相比优选曲线决定系数更高。本研究优化结果的相关系数 R 为0.926，P 值为0.934，均高于其他三种公式模拟结果，各公式拟合结果与张奎俊试验点相关性分析及差异性检验见表4-8，与张奎俊民勤绿洲潜水蒸发试验结果比较最为接近，说明优化结果合理。

表4-7　　　　　　　　　　　阿维里昂诺夫初始参数

参　数	第一组	第二组	第三组
a	0.606	0.620	0.600
b	2.349	2.800	2.128

表4-8　　　　　各公式拟合结果与张奎俊试验点相关性分析及差异性检验

公式	不同埋深下的潜水蒸发强度/mm								相关系数 R	$R_{0.05}$	p 值
	1	1.5	2	2.5	3	3.5	4	4.25			
沈立昌公式	1042.894	617.839	325.747	264.095	153.243	115.883	87.659	85.380	0.918	0.707	0.912
叶水庭公式	1056.182	669.789	345.795	268.157	125.054	79.127	47.584	45.225	0.917	0.707	0.900
雷志栋公式	1056.882	624.001	319.025	258.767	120.761	104.075	92.761	83.254	0.907	0.707	0.911
优化结果	1051.106	652.301	338.137	266.605	142.475	101.842	72.351	70.041	0.926	0.707	0.934
张奎俊结果	993.103	706.864	360.596	274.549	163.589	150.268	94.344	83.133	1	0.707	1

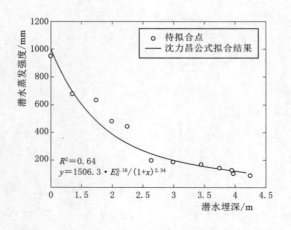

图 4-3　沈立昌公式拟合结果

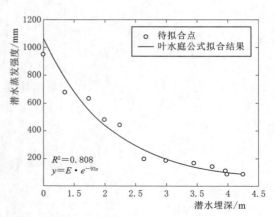

图 4-4　叶水庭公式拟合结果

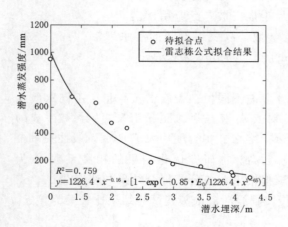

图 4-5　雷志栋公式拟合结果

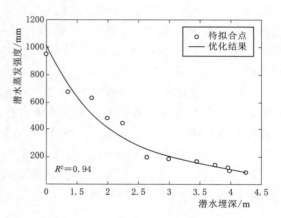

图 4-6　优化结果

（2）植被影响系数 K 计算。植被影响系数 K 反映一定区域内植被对潜水蒸发强度的影响，不同植被适宜生存的地下水埋深不同，可用植被区潜水蒸发强度除以无植被区潜水蒸发强度求得。目前干旱区植被系数选取主要参考河西走廊玉门镇有关试验结果，干旱区植被影响系数见表 4-9。

表 4-9　　　　　　　　　　　　干旱区植被影响系数

潜水埋深/m	1.0	1.5	2.0	2.5	3.0	3.5	4.0
植被影响系数	1.98	1.63	1.56	1.45	1.38	1.29	1.00

当潜水埋深取值在表 4-9 中查不到时，K 值只能通过专业人员估值得到，因而降低了结果的准确度。利用 MATLAB 中的二阶 Gaussian 函数对数据进行准确拟合，K_i 值拟合曲线如图 4-7 所示。

$$K_i = 1353.5\exp\left[-\left(\frac{h+16.59}{6.79}\right)^2\right] + 1.07\exp\left[-\left(\frac{h-3.13}{1.92}\right)^2\right] \quad (4-17)$$

式中　h——潜水埋深，m。

经检验 R^2 为 0.99，拟合度较高。

（3）计算结果。据粟晓玲和杨秀英研究，民勤绿洲乔木林的最适地下水埋深为 2～4.5m，灌木林 3～4m，疏林地 3.5～4.5m，草本植被 3～4.5m。选取中间值作为计算埋深，代入式（4-17）可得各类植被影响系数及潜水蒸发强度，需水定额 I 计算结果见表 4-10 所列。

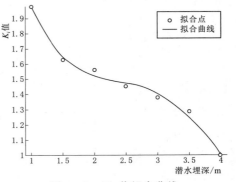

图 4-7　K_i 值拟合曲线

表 4-10 　　　　　　　　　　需水定额 I 计算结果

项　　目	乔木林	灌木林	草本植被
潜水埋深/m	2～4.5	3.0～4.0	3～4.5
计算埋深/m	3.3	3.5	3.7
K	1.324	1.253	1.167
E/mm	153.06	134.38	118.53
I/（万 m³/hm²）	202.65	165.96	138.32

4.6.2　民勤绿洲不同类型植被分级阈值

1. 评价指标设定

为了将水资源对社会经济和生态环境的承载力水平定量且合理体现出来，评价指标的选取必须遵守如下原则：①对社会经济用水和生态用水有显著影响；②物理意义明确、概念清晰；③易于对比，便于操作计算。在已有研究成果基础上，本研究从社会经济系统、生态系统和水资源利用效率三个方面对各指标进行补充和评价研究，用水指标如图 4-8 所示。

2. 计算公式

在水平衡方程的基础上，参照 Qin 等的研究，制定并完善了水资源对植被承载面积的计算公式，包括社会经济用水与生态用水两方面：

（1）社会经济用水（10^4m³）：$Q_S = (Q_1 + Q_2 + Q_3 + Q_4) \times (1 - I_{17})$ 　　（4-18）

其中：

生活用水（10^4m³）：　　　　　$Q_1 = Q_{11} + Q_{12} + Q_{13}$ 　　　　　（4-19）

城市生活用水（10^4m³）：$Q_{11} = TP \times I_1 \times I_2 \times 365 / I_{14}$ 　（4-20）

农村生活用水（10^4m³）：$Q_{12} = TP \times (1 - I_1) \times I_3 \times 365 / I_{14}$ 　（4-21）

牧业用水（10^4m³）：　　　　　$Q_{13} = Q_{12} \times I_4$ 　　　　　（4-22）

第二产业用水（10^4m³）：　　$Q_2 = SIA \times I_5 / I_{15}$ 　　　（4-23）

第三产业用水（10^4m³）：　　$Q_3 = TIA \times I_6 / I_{15}$ 　　　（4-24）

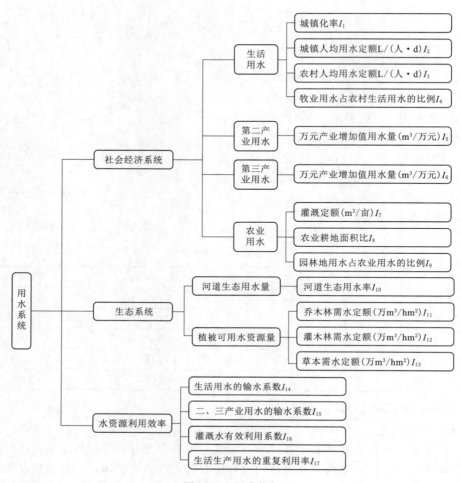

图 4-8　用水指标

农业用水（$10^4 m^3$）：　　　　　　$Q_4 = Q_{41} + Q_{42}$　　　　　　　（4-25）

灌溉用水（$10^4 m^3$）：　　　　　$Q_{41} = A \times I_7 \times I_8 / I_{16}$　　　　　（4-26）

园林用水（$10^4 m^3$）：　　　　　　$Q_{42} = Q_{41} \times I_9$　　　　　　（4-27）

（2）生态需水（$10^4 m^3$）：　　　$Q_T = Q_R + Q_E$　　　　　　　（4-28）

其中：

植被生态用水（$10^4 m^3$）：　　$Q_E = Q_{E1} + Q_{E2} + Q_{E3} + Q_{E4}$　　（4-29）

乔木林生态用水（$10^4 m^3$）：　　$Q_{E1} = I_{11} \times \chi_1$　　　　　（4-30）

灌木林生态用水（$10^4 m^3$）：　　$Q_{E2} = I_{12} \times \chi_2$　　　　　（4-31）

草本生态用水（$10^4 m^3$）：　　　$Q_{E4} = I_{13} \times \chi_3$　　　　　（4-32）

河道生态用水（$10^4 m^3$）：　　$Q_R = Q_E \times I_{10} / (1 - I_9)$　　（4-33）

（3）总用水量（$10^4 m^3$）：　　　$Q = Q_S + Q_T$　　　　　　　（4-34）

式中　χ_1、χ_2、χ_3——乔木林设计面积、灌木林覆盖面积及草本植被覆盖面积，即求解目标；

TP——人口总量，241200 人；

SIA——第二产业增值，15.39×10^4 元；

TIA——第三产业增值，11.22×10^4 元；

Q——设计供水量，参照表 4-5，民勤县设计供水量 $Q = \overline{W_{80\%}} = 3583 \text{hm}^3$。

3. 计算结果

（1）根据民勤绿洲社会经济及生态环境条件，参考相关研究，采用专家咨询法分别拟定了不同发展模式下各项指标的取值，见表 4-11。

表 4-11　　　　　　　　　　　　不同模式下各指标取值

指　　标	退化模式	保持模式	恢复模式	最优模式
I_1	25%	30%	35%	40%
I_2	0.35	0.4	0.45	0.5
I_3	0.16	0.18	0.2	0.22
I_4	0.13	0.14	0.15	0.16
I_5	67	62	57	52
I_6	7	6	5	4
I_7	1050	950	850	750
I_8	49%	45%	41%	37%
I_9	1%	3%	5%	7%
I_{10}	72%	70%	68%	66%
I_{11}	202.65	202.65	202.65	202.65
I_{12}	165.96	165.96	165.96	165.96
I_{13}	138.32	138.32	138.32	138.32
I_{14}	0.89	0.9	0.91	0.92
I_{15}	0.90	0.91	0.92	0.93
I_{16}	0.42	0.43	0.44	0.45
I_{17}	0.08	0.1	0.12	0.14

（2）基于 MATLAB 对式（4-18）～式（4-34）进行编程，代入各项数据得到设计面积。结果不同发展模式下植被设计面积见表 4-12。

表 4-12　　　　　　　　　　　不同发展模式下植被设计面积

项　　目	退化模式	保护模式	恢复模式	最优模式
乔木林面积/hm²	813	1659	2463	3255
灌木林面积/hm²	2467	5762	8555	11306
草本植被面积/hm²	2365	5614	8336	11016

（3）乔木林面积、灌木林面积、草本植被面积的分级阈值见表 4-13。

表 4-13 三类植被的分级阈值

指　标	等　级				
	五级	四级	三级	二级	一级
乔木林面积/hm²	>3255	2463~3255	1695~2463	813~1659	<813
灌木林面积/hm²	>11306	8555~11306	5762~8555	2467~5762	<2467
草本植被面积/hm²	>11016	8336~11016	5614~8336	2365~5614	<2365

4.6.3　民勤绿洲水资源承载力评价指标分级阈值

其余指标分级阈值按常规方法，即结合专家咨询与文献资料，民勤绿洲水资源承载力评价指标分级阈值见表 4-14。

表 4-14　民勤绿洲水资源承载力评价指标分级阈值

编号	指　标　层	等　级					指标类型
		五级	四级	三级	二级	一级	
C_1	年平均蒸发量/mm	<600	600~800	800~1200	1200~1900	>1900	负向
C_2	年均温度/℃	>14	12.5~14	11~12.5	9.5~11	<9.5	正向
C_3	年平均降水量/mm	>550	400~550	250~400	100~250	<100	正向
C_4	土壤状况	>5	4~5	3~4	2~3	1~2	正向
C_5	地下水矿化度/(g/L)	<1	1~3	3~10	10~50	>50	负向
C_6	地下水埋深/m	<1	1~2	2~3	3~5	>5	负向
C_7	年径流量/亿 m³	>12	8~12	5~8	3~5	<3	正向
C_8	地均水资源总量/mm	>200	150~200	100~150	50~100	<50	正向
C_9	年平均水资源总量/亿 m³	>10	8~10	6~8	4~6	<4	正向
C_{10}	人均水资源总量/(m³/人)	>400	300~400	200~300	100~200	<100	正向
C_{11}	水资源利用率/%	<45	45~55	55~65	65~75	>75	负向
C_{12}	径流系数	>0.4	0.4~0.3	0.3~0.2	0.2~0.1	<0.1	正向
C_{13}	供水模数/(万 m³/km²)	<1	1~5	5~10	10~15	>15	负向
C_{14}	需水模数/(万 m³/km²)	<1	1~5	5~10	10~15	>15	负向
C_{15}	亩均水资源总量/(m³/亩)	<500	500~650	650~800	800~950	>950	负向
C_{16}	人口自然增长率/%	<3	3~6	6~8	8~10	>10	负向
C_{17}	耕地灌溉率/%	>70	70~55	55~40	40~20	<20	正向
C_{18}	单位 GDP 耗水/(元/m³)	<6.5	6.5~8.3	8.3~9.5	9.5~12	>12	负向
C_{19}	人均 GDP/(元/人)	>8000	8000~6535	6535~5000	5000~4000	<4000	正向
C_{20}	单位面积农业生产总值/(万元/km²)	>80	80~60	60~40	40~20	<20	正向
C_{21}	人均粮食占有量/kg	>1000	1000~800	800~500	500~200	<200	正向

编号	指 标 层	等 级					指标类型
		五级	四级	三级	二级	一级	
C_{22}	人均收入/元	>10000	10000~6000	6000~4000	4000~2000	<2000	正向
C_{23}	地下水开采量占比/%	<20	20~30	30~40	40~50	>50	负向
C_{24}	生态用水量占比/%	>50	50~40	40~30	30~20	<20	正向
C_{25}	缺水率/%	0	0~10	10~20	20~30	>30	负向
C_{26}	荒漠化指数	>30	30~20	20~15	15~7	<7	正向
C_{27}	乔木林面积/hm²	>3255	2463~3255	1695~2463	813~1659	<813	负向
C_{28}	灌木林面积/hm²	>11306	8555~11306	5762~8555	2467~5762	<2467	负向
C_{29}	草本植被面积/hm²	>11016	8336~11016	5614~8336	2365~5614	<2365	负向

4.6.4 讨论与小结

为更加科学地设定评价体系中各指标分级阈值，以生态环境子系统中"乔木林面积""灌木林面积""草本植被面积"三项指标为例计算了设计供水量、发展模式和植被需水定额。首先基于"设计洪水"概念提出设计供水量的确定方法，并根据植被群落的生长特性提出4种不同发展模式，然后通过优化植被需水定额间接法计算公式中的各参数，更加准确地计算了民勤绿洲各类植被的需水定额，最后以三类植被不同模式下的"设计"面积为界设定了指标分级阈值。

由图4-7可见，植被系数 K 减小速率随地下水埋深增大先逐渐变小然后趋于稳定，最后逐渐变大。研究发现，不同植被影响系数大小为随潜水埋深变化的函数，其值随地下水埋深增大而减少。当地下水埋深小于2m时植被影响系数减小速率随地下水埋深的增大逐渐变小，当埋深在2~3m时 K 值趋于稳定；当地下水埋深大于3m时植被影响系数减小速率逐渐上升，可用二阶Gaussian函数精确拟合。朱艳红研究表明，干旱区地下水埋深小于2m时土壤含水率减小速率随地下水埋深增大逐渐变小，而当潜水埋深大于2m时土壤含水率趋于稳定。上述变化规律与图4-7中 K 值变化趋势一致。因此，在潜水埋深小于3m的范围内土壤水蒸发是影响旱区植被需水量的主要因素，此时 K 值的变化速率与土壤含水率变化速率一致；当潜水埋深大于3m时土壤水蒸发对植被需水量的影响逐渐变小，而地表植被则由蒸腾作用更为强烈的乔木、灌木变为蒸腾作用较弱草地，因而导致 K 值迅速变小。

潜水蒸发强度的算法以去极值法和0.618优选法为基础，是对众多潜水蒸发公式所得结果的优选，无具体的模型公式，所得潜水蒸发强度—埋深曲线是由大量优选点组成的折线，需借助计算软件（如MATLAB）进行编程求解。由图4-3~图4-6可知，当地下水埋深较浅时对潜水蒸发强度取值影响较大的是第一类公式；当地下水埋深大于3.5m时由更适宜计算该埋深条件的二、三类公式决定潜水蒸发强度降低速率，因此图4-6中优化的潜水蒸发强度—埋深曲线更具有代表性。该法可为我国部分环境恶劣、试验条件艰苦且难以获取水文资料的干旱区植被需水定额的估算提供科学借鉴。

　　Qin 等开创性地将设计供水量和设计发展模式理念与水资源承载力结合计算了成都市水资源承载力，本研究将该思路拓展至植被设计面积计算并设定了民勤绿洲水资源承载力三类植被指标的分级阈值。该法求解简单且便于推广，今后研究中其余指标分级阈值均可基于"设计"思想设定。

4.7　民勤绿洲 2006—2015 年水资源承载力模糊综合评价

4.7.1　模糊综合评价模型构建

　　1. 模糊关系矩阵的建立

　　指标分级阈值确定后利用隶属度函数对各指标进行逐一量化评价，降低单个因素对系统的影响以解决无绝对肯定或否定的问题。

　　逐一对子系统中各指标进行量化构成模糊关系矩阵 $R(ij)_{m\times p}$，即

$$R(ij)_{m\times p}=\begin{bmatrix} r_{11} & r_{12} & r_{13} & \cdots & r_{1p} \\ r_{21} & r_{22} & r_{23} & \cdots & r_{2p} \\ r_{31} & r_{32} & r_{33} & \cdots & r_{3p} \\ \vdots & \vdots & \vdots & \vdots & \vdots \\ r_{m1} & r_{m2} & r_{m3} & \cdots & r_{mp} \end{bmatrix},\ (i=1,2,\cdots,m;j=1,2,\cdots,p) \quad (4-35)$$

其中　$r(ij)$——评价指标 i 在 j 级标准的隶属度，为评价指标 i 位于 j 级评价标准的可能性大小，通过具体隶属函数计算。

　　目前常用的隶属度函数有二元对比排序法、专家咨询法、模糊统计法、例证法等。当模糊集合论域为实数集时，隶属函数为模糊分布，常用的分布有柯西分布、梯形和半梯形分布、正太分布、岭型分布和 K 次抛物线型分布等。根据表 4-2 中数据五级分布特点，选取梯形半梯形分布隶属度函数并对结果加以修正以避免评价等级相差一级但等级间数值相差不大的情况。具体模型如下：

一级：　　$R_{v_1}(a_i)=\begin{cases} \dfrac{1}{2}\left(1+\dfrac{a_i-x_1}{a_i-x_2}\right),a_i<x_1\ \text{或}\ a_i\geqslant x_1 \\[3mm] \dfrac{1}{2}\left(1-\dfrac{x_1-a_i}{x_1-x_2}\right),x_1\leqslant a_i<x_2\ \text{或}\ x_2\leqslant a_i<x_1 \\[3mm] 0,a_i\geqslant x_2\ \text{或}\ a_i<x_2 \end{cases}$ 　　$(4-36)$

二级：　　$R_{v_2}(a_i)=\begin{cases} \dfrac{1}{2}\left(1-\dfrac{a_i-x_1}{a_i-x_2}\right),a_i<x_1\ \text{或}\ a_i\geqslant x_1 \\[3mm] \dfrac{1}{2}\left(1+\dfrac{x_1-a_i}{x_1-x_2}\right),x_1\leqslant a_i<x_2\ \text{或}\ x_2\leqslant a_i<x_1 \\[3mm] \dfrac{1}{2}\left(1+\dfrac{a_i-x_2}{x_2-x_3}\right),x_2\leqslant a_i<x_3\ \text{或}\ x_3\leqslant a_i<x_2 \\[3mm] \dfrac{1}{2}\left(1-\dfrac{x_3-a_i}{x_3-x_4}\right),x_3\leqslant a_i<x_4\ \text{或}\ x_4\leqslant a_i<x_3 \\[3mm] 0,a_i\geqslant x_4\ \text{或}\ a_i<x_4 \end{cases}$ 　　$(4-37)$

$$三级：\quad R_{v_3}(u_i)=\begin{cases} 0,u_i\geqslant x_2 \text{ 或 } u_i<x_2 \\ \dfrac{1}{2}\left(1-\dfrac{u_i-x_3}{x_2-x_3}\right),x_2\leqslant u_i<x_3 \text{ 或 } x_3\leqslant u_i<x_2 \\ \dfrac{1}{2}\left(1+\dfrac{x_3-u_i}{x_3-x_4}\right),x_3\leqslant u_i<x_4 \text{ 或 } x_4\leqslant u_i<x_3 \\ \dfrac{1}{2}\left(1+\dfrac{u_i-x_5}{x_4-x_5}\right),x_4\leqslant u_i<x_5 \text{ 或 } x_5\leqslant u_i<x_4 \\ \dfrac{1}{2}\left(1-\dfrac{x_5-u_i}{x_5-x_6}\right),x_5\leqslant u_i<x_6 \text{ 或 } x_6\leqslant u_i<x_5 \\ 0,u_i\geqslant x_6 \text{ 或 } u_i<x_6 \end{cases} \quad (4-38)$$

$$四级：\quad R_{v_4}(u_i)=\begin{cases} 0,u_i<x_4 \text{ 或 } u_i\geqslant x_4 \\ \dfrac{1}{2}\left(1-\dfrac{u_i-x_5}{x_4-x_5}\right),x_4\leqslant u_i<x_5 \text{ 或 } x_5\leqslant u_i<x_4 \\ \dfrac{1}{2}\left(1+\dfrac{x_5-u_i}{x_5-x_6}\right),x_5\leqslant u_i<x_6 \text{ 或 } x_6\leqslant u_i<x_5 \\ \dfrac{1}{2}\left(1+\dfrac{u_i-x_7}{x_6-x_7}\right),x_6\leqslant u_i<x_7 \text{ 或 } x_7\leqslant u_i<x_6 \\ \dfrac{1}{2}\left(1-\dfrac{x_7-u_i}{x_6-u_i}\right),u_i\geqslant x_7 \text{ 或 } u_i<x_7 \end{cases} \quad (4-39)$$

$$五级：\quad R_{v_5}(u_i)=\begin{cases} 0,u_i\geqslant x_6 \text{ 或 } u_i<x_6 \\ \dfrac{1}{2}\left(1-\dfrac{u_i-x_7}{x_6-x_7}\right),x_6\leqslant u_i<x_7 \text{ 或 } x_7\leqslant u_i<x_6 \\ \dfrac{1}{2}\left(1+\dfrac{x_7-u_i}{x_6-u_i}\right),u_i\geqslant x_7 \text{ 或 } u_i<x_7 \end{cases} \quad (4-40)$$

上述模型中正向指标取前者，逆向指标取后者。x_1、x_3、x_5、x_7 分别为 v_1 和 v_2、v_2 和 v_3、v_3 和 v_4 及 v_4 和 v_5 各指标分级阈值的临界值，x_2、x_4、x_6 为 v_2、v_3、v_4 各指标分级阈值中间值。

2. 综合评价公式

各层指标均受上层因素制约，因此评价结果应综合考虑上层各因素，加入各层权重值后用加权平均值算法计算子系统各指标评分，并用协调系数计算公式分析各子系统的协调度。

$$K_l=W_i\cdot R_i\cdot V'=[n_1,n_2,\cdots,n_m]\cdot\begin{bmatrix} r_{11} & r_{12} & r_{13} & \cdots & r_{1p} \\ r_{21} & r_{22} & r_{23} & \cdots & r_{2p} \\ r_{31} & r_{32} & r_{33} & \cdots & r_{3p} \\ \cdots & \cdots & \cdots & \cdots & \cdots \\ r_{m1} & r_{m2} & r_{m3} & \cdots & r_{mp} \end{bmatrix}\cdot[v_1,v_2,\cdots,v_p]'$$

$$(4-41)$$

$$K=\sum_{l=1}^{4}N_l\cdot K_l(l=1,2,3,4) \quad (4-42)$$

$$C = 2\sqrt{1 - \frac{K \cdot K_l}{\left(\dfrac{K + K_l}{2}\right)^2}} \qquad (4-43)$$

式中 K_l——子系统评分，1、2、3、4 分别代表自然条件、水资源、社会经济及生态环
境子系统；

   K——水资源承载力综合评分；

   C——协调系数，$0 \leqslant C \leqslant 1$，$C$ 越小协调度越好。

该算法将所有因素纳入评价结果向量中，体现了"综合"评价的特点。

4.7.2 民勤绿洲水资源承载力模糊综合评价

将数据代入上述模型，使用 MATLAB 软件对民勤绿洲水资源承载力进行综合计算，
根据最大隶属度原则将指标划分为不同等级后进行评判，所得结果见表 4-15～表 4-19。

表 4-15   2006—2015 年自然子系统综合评价结果

年份	一级	二级	三级	四级	五级	协调系数	K_1
2006	0.4065	0.2681	0.0977	0.2279	0	0.1697	2.1470
2007	0.2912	0.3834	0.0977	0.2279	0	0.1282	2.2623
2008	0.3513	0.3233	0.1139	0.2116	0	0.1358	2.1860
2009	0.4221	0.2525	0.0651	0.2604	0	0.1507	2.1640
2010	0.3870	0.2876	0.0488	0.2767	0	0.1525	2.2150
2011	0.4017	0.2729	0.1269	0.1986	0	0.1936	2.1225
2012	0.3715	0.3031	0.0846	0.2409	0	0.1698	2.1951
2013	0.1882	0.4789	0.1199	0.2123	0	0.1131	2.3583
2014	0.2512	0.4083	0.0184	0.3222	0	0.0775	2.4119
2015	0.1880	0.4715	0.0363	0.3043	0	0.0990	2.4572

表 4-16   2006—2015 年水资源子系统综合评价结果

年份	一级	二级	三级	四级	五级	协调系数	K_2
2006	0.3565	0.1989	0.0391	0.0543	0.2522	0	2.3496
2007	0.3585	0.2437	0.0334	0.1058	0.1986	0	2.3621
2008	0.3609	0.1945	0.0391	0.1068	0.1997	0	2.2928
2009	0.3610	0.1944	0.0402	0.0576	0.2477	0	2.3359
2010	0.3630	0.2393	0.0312	0.0541	0.2524	0	2.4137
2011	0.3417	0.2840	0.0078	0.0579	0.2486	0	2.4077
2012	0.3113	0.3066	0.0156	0.0576	0.2489	0	2.4462
2013	0.3745	0.1809	0.0781	0.0508	0.2557	0	2.4523
2014	0.2915	0.2049	0.0624	0.1002	0.2040	0	2.3093
2015	0.3083	0.2621	0.0053	0.0993	0.2551	0	2.5211

表 4-17   2006—2015 年社会经济子系统综合评价结果

年份	一级	二级	三级	四级	五级	协调系数	K_3
2006	0.2104	0.1302	0.1695	0.0922	0.3979	0.2694	3.3374
2007	0.1843	0.1308	0.1950	0.0876	0.4025	0.2754	3.3936
2008	0.1842	0.2350	0.0908	0.0876	0.4025	0.2710	3.2895
2009	0.1841	0.2816	0.0043	0.0810	0.4091	0.2542	3.2496
2010	0.1841	0.1514	0.1746	0.0810	0.4091	0.2682	3.3800
2011	0.2213	0.2188	0.0635	0.0874	0.4091	0.2292	3.2446
2012	0.3586	0.0815	0.0111	0.1398	0.4091	0.1934	3.1596
2013	0.3708	0.0693	0	0.0810	0.4790	0.2001	3.2284
2014	0.3928	0.0673	0	0.0614	0.4786	0.2186	3.1660
2015	0.3693	0.0708	0	0.0640	0.4960	0.1791	3.2469

表 4-18   2006—2015 年生态环境子系统综合评价结果

年份	一级	二级	三级	四级	五级	协调系数	K_4
2006	0.4114	0.1986	0.1482	0	0.2418	0.0331	2.4622
2007	0.4117	0.1757	0.1707	0	0.2418	0.0347	2.4844
2008	0.4112	0.2347	0.1123	0	0.2418	0.0316	2.4265
2009	0.4114	0.2250	0.1217	0	0.2418	0.0327	2.4357
2010	0.4102	0.2182	0.1297	0	0.2418	0.0540	2.4449
2011	0.4111	0.2182	0.1240	0.0049	0.2418	0.0114	2.4481
2012	0.3770	0.2525	0.1007	0.0280	0.2418	0.0010	2.5051
2013	0.3404	0.2861	0.1135	0.0181	0.2418	0.0016	2.5345
2014	0.3461	0.2314	0.1622	0.0185	0.2418	0.0639	2.5785
2015	0.3167	0.2530	0.1701	0.0185	0.2418	0.0729	2.6475

表 4-19   2006—2015 年水资源承载力综合评价结果

年份	2006	2007	2008	2009	2010	2011	2012	2013	2014	2015
K	2.5451	2.5722	2.5045	2.5167	2.5806	2.5775	2.6024	2.6411	2.6064	2.7132

为直观反映各系统评分结果，将表 4-15～表 4-19 中结果整理成折线图（图 4-9～图 4-13）。

从图 4-9 可以看出，民勤绿洲的自然条件处于"较弱"承载状态，评分呈微弱的上升趋势。从具体年份看，2011 年蒸发量（2623mm）为 2006—2015 年最高，导致自然条件评分最低，源于土壤状况的不断改良及地下水开采量减少，地下水埋深变浅，土壤盐渍化程度降低。虽然 2011 年的低值拉低了整体上升幅度，但其他指标因素的改进仍使民勤绿洲自然条件评分逐年好转，与水资源子系统的协调度逐年上升（表 4-15）。

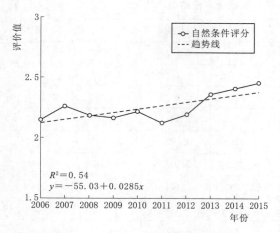

图 4-9 自然条件评分变化趋势

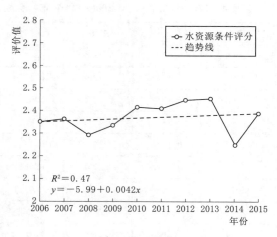

图 4-10 水资源条件评分变化趋势

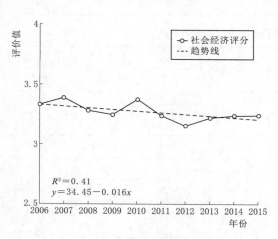

图 4-11 社会经济评分变化趋势

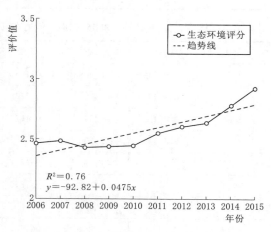

图 4-12 生态环境评分变化趋势

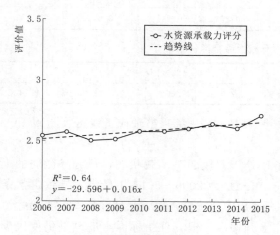

图 4-13 水资源承载力评分变化趋势

图 4-10 中，民勤绿洲水资源条件评分变化不大，均值为 2.3698，处于"较弱"承载状态。2008 年和 2014 年的低值 2.29、2.24 使评分趋势呈现双低谷形态，从已有数据可以看出，这两年的降水量分别为 117mm 和 119mm，径流量低于平均值 2.65 亿 m³，拉低了地区径流系数，使各指标评分均为十年来的较低值。水资源是决定干旱区水资源承载力是否良好的主导因素，无法人为改变，只有通过合理利用水资源和提高水资源利用效率来实现水资源子系统承载状态的改善。

从社会经济条件层面来看（图 4-11），评分虽属于"一般"承载状态，但与水资源承载力的协调度较差（表 4-17），单位 GDP 耗水过高造成该地区社会经济用水超过应有的可支撑水平。2006—2015 年评分呈减小趋势，与水资源子系统的协调度逐年转好，这得益于单位面积农业生产总值和耕地灌溉率的提高。民勤县统计资料显示，该地区历年灌溉率均在 75％以上，2014 年、2015 年达 88％。由于社会经济用水占比逐年减少，地区经济增长源于高额的单位 GDP 耗水，2012 年前该地区社会经济评分逐年减小，2012 年起评分值略有提高且趋于稳定，说明民勤绿洲用水结构得到一定程度的改善。今后要应用先进的节水技术进一步提升农业用水效率。

民勤绿洲区生态环境评分在波动中上升（图 4-12），协调度不断提高（表 4-18）。就具体年份来看，2010 年以前评分呈下降趋势，2010 年以后开始上升，是因为 2010 年以前对地下水的开采仍呈逐年增加趋势，因而大量挤占了生态用水，导致绿洲植被退化严重，覆盖率较低，而 2010 年后由于民勤绿洲治理力度加大，加之生态移民、退耕还林等政策的实施，生态压力得到一定程度缓解。2014 年、2015 年的评分上升显著，而水资源子系统承载状态较差，导致协调系数增加，与水资源子系统的协调度也变差，说明生态环境子系统有一定的自我调节能力。

总体来看，近年来国家在政策和经济上对民勤县的扶持起到了一定成效，水资源承载力综合评分由 2.5451 增加至 2.7132，水资源承载力呈现稳步上升态势（图 4-13）。

4.7.3 讨论与小结

运用改进的模糊综合法评价甘肃民勤绿洲水资源承载力发现，2006—2015 年民勤绿洲水资源承载力综合指数平均值为 2.5858，水资源承载力等级处于"较弱"转向"一般"的阶段，且随时间变化各子系统与水资源子系统的协调度逐渐提升。蒋友严等研究发现，自 2001 年石羊河流域调水以来，民勤绿洲水资源承载力不断提高，生态恢复效果明显。石媛媛等研究也表明，目前民勤绿洲水资源状况处于分值较低的"较适宜的状态"。马金珠利用多目标层次分析法评价得出，由于民勤县产业结构的调整、节水水平的提高及退耕还林还草等措施的实施，该区 2010 年水资源状况优于 2006 年，与本研究结果一致，说明该区水资源状况整体上处于供需平衡状态。2006—2015 年水资源、生态子系统虽一直处于"较差"水平，但随时间变化评分逐年提高，2020 年水资源子系统和生态子系统评分将接近或达到"一般"水平。田静宜运用熵权模糊物源模型计算发现，民勤绿洲水资源开发程度已达极限，水资源短缺严重影响着绿洲生态安全，但相对于 2003 年已有明显好转，预计 2020 年水资源能够一定程度满足绿洲生态恢复需要，说明石羊河流域重点治理规划的实施切实有效。民勤绿洲社会经济承载等级处于"一般"状况，与水资源子系统协调度较差，说明该地区经济用水已超出可支撑水平。李莹也认为，民勤绿洲水资源承载力与当地经济增长存在突出的结构性矛盾，经济粗放式增长以水资源的无序开发和超采利用为代价。因此，现阶段提升民勤绿洲水资源承载力的主要措施包括：①调整产业结构，促进水资源在不同产业间的合理分配；②提高水资源利用率，减少农业比重过高引起的水资源承载压力；③将生态移民、劳务输转作为长期战略，逐步减轻人口对水资源承载力系统的影响。

4.8　主要结论

本研究在分析国内外水资源承载力研究现状的基础上，从理论研究和评价方法两个方面分析了当前水资源承载力研究的不足，进而结合干旱区特点构建"自然条件—水资源—社会经济—生态环境"复合系统，提出干旱区水资源承载力概念，并运用改进的模糊综合模型对典型干旱区民勤绿洲 2006—2015 年水资源承载力进行分析评价。

（1）针对现有水资源承载力理论的不足，从水资源承载力的内涵及相关理论出发提出适宜于干旱区的水资源承载力概念，即在特定历史时期内依据可持续发展原则，结合干旱区自然条件，在水资源合理开发利用前提下以推动干旱区生态环境良性循环及社会经济不断提高为目的，表征"水资源"与"自然条件""社会经济""生态环境"子系统的协调程度及水资源对复合系统的综合支撑能力。

（2）参考发达地区研究成果及国家标准，阐明了干旱区水资源承载力评价指标的选取原则，将干旱区水资源承载力评价体系分为四个子系统（即"自然条件—水资源—社会经济—生态环境"组成的复合系统），进而建立了 3 层评价体系，其中包括 1 目标、4 准则、29 指标。

（3）基于层次分析法和熵权法确定民勤绿洲水资源承载力评价指标权重，并集二者之长提出改进的指标权重确定方法。结果发现，准则层中对民勤绿洲水资源承载力影响较大的是水资源子系统（0.4272）和生态子系统（0.3075），社会经济子系统（0.18）和自然条件子系统（0.0853）影响相对较小；指标层中对水资源承载力影响最大的前五个指标分别为生态缺水量、年平均水资源量、生态用水量占比、地均水资源量和人均水资源量，其权重值分别为 0.0744、0.0624、0.0535、0.0508；对评价值影响最小的五个指标分别是土壤状况、人口自然增长率、年平均蒸发量、人均 GDP 和年平均温度，其权重值分别为0.0065、0.0091、0.0115、0.0126、0.0166。因此，加强水资源的合理利用与规划管理并注重生态条件改善才能实现生态环境的健康发展和水资源合理配置，保障区域水资源可持续利用与生态安全，同时提高水资源利用的经济效益和生态效益，最终达到提高该地区水资源承载力的目的。

（4）以生态环境子系统中"乔木林面积""灌木林面积""草本植被面积"三项指标为例探讨了指标分级阈值设定方法。在优化潜水蒸发强度（E）和植被影响系数（K）改进植被需水定额间接法计算公式基础上，通过量化社会经济、生态环境、水资源三个子系统各指标及其协同作用，分别计算了"退化模式""保持模式""发展模式"和"最优模式"下乔木林、灌木林及草本植被的设计面积，并以此为界设定了此三项指标的分级阈值。结果发现，民勤绿洲乔木林需水定额为 202.65 万 m^3/hm^2，灌木林为 165.96 万 m^3/hm^2，草本植被为 138.32 万 m^3/hm^2。在四种不同发展模式下乔木林设计面积分别为 813hm^2、1659hm^2、2463hm^2、3255hm^2，灌木林设计面积分别为 2467hm^2、5762hm^2、8555hm^2、11306hm^2，草本植被设计面积分别为 2365hm^2、5614hm^2、8336hm^2、11016hm^2。

（5）运用改进的模糊综合法评价民勤绿洲水资源承载力发现，2006—2015 年民勤绿洲水资源承载力综合指数平均值为 2.5858，水资源承载力等级处于"较弱"转向"一般"的状态，评分处于增长趋势。在准则层中，自然条件处于"较弱"承载状态，评分呈微弱上升趋势；水资源条件变化不大，评分均值为 2.3698，属于"较弱"承载状态；社会经济条件虽属于"一般"承载状态，但与水资源协调度较差，说明该地区社会经济用水超过了应有的可支撑水平；生态环境评分在波动中上升，2010 年以前评分呈下降趋势，2010 年以后开始上升，2014 年、2015 年上升较为明显，因而协调度下降。民勤绿洲 2006—2015 年各子系统与水资源承载力的协调度随时间变化逐渐提升，评价结果符合民勤绿洲实际，可为类似干旱区水资源承载力评价提供参考。

参 考 文 献

[1] 崔莹. 重庆市水资源可持续利用能力模糊综合评价 [D]. 重庆：西南大学，2017.

[2] 宋松柏，蔡焕杰，徐良芳. 水资源可持续利用指标体系及评价方法研究 [J]. 水科学进展，2003，14 (5)：647-652.

[3] 张圆圆. 石羊河流域中下游荒漠河岸植被受损与水土因子关系研究 [D]. 北京：中国林业科学研究院，2013.

[4] 刘世增. 石羊河流域中下游河岸植被变化及其驱动因素研究 [D]. 北京：北京林业大学，2010.

[5] Quesnay, François. Tableau Économique [M]. Berlin：Springer，2012.

[6] Malthus, Thomas Robert. An essay on the principle of population [M]. London：J. Johnson，1798.

[7] Park R E, Burgess E W. Introduction to the science of sociology [M]. Chicago：University of Chicago Press，1921.

[8] UNESCO, FAO. Carrying capacity assessment with a pilot study of Kenya：a resource accounting methodology for sustainable development [M]. Paris and Rome：UNESCO and FAO，1985.

[9] Lie T, Qiting Z, Denghong Q, et al. Calculation and analysis of water resources carrying capacity in central Henan urban agglomeration [J]. Journal of Water Resources and Water Engineering，2011，56：101976.

[10] Duarte P, Meneses R, Hawkins A J S, et al. Mathematical modelling to assess the carrying capacity for multi-species culture within coastal waters [J]. Ecological Modelling，2003，168 (1)：109-143.

[11] 侯晓宇. 河北省水资源承载力分析与计算 [D]. 保定：河北农业大学，2006.

[12] 窦明，陶洁，齐登红. 中原城市群水资源承载力计算及分析 [J]. 水资源与水工程学报，2011，22 (6)：56-61.

[13] 姜大川，肖伟华，范晨媛. 武汉城市圈水资源及水环境承载力分析 [J]. 长江流域资源与环境，2016，25 (5)：761-768.

[14] Slesser M, Odum H T, Huettner D A. Energy Analysis [J]. Science，1977，196 (4287)：259-262.

[15] FALKENMARK, ROCKSTRÖM, Johan. Building resilience to drought in desertification-prone savannas in Sub-Saharan Africa：The water perspective [J]. Natural Resources Forum，2010，32 (2)：93-102.

[16] Engelman R. Stabilizing the Atmosphere：Population, consumption and greenhouse gases [R]. Washington DC：Population Action International，1994.

[17] Joardar S D. Carrying capacities and standards as bases towards urban infrastructure planning in Indi-

a：A case of urban water supply and sanitation ［J］．Habitat International，1998，22（3）：327－337.

［18］ HARRIS G L，HODGKINSON，et al. Impact of hardy ornamental nursery stock（HONS）systems on the environment：losses of nutrients and agrochemicals ［J］．Agricultural Water Management，1997，34（1）：95－110.

［19］ Rijsberman M A，Ven F H M V D. Different approaches to assessment of design and management of sustainable urban water systems ［J］．Environmental Impact Assessment Review，2000，20（3）：333－345.

［20］ Zhou T，Wang Y P，Wang F. A dynamic assessment of Ecological Footprint and Biocapacity in Guangzhou using RS and GIS ［C］// Urban Remote Sensing Event. 2009.

［21］ Sonnino R. Food and Sustainability：The New Urban Agerda ［J］．Environmental Sustainability，2012，4（4）：242－247.

［22］ Sawunyama T，Senzanje A，Mhizha A. Estimation of small reservoir storage capacities in Limpopo River Basin using geographical information systems（GIS）and remotely sensed surface areas：Case of Mzingwane catchment ［J］．Physics & Chemistry of the Earth，2005，31（15）：935－943.

［23］ Yilmaz B. Assessing climate change impacts on Gediz basin water balance with WEAP Model ［J］．Journal of Multidisciplinary Engineering Science and Technology，2015，2（11）：3017－3020.

［24］ Naimiaitaoudia M，Berezowskaazzag E. Algiers carrying capacity with respect to per capita domestic water use ［J］．Sustainable Cities & Society，2014，13：1－11.

［25］ King S. Economic valuation and optimisation of river barrier mitigation actions ［J］．Ecological Engineering，2015，77：305－313.

［26］ 施雅风，曲耀光. 乌鲁木齐河流域水资源承载力及其合理利用 ［M］．北京：科学出版社，1992.

［27］ 许有鹏. 干旱区水资源承载能力综合评价研究——以新疆和田河流域为例 ［J］．自然资源学报，1993，8（3）：229－237.

［28］ 冯尚友，刘国全. 水资源持续利用的框架 ［J］．水科学进展，1997，8（4）：301－307.

［29］ 阮本青，沈晋. 区域水资源适度承载能力计算模型研究 ［J］．土壤侵蚀与水土保持学报，1998，4（3）：57－61.

［30］ 傅湘，纪昌明. 区域水资源承载能力综合评价——主成分分析法的应用 ［J］．长江流域资源与环境，1999，8（2）：168－173.

［31］ 惠泱河，蒋晓辉，黄强，等. 二元模式下水资源承载力系统动态仿真模型研究 ［J］．地理研究，2001，20（2）：193－200.

［32］ 龙腾锐，姜文超，何强. 水资源承载力内涵的新认识 ［J］．水利学报，2004，35（1）：38－45.

［33］ 王建华，姜大川，肖伟华，等. 水资源承载力理论基础探析：定义内涵与科学问题 ［J］．水利学报，2017，48（12）：1399－1409.

［34］ Yuan T，Bing-Yu H E. Research and Application of Water Resources Carrying Capacity in Arid Area ［J］．Research of Soil & Water Conservation，2007，14（1）：1－4.

［35］ Wang Y J，Yang G，Xu H L. Evaluation of Water Resources Carrying Capacity Based on Fuzzy Comprehensive Evaluation on River Basin in Arid Zone ［J］．Advanced Materials Research，2010，113－116（3）：488－494.

［36］ Xu X Y，Liu M，Wang F. Health Identification of Water Resources-Ecological-Socioeconomic System of Baiyangdian Wetland ［C］．Advanced Materials Research，2011，183：2340－2345.

［37］ Han R，Zhao M. Evaluation on the Coordination of Economy and Environment with scarce Water Resources in Shandong Peninsula，China ［C］．2009.

［38］ 朱一中，夏军，谈戈. 西北地区水资源承载力分析预测与评价 ［J］．资源科学，2003，25（4）：43－48.

[39] 孙太清. 可持续发展理论之探讨 [J]. 经济问题，2004 (1)：9-11.

[40] Macer D，Pollard I，Pollard M，et al. UNESCO/IUBS/EUBIOS Bioethics Dictionary [C]//Water-power. Christchurch：Eubios Ethics Institute，2002.

[41] 张彩霞. 树立可持续发展的商业价值观 [J]. 辽宁经济，2009 (6)：45-45.

[42] Long T R，Jiang W C，Qiang H E. Water resources carrying capacity：new perspectives based on economic analysis and sustainable development [J]. Journal of Hydraulic Engineering，2004，35 (1)：38-45.

[43] 张永勇，夏军，王中根. 区域水资源承载力理论与方法探讨 [J]. 地理科学进展，2007，26 (2)：126-132.

[44] 孙富行. 水资源承载力分析与应用 [D]. 南京：河海大学，2006.

[45] 曲耀光，樊胜岳. 黑河流域水资源承载力分析计算与对策 [J]. 中国沙漠，2000，20 (1)：1-8.

[46] 王在高，梁虹. 岩溶地区水资源承载力指标体系及其理论模型初探 [J]. 中国岩溶，2001，20 (2)：144-148.

[47] 周亮广，梁虹，等. 基于主成分分析和熵的喀斯特地区水资源承载力动态变化研究——以贵阳市为例 [J]. 自然资源学报，2006，21 (5)：827-833.

[48] 邵磊，周孝德，杨方廷，等. 煤炭开采和极端干旱条件下的山西省水资源系统压力分析 [J]. 水利学报，2011，39 (3)：357-365.

[49] 王春娟，冯利华，陆小强. 鄂尔多斯市水资源承载力的主成分分析 [J]. 水资源与水工程学报，2012，23 (1)：77-80.

[50] 曹丽娟，张小平. 基于主成分分析的甘肃省水资源承载力评价 [J]. 干旱区地理，2017，40 (4)：906-912.

[51] 徐中民. 情景基础的水资源承载力多目标分析理论及应用 [J]. 冰川冻土，1999，21 (2)：99-106.

[52] 贾嵘，蒋晓辉，薛惠峰，等. 缺水地区水资源承载力模型研究 [J]. 兰州大学学报（自然科学版），2000，36 (2)：109-113.

[53] 高宏超，徐一剑，孔彦鸿，等. 基于多目标优化方法的钱塘江流域杭州江段水资源承载力分析 [J]. 净水技术，2015，34 (6)：18-24.

[54] Tian Y，He Y，Guo L. Soil water carrying capacity of vegetation in the northeast of Ulan Buh Desert，China [J]. Frontiers of Forestry in China，2009，4 (3)：309-316.

[55] Parkinson C L，Washington W M. A large-scale numerical model of sea ice [J]. Journal of Geophysical Research Oceans，1979，84 (C1)：311-337.

[56] Falkenmark M，Lundqvist J. Towards water security：political determination and human adaptation crucial [J]. Natural Resources Forum，2010，22 (1)：37-51.

[57] 喻小军，江涛，王先甲. 基于流域水资源承载力的动力学模型 [J]. 武汉大学学报（工学版），2007，40 (4)：45-48.

[58] 李淑霞. 人工神经网络结合遗传算法在城市水环境极限承载力中的应用研究 [D]. 银川：宁夏大学，2004.

[59] 杨琳琳，李波，付奇. 基于BP神经网络模型的新疆水资源承载力情景分析 [J]. 北京师范大学学报（自然科学版），2016，52 (2)：216-222.

[60] 姚慧，郑新奇. 多元线性回归和BP神经网络预测水资源承载力——以济南市为例 [J]. 资源开发与市场，2006，22 (1)：17-19.

[61] Wackernagel M，Onisto L，Bello P，et al. National natural capital accounting with the ecological footprint concept [J]. Ecological Economics，1999，29 (3)：375-390.

[62] Wang S，Yang F L，Xu L，et al. Multi-scale analysis of the water resources carrying capacity of

the Liaohe Basin based on ecological footprints [J]. Journal of Cleaner Production，2013，53（15）：158－166.

[63] 丁华，邱卫国. 基于生态足迹的上海市水资源生态承载力评价 [J]. 人民长江，2013，44（15）：19－21.

[64] 刘子刚，郑瑜. 基于生态足迹法的区域水生态承载力研究——以浙江省湖州市为例 [J]. 资源科学，2011，33（6）：1083－1088.

[65] 周健，官冬杰，周李磊. 基于生态足迹的三峡库区重庆段后续发展生态补偿标准量化研究 [J]. 环境科学学报，2018，38（11）：4539－4553.

[66] Zadeh L A. Toward a Theory of Fuzzy Systems [C]//Fuzzy Sets，Fuzzy Logic，And Fuzzy Systems：Selected Papers. Singapore：World Scientific 1969.

[67] 罗军刚，解建仓，阮本清. 基于熵权的水资源短缺风险模糊综合评价模型及应用 [J]. 水利学报，2008，39（9）：1092－1097.

[68] 陈兴鹏，戴芹. 系统动力学在甘肃省河西地区水土资源承载力中的应用 [J]. 干旱区地理（汉文版），2002，25（4）：377－382.

[69] 秦莉云，金忠青. 淮河流域水资源承载能力的评价分析 [J]. 水文，2001，29（6）：28－33.

[70] 卜楠楠，唐德善，尹笋. 基于 AHP 法的浙江省水资源承载力模糊综合评价 [J]. 水电能源科学，2012，30（3）：42－44.

[71] 袁艳梅，沙晓军，刘煜晴，等. 改进的模糊综合评价法在水资源承载力评价中的应用 [J]. 水资源保护，2017，33（1）：52－56.

[72] 富晓松. 石羊河中下游河岸植被与土壤变化研究 [D]. 兰州：甘肃农业大学，2010.

[73] 民勤县统计局，国家统计局. 民勤县国民经济和社会发展统计资料汇编 [M]. 2005—2015.

[74] 郝博，粟晓玲，马孝义. 甘肃省民勤县天然植被生态需水研究 [J]. 西北农林科技大学学报（自然科学版），2010，38（2）：158－164.

[75] 孙涛，王继和，刘虎俊，等. 民勤绿洲生态环境现状及恢复对策 [J]. 中国农学通报，2010，26（7）：245－251.

[76] 李王成，冯绍元，康绍忠，等. 石羊河中游荒漠绿洲区土壤水分的分布特征 [J]. 水土保持学报，2007，21（3）：138－143.

[77] 石磊，张芮，董平国，等. 干旱缺水区民勤县水资源持续高效利用措施研究 [J]. 水资源保护，2017，33（4）：20－25.

[78] 滑永春，李增元，高志海. 2001 年以来甘肃民勤植被覆盖变化分析 [J]. 干旱区研究，2017，34（2）：337－343.

[79] 魏怀东，周兰萍，徐先英，等. 2003—2008 年甘肃民勤绿洲土地荒漠化动态监测 [J]. 干旱地区研究，2011，28（4）：572－579.

[80] 封志明，刘登伟. 京津冀地区水资源供需平衡及其水资源承载力 [J]. 自然资源学报，2006，21（5）：689－699.

[81] 孙弘颜，汤洁，刘亚修. 基于模糊评价方法的中国水资源承载力研究 [J]. 东北师大学报：自然科学版，2007，39（1）：131－135.

[82] 惠泱河，蒋晓辉，黄强，等. 水资源承载力评价指标体系研究 [J]. 水土保持通报，2001，21（1）：30－34.

[83] Li G，Jin C. Fuzzy Comprehensive Evaluation for Carrying Capacity of Regional Water Resources [J]. Water Resources Management，2009，23（12）：2505－2513.

[84] ZHANG Z，LU W X，Zhao Y，et al. Development tendency analysis and evaluation of the water ecological carrying capacity in the Siping area of Jilin Province in China based on system dynamics and analytic hierarchy process [J]. Ecological Modelling，2014，275：9－21.

［85］ Dong W，Liu Z H. Comprehensive evaluation of water resources carrying capacity in Ebinur Lake Basin ［J］. Arid Land Geography，2010，33（2）：217－223.

［86］ Liu J，Dong S，Mao Q. Comprehensive evaluation of the water resource carrying capacity for China ［J］. Geography & Natural Resources，2012，33（1）：92－99.

［87］ 李罡. 湖北省水资源承载力评价研究［D］. 武汉：中国地质大学，2012.

［88］ 王佩. 水资源合理配置指标权重研究［D］. 邯郸：河北工程大学，2015.

［89］ 程建权，杨仁，陈兆玉. 多指标综合评价中一种计算权重的改进方法［J］. 系统工程理论与实践，1994，14（11）：39－45.

［90］ 罗进. 利用信息熵计算评价指标权重原理及实例［J］. 武汉纺织大学学报，2014，27（6）：86－89.

［91］ 雷永登，史秦青，王静爱，等. 基于综合定权法的中国玉米综合灾害风险评价［J］. 北京师范大学学报（自然科学版），2011，47（5）：522－527.

［92］ 邹志红，孙靖南，任广平. 模糊评价因子的熵权法赋权及其在水质评价中的应用［J］. 环境科学学报，2005，25（4）：552－556.

［93］ 孙栋元，赵成义，李菊燕，等. 基于层次分析法的干旱内陆河流域生态环境需水评价——以新疆台兰河流域为例［J］. 水土保持通报，2011，31（5）：108－114.

［94］ 黄佳，徐晨光，满洲. 基于生态足迹的山东省水资源承载力研究［J］. 人民长江，2019，50（2）：115－121.

［95］ 张光凤，张祖陆. 南京市水资源承载力评价［J］. 水土保持通报，2014，34（3）：154－159.

［96］ 任杰宇，邵建平，张翔. 天门市水资源承载力评价与适应性分析［J］. 长江科学院院报，2018，35（5）：27－31.

［97］ 李荣荣. 基于系统仿真模拟的湘江长沙综合枢纽库区水生态承载力评价［D］. 长沙：湖南师范大学，2018.

［98］ 王新芸，瓦哈甫·哈力克，阿斯古丽·木萨，等. 干旱区人口-经济-水资源耦合协调发展及其相关性分析——以乌鲁木齐县为例［J］. 节水灌溉，2018，274（6）：107－111，116.

［99］ Duan C，Liu C，Chen X，et al. Preliminary Research on Regional Water Resources Carrying Capacity Conception and Method ［J］. Acta Geographica Sinica，2010，65（1）：82－90.

［100］ 韩英，饶碧玉. 植被生态需水量计算方法综述［J］. 水利科技与经济，2006，12（9）：605－606.

［101］ 王启朝，胡广录，陈海牛. 干旱区植被生态需水量计算方法评析［J］. 甘肃水利水电技术，2008，44（2）：93－95.

［102］ 王化齐，董增川，权锦，等. 石羊河流域天然植被生态需水量计算［J］. 水电能源科学，2009，27（1）：51－53.

［103］ 胡顺军，田长彦，宋郁东，等. 裸地与柽柳生长条件下潜水蒸发计算模型［J］. 科学通报，2006，51（S1）：36－41.

［104］ 刘钰，L. S. Pereira. 气象数据缺测条件下参照腾发量的计算方法［J］. 水利学报，2001，32（3）：11－17.

［105］ 叶水庭，施鑫源，苗晓芳. 用潜水蒸发经验公式计算给水度问题的分析［J］. 水文地质工程地质，1982（4）：45－48，6.

［106］ 沈立昌. 关于潜水蒸发经验公式的探讨［J］. 水利学报，1985（7）：34－40.

［107］ 雷志栋，杨诗秀，谢森传. 潜水稳定蒸发的分析与经验公式［J］. 水利学报，1984（8）：62－66.

［108］ 毛晓敏，雷志栋，尚松浩，等. 作物生长条件下潜水蒸发估算的蒸发面下降折算法［J］. 灌溉排水学报，1999，18（2）：26－29.

[109] 张朝新. 潜水蒸发系数分析 [J]. 水文, 1984 (6): 39-43.

[110] 赵成义, 胡顺军, 刘国庆, 等. 潜水蒸发经验公式分段拟合研究 [J]. 水土保持学报, 2000, 14 (S1): 122-126.

[111] 束龙仓, 荆艳东, 黄修东, 等. 改进的无作物潜水蒸发经验公式 [J]. 吉林大学学报 (地球科学版), 2012, 42 (6): 1859-1865.

[112] 孙栋元, 胡想全, 金彦兆, 等. 疏勒河中游绿洲天然植被生态需水量估算与预测研究 [J]. 干旱区地理 (汉文版), 2016, 39 (1): 154-161.

[113] 张奎俊. 石羊河流域下游民勤绿洲生态需水与措施研究 [D]. 兰州: 兰州理工大学, 2008.

[114] 易永红. 植被参数与蒸发的遥感反演方法及区域干旱评估应用研究 [D]. 北京: 清华大学, 2008.

[115] 张丽. 黑河流域下游生态需水理论与方法研究 [D]. 北京: 北京林业大学, 2004.

[116] 粟晓玲. 石羊河流域面向生态的水资源合理配置理论与模型研究 [D]. 西安: 西北农林科技大学, 2007.

[117] 杨秀英, 张鑫, 蔡焕杰. 石羊河流域下游民勤县生态需水量研究 [J]. 干旱地区农业研究, 2006, 24 (1): 169-173.

[118] 丁晶, 覃光华, 李红霞. 水资源设计承载力的探讨 [J]. 华北水利水电大学学报 (自然科学版), 2016, 37 (4): 1-6.

[119] Qin G H, Li H X, Wang X, et al. Research on Water Resources Design Carrying Capacity [J]. Water-Sui, 2016, 8 (4): 157-163.

[120] 郑冬燕, 夏军, 黄友波. 生态需水量估算问题的初步探讨 [J]. 水电能源科学, 2002 (3): 3-6.

[121] 夏辉, 柴春岭, 韩会玲. 河北省耕地土壤水资源承载力评价体系与阈值研究 [J]. 河北农业大学学报, 2015, 38 (5): 105-110.

[122] 吕京京. 海流兔河流域地下水对植被指数分布的影响研究 [D]. 北京: 中国地质大学 (北京), 2013.

[123] 齐蕊, 王旭升, 万力, 等. 地下水和干旱指数对植被指数空间分布的联合影响: 以鄂尔多斯高原为例 [J]. 地学前缘, 2017, 24 (2): 265-273.

[124] 朱红艳. 干旱地域地下水浅埋区土壤水分变化规律研究 [D]. 西安: 西北农林科技大学, 2014.

[125] 康淑媛, 张勃, 吕永清, 等. 基于隶属函数法的包头市水资源承载力评价 [J]. 人民黄河, 2009, 31 (1): 59-60.

[126] 蒋友严, 韩涛, 王有恒, 等. 石羊河调水 10a 来民勤绿洲生态脆弱性变化 [J]. 干旱区研究, 2014, 31 (1): 157-162.

[127] 石媛媛. 民勤绿洲生态适宜程度评价与绿洲干旱驱动机制解析 [D]. 兰州: 甘肃农业大学, 2018.

[128] 马金珠, 李相虎, 贾新颜. 干旱区水资源承载力多目标层次评价——以民勤县为例 [J]. 干旱区研究, 2005, 22 (1): 11-16.

[129] 田静宜, 王新军. 基于熵权模糊物元模型的干旱区水资源承载力研究——以甘肃民勤县为例 [J]. 复旦学报 (自然科学版), 2013, 52 (1): 86-93.

[130] 李莹. 民勤县资源与经济承载力现状研究与评价 [D]. 兰州: 甘肃农业大学, 2010.

第5章 基于组合赋权法和主成分分析法的武威市水资源承载力评价

5.1 研究背景及意义

水是地球上一切生物赖以生存的基本元素，水资源在地区乃至国家可持续发展中具有至关重要的作用，它不仅是一项战略性资源，更是人类生存环境和社会经济发展的主要调控因素。近年来，随着社会经济的快速发展，我国水环境受到污染，水资源缺乏，河流湖泊逐渐干涸，水资源供需矛盾日益突出，已严重危及社会发展和人们的生活。因此，水资源承载力研究对实现人水和谐和突破水资源限制社会发展的瓶颈具有重要现实意义。据水资源统计相关数据，我国水资源总量为 28761.2 亿 m^3，但人口数量较多，导致人均水资源量仅有 2074.53 亿 m^3 左右。由于季风气候的影响，我国水资源时间和空间分布极为不均，南北和东西降水量差异较大。我国北方人均水资源占有量不足 $500m^3$，依据国际标准划分属于极度缺水地区。我国也是世界上用水最为密集的国家之一。2020 年总用水量为 5812.9 亿 m^3，其中农业用水 3612.4 亿 m^3，占比高达 62.1%，而生态环境用水 307.0 亿 m^3，占比最低为 5.3%。据水利部测算，到 2030 年全国人口将高达 16 亿，人均水资源占有量将达到 $1750m^3$，我国水资源可持续利用将面临巨大挑战。李雨欣等研究我国近十年水资源现状发现，我国南北区域水资源供需分别呈盈余和赤字状态，且未来 14 年内西北干旱区水资源现状有较大提升空间。

武威市是河西走廊重要节点城市，也是亚欧大陆桥的咽喉和兰新线经济带的中心，其社会经济发展对西部大开发和区域可持续发展具有重要意义。武威市地表水资源主要来源于石羊河流域，该河流发源于祁连山北麓的冷龙岭，是甘肃河西走廊三条主要内陆河之一，流域水资源开发利用率极高。武威市位于石羊河流域中游，属温带大陆性干旱气候区，昼夜温差大且降水稀少，为典型的资源型缺水和水质型缺水区，水资源显得尤为珍贵。20 世纪 90 年代以来，石羊河上中下游用水和工农业用水矛盾与日俱增，生态环境恶化严重，导致碧波荡漾的湖泊日渐荒漠化，警示意义明显。近年来，研究区各生产系统和人口变化对水资源的需求明显增加，水资源的量、质及利用程度等问题逐渐突出，因此通过适宜的方法合理评价武威市水资源承载力对区域水资源合理高效利用和社会经济可持续发展意义重大。为阐明武威市水资源承载力演变态势，促进水资源和社会经济可持续发展，本研究通过实地调查和资料搜集，采用综合评价法分析了武威市 2011—2020 年水资源承载力变化，筛选出主要障碍因素并提出对策建议，以期为武威市生态环境良性循环和社会经济可持续发展提供参考。

5.2 概述

5.2.1 水资源承载力研究

"承载力"一词源于力学，是描述地基强度对建筑物重量的承受能力，具有可量化性。1921 年，Park 和 Burgess 最先将其引入生态学中并提出生态承载能力概念，具体是指在保证生态环境良好发展和合理开发利用资源的前提下某区域在一定时间内某个特定生态系统可承载人口、经济和社会总量的能力。20 世纪 90 年代，美国著名经济学家 Kenneth Arrow 联合生态学专家在 Science 上共同发表了"经济增长、承载力和环境"一文，自此承载力研究逐渐引起学术界的广泛关注。此后，随着该领域研究的不断拓展，城市承载力、经济承载力、耕地承载力、水生态承载力等概念相继被提出且在各领域均有特定内涵和表述方式。

国外对水资源承载力的研究较少。早在 1998 年，美国 URS 公司利用模型对 Keys 流域进行了研究并将其概念定义为"在不对自然和人工资源造成破坏的前提下该地区所能承载的最大发展水平"。20 世纪末，Falkenmark 通过简单的计算求得一些国家使用水资源的限度，为今后水资源承载力研究提供了强有力的支持。

我国水资源承载力概念及理论起初由新疆水资源软科学课题组基于西部旱区生产用水激增、生态用水被无序侵占和环境恶化等背景下提出并发表了相关研究论文，为我国水资源承载能力的初步研究奠定了基础。目前，国内关于水资源承载力研究多从水资源系统和现实层面出发，以社会经济等作为承载指标进行研究。许有鹏等采用模糊综合评价模型研究发现，新疆和田河水资源开发利用潜力较小且已接近开发容量。曹丽娟等运用主成分分析法和系统聚类法评价了甘肃省各地市水资源承载力，认为地区间差异显著且呈下降趋势。左其亭等通过 TOPSIS 模型评价了黄河流域九省水资源承载力，表明甘肃省水资源承载力长期处于超载状态。许杨等通过构建 DPSR-改进 TOPSIS 模型研究了淮安市水资源承载力，并提出该模型较适用于该地区，为淮安市水资源利用保护研究提供了新思路。姜田亮等在民勤绿洲水资源承载力研究中初步提出了干旱区水资源承载力概念。因此，水资源承载力研究思路越来越具有独特性，其评价方法也更加多样化。本研究综合国内外对水资源承载力的不同认识，将干旱区水资源承载力概念定义为在一定历史演变时段以具体的社会发展境况为背景，遵循可持续发展观念，在保证干旱区人水和谐与社会经济发展持续稳定的前提下水资源所能达到的最大承载能力。

5.2.2 水资源承载力评价方法

目前，干旱区常用的水资源承载力研究方法主要有常规趋势法、模糊评价法、主成分分析法、生态足迹法、多目标分析法和系统动力学法等，虽然研究理论和方法众多，但各有优势和不足，因此需根据研究区实际情况和资料的可获取性选取适宜的研究方法。

（1）常规趋势法。常规趋势法是一种通过分析能够体现区域水资源承载力状况相关因子动态变化的统计方法，通常选取水资源供需状况和利用情况指标（如农业用水量和地表水资源量）分析计算区域水资源承载力。曲耀光等利用此方法对黑河流域水资源承载力进行了分析和预测。这种方法的优点是能够直观地反映单一因子的变化趋势且计算简单，不足之处在于不能体现各个因子间的联系和相互作用。

（2）模糊评价法。模糊综合评价法基于模糊数学理论通过精准度较高的数字处理方式将模糊概念指标化，从而让处理计算更加方便。采用此种方法评价需建立对研究区水资源承载力有影响的一个或多个相关指标集合，然后确定各指标权重及构建评价集，最后利用综合评判矩阵对其影响因素进行综合评价。孙远斌等运用此法对太湖流域水资源承载力进行了评价。陈丽等将模糊综合评价和 AHP 结合对岩溶流域进行综合评价发现，模糊综合评价法更适合于该地质类型研究。此方法评价水资源承载力较为系统，但是对指标选取和指标权重的计算存在主观性，因此袁艳梅等在此评价方法基础上进行了改进，降低了其主观性并评价了江阴市水资源承载力。姜田亮也基于改进的方法分析和评估了民勤绿洲水资源承载力。

（3）主成分分析法。对水资源承载力评价通常会建立多层次指标体系，所涉及指标较多且分析较困难，而主成分分析法（PCA）则基于降维方法从多个初始变量提取少量综合指标，使其尽可能多地解释原始变量的信息，且保证彼此间相关性尽可能低，然后基于上述分析评价水资源承载力。李燕等运用此方法评价了 2004—2013 年长江经济带水资源承载力，为该区域社会经济向好发展提供了参考。于钋等结合水足迹理论将其应用于新疆水资源承载力评价。王鸿翔等、王晓玮等也将此方法应用于水资源承载力评价。

（4）生态足迹法。20 世纪 90 年代，生态足迹理论最先被加拿大经济学家 William 应用于评价资源承载力，其目的是计算衡量人们为保持正常生产生活所耗费的资源，并通过对资源的供给和需求状况阐释水资源承载力水平，以明确研究区水资源的耗费趋向。张军等依据生态足迹理论构建了生态用水等二级账户，用此法研究疏勒河流域水资源承载力并对承载力水平提升提出建议。邢清枝等基于陕北地区的真实境况采用生态足迹法分析了该区域水资源承载力变化趋势。王文欣等为探求新疆阿克苏地区水资源承载现状及未来发展趋势，结合生态足迹法和灰色预测模型评判了该区水资源承载力并提出相应对策。该法的优点是应用较简单，缺点是只能基于研究区现状水平进行分析，无法估测和仿真未来发展趋向。

（5）多目标分析法。该法隶属于规划方法的一种，早期几位西方学者如 Jovons、Pareto 等拟定了"Pareto 最优原则"，20 世纪 50 年代初期为此方法初步构成和发展阶段，现已逐步趋于成熟。应用此方法的关键步骤是要明确所研讨课题的旨要和能够体现具有代表性的目标。在水资源评价过程中，多目标分析法通过确定呈现社会经济及生态环境状况的目标建立其约束条件，并运用优化解析方法最终探求整个系统能效的最优化。此方法的缺点是无法优化评价指标之间的矛盾。李韩笑等将此法运用于武汉市水资源承载力评价，构建了相应分析模型，且评价和预测了不同方案研究区水资源承载力发展趋势。翁文斌等运用该方法将水资源归并到经济环境系统并优化了华北区域的评价模型，为后续研究提供了参考依据。徐中民等在此法基础上采用情景分析法拟定了不同情境并将其应用于河西黑河流域水资源评价，提出了该区域发展对策和建议。杜立新等、张建军等也同样运用多目标分析法分析了相应研究区水资源承载力。

（6）系统动力学法。系统动力学（system dynamics，SD）研究始于 20 世纪 90 年代中期，国外学者 Forrester 为该方法的创立者，而国内关于系统动力学的研究始于 21 世纪初，学者们大多基于现有理论和方法加以改进后应用于相关研究。该方法是将各影响因素间的联系转换为因果关系，利用要素间的联系构建成反馈机制模型进行系统预测和仿真。系统动力学相较于其他方法更注重因子间的相互作用机制，适用于非线性多反馈的庞杂问题解决，已被广泛应用于各领域，如医疗行业、政策分析及企业管理等。刘夏等采用此方法研究了塔里木河流域水资源承载力分析并预测了其发展趋向，为该区域社会经济发展提供了依据。徐凯莉等运用系统动力学方法模拟 4 种不同方案仿真了周口市水资源承载力动态变化。为探究灌区水资源问题及发展模式，康艳等将该方法理论与对数平均迪氏分解法（LMDI）相结合，针对不同情境构建了五种仿真方案并对研究区水资源现状和未来前景进行了评价和预测，为灌区水资源承载力研究提供了参考。

5.2.3　水资源承载力研究存在的问题

随着我国社会经济发展和人民生活水平的逐步提高，社会各行各业对于水资源的需求也日益增多，水资源的过度开发利用和水体污染等现象屡见不鲜。水资源问题一直是限制社会经济发展的瓶颈，尤其在干旱半干旱区域水资源长期处于供不应求状态，由此引发的各种供需矛盾愈加突出。水资源承载力是评价区域水资源的关键，中外学者对水资源承载力已有了长期深入的探究，无论是理论基础还是方法研究均逐步趋于成熟且取得了丰富的科研成果。

在基础理论层面，目前水资源承载力的理论体系还存在诸多不足。水资源承载力评价包含社会、经济、环境、水资源等多个层面，国内外关于其内涵尚未形成统一认识，学者们对其定义的角度也千差万别，大多趋于片面考虑，在不同区域的应用也不能很好地契合。因此，还需进一步丰富完善水资源承载力基础理论，在可持续发展的原则下加强与社会经济和生态环境系统的融合并使之逐步完善。

目前关于水资源承载力评价的方法和指标选取尚缺乏统一标准。由于不同评价方法各有缺陷，指标选取也存在主观性问题，因而针对不同区域研究方法和指标选取还未建立完整统一的衡量标准，主观和客观评价结果也不可避免地存在出入。同时，对指标分级还没有科学严谨的度量标准，造成相同区域指标分级标准与评价结果出现偏差，导致研究成果的科学性尚待增强。

水资源承载力研究涉及大量数据，传统的数据采集方式和技术手段已过于陈旧，因而导致研究进展缓慢，数据资料收集困难且效率低下。随着科学技术的发展，信息采集新技术诸如"3S"技术、AI 等逐步成熟完善，今后的研究需结合此类高效先进的技术手段建立多层面多领域的复合评价模型，以期构建水资源承载力信息互通平台和综合性评价体系。

5.3　研究内容及技术路线

5.3.1　研究内容

本研究基于武威市水资源短缺和利用效率低下及生态环境恶化背景对该区域 2011—2020 年水资源承载力进行分析评价，并结合区域实际提出应对策略，以期促进研究区水资源可持续高效利用。

（1）根据武威市区域特征，从综合评价角度即水资源、社会、经济和生态四个层面进行水资源承载力评价，并遵循指标选取原则确定系统层符合区域实际的评价指标，构建科学合理的评价体系。

（2）结合研究区特征并参照国内外认可的指标分级标准进行指标分级，分别运用 AHP 法、熵权法和 PCA 法确定各指标的权重，并利用组合赋权权重计算水资源承载力评价综合得分，优选适宜评价方法。

（3）将组合赋权和主成分分析两种模型的评价结果进行对比，运用障碍度模型分析影响武威市水资源承载力的主要因素，并根据武威市石羊河综合治理成效和水资源承载力评价结果针对影响因素提出相关对策建议。

5.3.2　技术路线

本研究技术路线如图 5-1 所示。

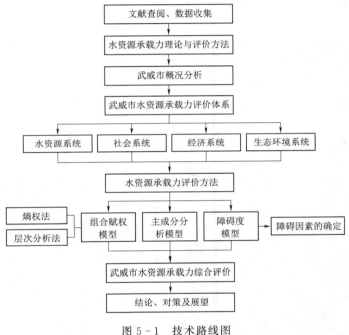

图 5-1　技术路线图

5.4　研究区概况与研究方法

5.4.1　研究区概况

1. 自然概况

武威市（36°29′～39°27′N，101°49′～104°16′E）位于我国西北干旱区，地处甘肃省西部，现辖凉州区、民勤县、古浪县和天祝县，区域总面积 32347km²，其中陆地和水域面积分别占总面积的 98.8%（31966km²）、1.2%（381km²）。区域内地形呈西高东低走势，地貌类型分为三种：南部为祁连山地南缘，大体为西北至东南走向，山地内降水丰富；中间为绿洲平原区，地势较为平坦；北部为干旱荒漠区，常年干旱少雨。境内最高海拔 4872.00m，位于天祝藏族自治县西北冷龙岭；最低海拔 1020.00m，位于民勤县北部。武威市属极具代表性的温带大陆性气候干旱区，年平均温度 7.1℃，最低平均温度

-8.5℃，最高平均温度 20.5℃，年均气温差 29.0℃，极端高温 41.7℃ 出现在民勤县；全年日照时数为 2830.3h，无霜期 147 天；区内降水稀少且蒸发量大，降水主要集中在 6—9 月，8 月最多，降水量为 113～410mm，蒸发量为 1548～2645mm。武威市常见的自然灾害以干旱、大风、沙尘暴、霜冻、洪涝和冰雹等为主。据统计，2020 年末武威市城镇化率为 47.01%，低于全国城镇化率 63.89%；地区生产总值为 526.41 亿元，呈稳步发展态势。民勤县位于武威市石羊河流域下游，全县总面积为 1.59 万 km²，其南边与凉州区接壤，其他三面被腾格里沙漠和巴丹吉林沙漠所环绕，具有明显的大陆性沙漠气候特点，平均年降水量为 113.2mm，而平均年蒸发量则高达 2644mm，干旱指数在 15～25 之间；境内空气干燥，昼夜温度变化很大，适宜农作物种植；基本地貌单元有沙漠、平原、低山丘陵，且多风沙、少降雨，为全国最干旱地区之一。

　　2. 水资源现状

　　石羊河是武威市重要的地表水来源，流域总面积 4.16 万 km²，其中武威市面积超过 2.9 万 km²，包括大靖河、古浪河等 8 条一级河流及多条小型河道，河网平均密度为 1.57km²。该区域多年平均水资源总量为 15.6 亿 m³，在甘肃省三大内陆河中可用水资源总量最低，但耗水总量最多，水资源需求量几乎是供水量的两倍，水资源消耗率和水资源开发利用程度已远高于水资源承载能力，该区由于降雨稀薄，蒸发量大，是我国水资源严重短缺的典型区域。武威市河流水系图如图 5-2 所示。

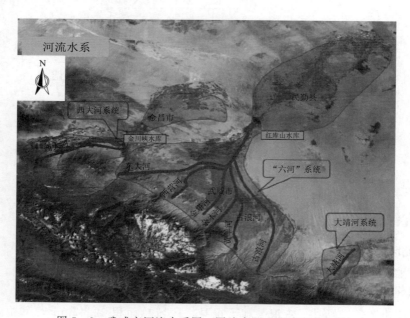

图 5-2　武威市河流水系图（图片来源：武威市水务局）

　　近年来，由于石羊河上游乱砍滥伐、修建水库，加之中游大规模进行农业灌溉，无节制地利用流域水资源，使得石羊河进入下游民勤县的地表水资源逐渐减少，迫使民勤县大量开发利用地下水，导致该区地下水位急剧下降，造成生态环境恶化越演越烈和水资源极度匮乏的局面。20 世纪 50 年代以后，进入民勤县的水量一直呈下降趋势，50 年代为

5.527 亿 m³，90 年代减少到 1.15 亿 m³，到 2005 年则减少到 0.83 亿 m³，使得民勤最大的湖泊——青土湖在 1960 年彻底枯竭。红崖山水库位于民勤县境内，水库控制流域面积 13400km²，供民勤县六十多万亩耕地灌溉和 27.37 万人民生活用水。金彦兆等研究表明，1962—2010 年入库径流量减少了 3.06 亿 m³，整体呈下降趋势，入境的石羊河水量被全部消耗利用。同时由于地下水水位下降，某些植物根系因无法汲取地下水大量出现干枯、死亡或半死亡状态，如白刺、红柳等。

武威市水资源总量年际间变化较大，研究年限内（2011—2020 年）在 9.71 亿～15.30 亿 m³ 之间波动，年均水资源总量 12.35 亿 m³，2020 年水资源总量达到 11.68 亿 m³，占甘肃省水资源总量（410.88 亿 m³）的 2.8％。该区地下水资源量在 5.92 亿～10.67 亿 m³ 变化，年均地下水资源量 8.72 亿 m³，2020 年为 9.86 亿 m³，占甘肃省地下水资源总量（158.21 亿 m³）的 6.2％。该区总用水量在 15.00 亿～17.42 亿 m³ 之间变化，年均用水量 16.22 亿 m³，2020 年总用水量 17.24 亿 m³，占甘肃省总用水量（109.89 亿 m³）的 15.69％。该区人均水资源年占有量为 768.05m³，远低于国际上人均 1000m³ 的水平，属于极端干旱区之一。从总体变化形势来看，水资源总量和地下水资源量均呈波动上升的趋向，而总用水量则呈下降趋势。2020 年武威市年降水量为 176.1mm，降水稀少导致该区旱情进一步加重。总体而言，武威市水资源开发利用具有很大的局限性。在水资源短缺的背景下，武威市生态环境持续恶化的现象受到党和国家政府的高度重视，从而出台了一系列政策进行重点和综合治理。通过调整种植结构、优化产业结构、关井压田、生态移民等措施，武威市生态环境状况有了明显好转。武威市人均水资源量和亩均水资源量发展趋势如图 5-3 所示，治理年限内武威市人均水资源量有了小幅提升，2019 年超过了 1000m³/人，2020 年因降水量稀少等原因有所下降；亩均水资源量总体在逐渐减少，表明武威市农业节水水平在不断提升，农业用水效率在逐步提高。

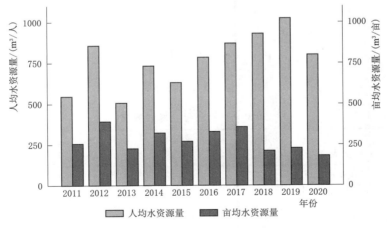

图 5-3　武威市人均水资源量和亩均水资源量发展趋势

3. 社会发展状况

武威市下辖 9 个乡、84 个镇、1054 个行政村，本地区统计资料依据武威市第 7 次人口统计资料校对所得。据调查，2011 年末武威市户籍居民达 177.99 万人，截至 2020 年末常住人口数减少至 145.91 万人，其中农村人口 77.34 万人，占比 53%；城镇人口 68.57 万人，城镇化率为 47%。其中凉州区人口最多，为 88.32 万人，占全市人口的 60.5%；天祝县人口最少，为 15.06 万人，占比 10.32%；民勤县和古浪县人口分别为 17.74 万人和 24.79 万人，占比 12.16% 和 16.99%。武威市人口和城镇化发展趋势如图 5-4 所示，全市总人口数逐年下降，人口密度从 53.55 人/km² 下降至 45.1 人/km²，其中凉州区人口密度最大，民勤县最小，人口空间分布极不均衡，分别为 179.95 人/km²、11.20 人/km²。因为特殊的地理位置和极度干旱的自然条件，所以民勤县实施了生态移民策略，为该区生态环境修复做出了贡献。人口自然增长率从 2011 年的 5.28% 降低为 2020 年的 -5.90%，人口出现了负增长，与国内人口增长趋势一致。2020 年武威市社会发展概况见表 5-1。根据表 5-1，武威市人口数降低的同时城镇化率在不断上升，由 2011 年的 28.66% 增加到 2020 年的 47.01%，其中城镇居民人均可支配收入从 13261 元大幅增加到 31580 元，社会消费品零售总额由 2011 年的 88.42 亿元提高到 2020 年的 143.80 亿元。全市人均收入快速增长，社会消费水平逐步提高，表明武威市城镇化进程在不断推进，社会经济快速发展促进了人民生活水平的提高，同时提升了幸福指数。

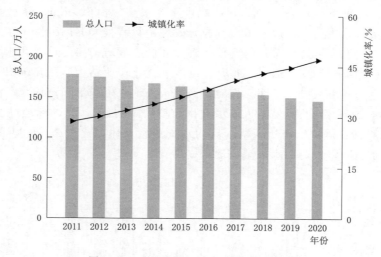

图 5-4 武威市人口和城镇化发展趋势

表 5-1 2020 年武威市社会发展概况

区域	总人口/万人	人口密度/(人/km²)	城镇化率/%	城镇居民人均可支配收入/(元/人)	社会消费品零售总额/亿元
武威市	145.91	45.10	47.01	31580	143.80
凉州区	88.32	179.95	52.83	33531	86.38
民勤县	17.74	11.20	40.12	27197	18.86
古浪县	24.79	49.12	31.71	25561	18.85
天祝县	15.06	22.96	46.37	27736	19.80

4. 经济发展概况

武威市是典型的干旱地区，经济来源主要依靠农业发展，农业用水在武威市用水中占比最高，水资源是制约该区社会经济发展的重要因素。据统计资料（表 5-2），2020 年武威市总产值达 526.41 亿元，较 2019 年 496.69 亿元同比增长 5.98％，实现第一产业生产总值 161.71 亿元，较上年同期增加 12.39％；第二产业生产总值 85.12 亿元，同比增长 0.9％；第三产业生产总值 279.59 亿元，同比增长 4.41％。人均生产总值也从 32714 元增至 35571 元，同比增长 8.7％。武威市在近 10 年间不断优化经济产业结构，稳步推进农业现代化，突出其作为西北门户、丝绸之路重要节点城市的地理优势，重点打造特色旅游业。基于区域发展政策，该市第一、二、三产业比重由 2011 年的 24.6：36：39.3 调整为 2020 年的 30.7：16.1：53.1，农业和服务业占比大幅提升，工业占比减少一半多，农林牧渔业增加值逐步提高，而工业增加值随结构变动持续减少。通过三产结构调整，武威市经济结构日臻完善，经济发展态势得到极大提升。

表 5-2 　　　　　　　　　　　2011—2020 年武威市经济发展概况

年份	第一产业生产总值/亿元	第二产业生产总值/亿元	第三产业生产总值/亿元	GDP/亿元	人均 GDP/元	经济密度/(万元/km²)
2011	60.33	88.35	96.27	244.96	13622.00	73.70
2012	70.50	111.56	115.10	297.17	16850.00	89.41
2013	77.15	117.83	134.59	329.57	19080.00	99.16
2014	83.86	117.83	155.36	357.05	21130.00	107.42
2015	88.70	87.06	190.64	366.40	22155.00	113.27
2016	103.62	111.22	208.50	423.35	26152.00	130.88
2017	113.62	75.93	230.39	419.94	26462.00	129.82
2018	128.42	75.83	254.03	458.28	29493.00	141.68
2019	143.88	85.04	267.77	496.69	32714.00	153.55
2020	161.71	85.12	279.59	526.41	35571.00	162.72

自"一带一路"建设以来，武威市抓住丝绸之路经济带建设契机，全面实行对外开放发展政策，2011 年至今经济发展呈持续增长态势。武威市经济发展趋势如图 5-5 所示，武威市人均生产总值近三年平均增长率达 10.36％，经济密度从 73.70 万元/km² 增加至 162.72 万元/km²，同比增长 5.97％。虽然武威市经济发展态势良好，但县区间发展极不均衡，特别是民勤县因水资源短缺极大限制了发展，还需继续优化产业结构和建立完善的确保生态环境良性循环的社会发展机制。

5. 生态环境现状

2020 年武威市国土总面积 32351.69km²，其中陆地面积为 31966km²，占比 98.8％；水域面积为 381km²，占比 1.2％。如前所述，该区地貌大致呈带状分布，南边为西北至东南走向的祁连山区带，中间为平原绿洲区，北部为荒漠地带。天祝县位于河西走廊东部，年均气温低至 0.3℃，气候凉爽。山区降水充足，年降水量 407.4mm，有助于林牧业发展。2015 年武威境内祁连山区生态问题引起国家有关部门重视，对相关负责人进行了问责，并采取移民等措施对保护区生态问题进行大力整治。通过修复治理，该区空气质

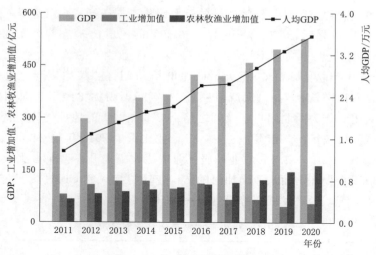

图 5-5   武威市经济发展趋势

量和水质均得到很大改善，森林覆盖率达到 34.38%，空气优良率达到 91%，空气质量逐渐提升。中部古浪县和凉州区主要以农业带动经济发展，农业用水占比极高，挤占了石羊河注入下游民勤县的水资源量。近年来武威市大力推广农业节水技术，调整降低高耗水作物的种植比例，农业用水量明显下降，饮用水水质达标率为 100%。虽然该区生态环境有所改善，但水资源利用问题依然存在，北部民勤荒漠绿洲生态环境问题仍是武威市环境治理的重点。民勤县是阻隔腾格里沙漠和巴丹吉林沙漠合拢的最后防线。近半个多世纪以来，民勤县生态状况受自然和人为因素的双重作用出现明显恶化，水资源不合理开发利用成为制约当地社会经济发展的重要因素。过度开采导致地下水水位下降，加之潜水强烈蒸发，土壤盐渍化程度进一步加剧，苦咸水面积增加，地下水矿化度升高。钟华平等研究发现，20 世纪 90 年代民勤部分地区地下水含盐量过高，矿化度达到 5g/L，对人和牲畜饮水带来极大不便。上中游工农业迅猛发展，化肥、农药、塑料用量增加。2004 年武威市环境监测数据表明，民勤县水质为劣 Ⅴ 类，不能满足人们日常生产和生活需要。基于上述背景，国家于 2007 年正式实施石羊河流域重点治理规划并取得显著成效，2016 年红崖山水库由中型上升到大（2）型，库容增加至 1.48 亿 m^3，下泄水量达 3358 万 m^3，确保了向青土湖提供 3000 万 m^3 以上的生态用水，水库调蓄能力得到提高，自治理以来每年均能达到甚至超额完成两项指标。2011—2020 年武威市蔡旗断面过水量及生态环境用水率如图 5-6 所示，2019 年蔡旗断面过水量突破 4 亿 m^3，地下水水位上升。总体而言，武威市生态环境状况整体向好，生态环境用水占比明显上升。据武威市 2021 年统计年鉴显示，该区推广节水灌溉面积 252 万亩，森林覆盖率从 2011 年的 12.06% 增加至 2020 年的 19.01%，沙尘天气为近几年最少年份，同时化学需氧量排放量从 4.78 万 t 减少至 0.53 万 t。然而，武威市生态环境质量仍有很大改善空间。2020 年武威市用水量分配情况如图 5-7 所示。由图 5-7 可见，农业用水占总水量的 79%，占比依然过高，农业用水效率和种植结构有待进一步提高和优化。

5.4.2   数据来源

本研究选取的原始数据均来源于《甘肃省水资源公报》（2010—2020 年）、《甘肃省统

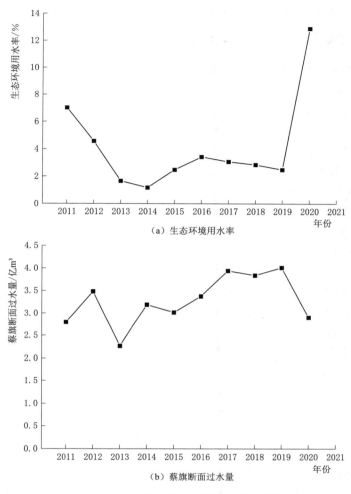

（a）生态环境用水率

（b）蔡旗断面过水量

图 5 - 6　2011—2020 年武威市生态环境用水率及蔡旗断面过水量

计年鉴》（2010—2020 年）、武威市国民经济和社会发展统计公报（2010—2020 年）及实地调研。

5.4.3　研究方法

　　查阅文献资料，结合武威市现状筛选对比确定研究方法，提出水资源承载力评价模型的计算流程。通过研究区相关部门发布的统计年鉴、统计公报及官方网站公开数据及实地调研获取数据资料，构建水资源承载力评价体系，运用 SPSS26 和 MATLAB

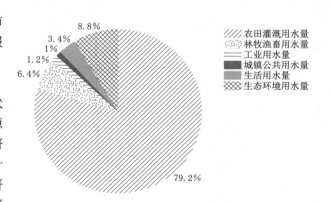

图 5 - 7　2020 年武威市用水量分配情况

软件结合主成分分析、层次分析和熵权法确定指标权重，进行指标分级阈值及综合得分计算，综合分析水资源承载力评价结果及水资源承载力影响因素并提出对策建议。

5.5 武威市水资源承载力评价体系

5.5.1 武威市水资源承载力评价体系构建

1. 评价指标选取原则

水资源承载力以社会经济可持续发展为研究理念和前提，是一个涵盖社会、经济等多方面的综合性概念，而评价指标则是整个评价体系建立的基础。要构建一个综合的、系统的评价体系，选取的评价指标应该能够尽可能合理、准确地反映水资源承载力实际状况，并能够全面体现各子系统对水资源承载力的影响。因此，评价指标选取需坚持以下几个原则：

(1) 科学性原则。评价指标选取应遵循社会经济及环境发展规律，同时顺应可持续发展理念。通过梳理相关研究成果，参照前人对干旱区水资源承载力评价指标体系建立标准，从水资源层面、社会层面、经济层面和生态环境层面进行评价指标体系构建，选取具有代表性和科学性的评价指标，确保能够体现各个子系统的信息并科学全面地反映武威市水资源承载力实际情况。

(2) 区域性原则。区域水资源承载力研究的目的在于体现区域实际水平和多年变化趋势。目前诸多研究中选取的评价指标存在共线性问题，不能很好地反映区域社会经济和生态环境状况。因此，选取的评价指标应能准确地体现区域各子系统的实际状况，在遵照科学性原则基础上选取符合区域实际的指标并进行适当调整。

(3) 可获得性原则。评价指标需能体现区域水资源承载力多年连续变化，通常需通过多年统计数据获得，部分指标属于有关部门内部监测数据，因而获取较为困难。同时指标概念应浅显易懂且避免笼统空洞的指标术语，因此需充分考虑资料来源和可获取的难易程度。本研究指标均选自政府公开文件，如统计年鉴、水资源公报等，确保了指标获取的可行性和统计数据的真实准确性。

(4) 系统性原则。区域水资源承载力评价指标需系统全面地反映研究区状况及各子系统间相互作用的反馈机制。水资源承载力评价体系是一个涵盖多层面信息的复杂系统，多数研究中包含了水资源、社会、经济和环境系统。因此，水资源承载力评价体系构建及其指标选取需在已有研究成果基础上不断完善改进和更新，力求尽可能地使评价体系趋于系统全面和准确，因而需遵循系统性原则。

2. 评价体系构建

(1) 评价体系建立。建立评价体系是客观反映区域水资源承载能力的主要途径。通过查阅大量文献发现，目前水资源承载力评价主要从两个角度出发：①以单一水资源层面作为研究对象，主要从水的质、量、环境及管理角度评价分析其承载力；②从社会经济、生态和水资源整体角度综合评价水资源承载力。社会经济方面主要从人口和城市化发展水平、居民收入水平、工农业用水量、GDP 用水效益等角度体现水资源承载能力；水资源方面主要对水量、水质、降水、人均水量、地均水量、产水供水能力等进行分析；生态环境方面多通过生态用水、污废水排放和处理水平、植被盖度等来衡量水资源承载力。

参考已有研究，本研究从综合层面考虑构建以水资源承载力为目标层、水资源—社会—经济—生态环境系统为系统层，并选取人均水资源量、亩均水资源量、产水模数、供水模数、人均供水量、年径流系数、人口密度、人口自然增长率、城镇化率、人均生活用水量、农田灌溉用水量、人均 GDP、万元 GDP 用水量、耕地灌溉率、万元工业增加值用水量、生态环境用水率、污水集中处理率、森林覆盖率、化学需氧量排放量、废污水年排放量 20 个评价指标为指标层的武威市水资源承载力评价体系（图 5-8）。

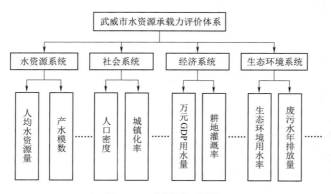

图 5-8　评价体系框架

（2）评价指标选取。水资源承载力综合评价涉及诸多复杂指标，但考虑到指标获取等问题较难解决，因而所选评价指标应少而精。本研究基于上述指标选取原则和评价体系构建特性，结合研究区实际情况，通过大量查阅总结权威研究成果考量其方法是否适用于本研究，最终综合选取了代表系统层的 20 个评价指标进行系统分析（表 5-3）。本研究所涉及缺失的指标均参考相关研究中的相似指标进行替代。

表 5-3　　　　　　　　　　武威市水资源承载力评价体系

目标层	系统层	指标层	单位	指标方向
水资源承载力评价指标体系	水资源系统 B_1	人均水资源量 X_1	m^3/人	+
		亩均水资源量 X_2	m^3/亩	—
		产水模数 X_3	万 m^3/km^2	+
		供水模数 X_4	万 m^3/km^2	+
		人均供水量 X_5	m^3/人	+
		年径流系数 X_6		+
	社会系统 B_2	人口密度 X_7	人/km^2	—
		人口自然增长率 X_8	%	—
		城镇化率 X_9	%	—
		人均生活用水量 X_{10}	L/（d·人）	—
		农田灌溉用水量 X_{11}	亿 m^3	—
	经济系统 B_3	人均 GDP X_{12}	万元/人	+
		万元 GDP 用水量 X_{13}	m^3/万元	—
		耕地灌溉率 X_{14}	%	—
		万元工业增加值用水量 X_{15}	m^3/万元	—

目标层	系统层	指标层	单 位	指标方向
水资源承载力评价指标体系	生态环境系统 B_4	生态环境用水率 X_{16}	%	+
		污水集中处理率 X_{17}	%	+
		森林覆盖率 X_{18}	%	+
		化学需氧量排放量 X_{19}	万 t	−
		废污水年排放量 X_{20}	万 t	−

评价指标体系中指标方向可解释为评价指标对水资源承载力而言为动力因子或压力因子。如人均水资源量增加将促进水资源承载力的提高，则此指标方向为"＋"，即为正向指标；反之为负向指标。

5.5.2 评价指标数据预处理方法

1. 层次分析法

层次分析法（AHP）主要是由专家对各项评价指标进行打分，是一种主观性很强的权重计算方法，适用于评价多目标多层次问题。依据拟分析的目标性质，需将评价问题层次化，确定能反映目标实际的评判因子，并将影响因子聚类分层，最后构建由目标层、系统层和指标层组成的评价模型。

（1）确定标度和构造判断矩阵。本研究采用 1～9 标度法打分（即分值区间为 1～9分）。该评价法主要用于对影响因素的量化，决策者根据专家意见进行最后的矩阵判定（表 5-4）。

表 5-4 九 级 标 度 法

标度	含 义	标度	含 义
1	两因素相比具有同样重要性	9	极端重要
3	稍微重要	2、4、6、8	以上相邻判断的中值
5	明显重要	倒数	相应两因素交换次序比较的重要性
7	强烈重要		

构建原始判断矩阵 A，$a_{ji} = \dfrac{1}{a_{ij}}$：

$$A = \begin{bmatrix} a_{11} & a_{12} & \cdots & a_{1j} \\ a_{21} & a_{22} & \cdots & a_{2j} \\ \vdots & \vdots & \ddots & \vdots \\ a_{i1} & a_{i2} & \cdots & a_{ij} \end{bmatrix} \tag{5-1}$$

其中 $a_{ij} \geqslant 0$，$a_{ii} = 1$，$(i,j = 1,2,\cdots,m)$

（2）判断矩阵归一化处理。

$$B = \begin{bmatrix} b_{11} & b_{12} & \cdots & b_{1j} \\ b_{21} & b_{22} & \cdots & b_{2j} \\ \vdots & \vdots & \ddots & \vdots \\ b_{i1} & b_{i2} & \cdots & b_{ij} \end{bmatrix} \tag{5-2}$$

$$b_{ij} = \frac{a_{ij}}{\sum_{j=1}^{m} a_{ij}} \tag{5-3}$$

（3）计算特征向量，特征根 λ 和权重 α。

$$\alpha = \begin{bmatrix} \alpha_1 \\ \vdots \\ \alpha_i \end{bmatrix}; \alpha_j = \frac{\sum_{j=1}^{m} b_{ij}}{m} \tag{5-4}$$

$$A\alpha = \lambda\alpha \tag{5-5}$$

（4）一致性检验。矩阵构造时会出现逻辑性错误，如重要性 $A>B$，$B>C$，但 $C>A$ 的情况，故需进行一致性检验。通过 CR 值判断一致性，若 $CR<0.1$，表明通过一致性检验，反之则不通过，需检查判断矩阵。

$$CI = \frac{\lambda - m}{m - 1} \tag{5-6}$$

$$CR = \frac{CI}{RI} \tag{5-7}$$

其中 CI——一致性指标；

RI——代表平均随机一致性指标；

CR——一致性比例。

RI 取值参照表见表 5-5，RI 可通过查表 5-5 得出。

表 5-5 <center>**RI 取 值 参 照 表**</center>

矩阵阶数	1	2	3	4	5	6	7	8	9
RI	0.00	0.00	0.58	0.89	1.12	1.26	1.36	1.41	1.46

（5）结果分析。计算得到各指标权重，且数据通过一致性检验，可进一步进行结果分析。

2. 熵权法

由于每个指标的度量单位不同，首先，要对其进行规范化处理。其次，因为正向指标和负向指标所表示的意义不一样（"+"代表数值越高越好，"-"代表其值越低越好），所以需对这些指标运用极差法进行预处理。

（1）数据标准化处理。运用极差变换法将性质不同的指标转换为正向指标，使变换后的每个属性的值最优为 1，最差为 0，具体步骤如下。

对正向指标：

$$x^* = \frac{x_{ij} - \min x_{ij}}{\max x_{ij} - \min x_{ij}} \tag{5-8}$$

对负向指标：

$$x^* = \frac{\max x_{ij} - x_{ij}}{\max x_{ij} - \min x_{ij}} \tag{5-9}$$

式中 x^*——指标标准化后的值（$0 \leqslant x^* \leqslant 1$）；

x_{ij}——指标原始值，$\max x_{ij}$ 和 $\min x_{ij}$ 为原始指标值的最大和最小值。

（2）计算第 i 个评价对象下第 j 项指标的比重 P_{ij}。

$$p_{ij} = \frac{x_{ij}^*}{\sum\limits_{i=1}^{n} x_{ij}^*} (i=1,2,\cdots,n; j=1,2,\cdots,m) \tag{5-10}$$

（3）计算第 j 项指标的熵值 e_j。

$$e_j = -\frac{1}{\ln n} \sum_{i=1}^{n} p_{ij} \ln p_{ij}, (j=1,2,\cdots,m) \tag{5-11}$$

其中 $e_{ij} \geqslant 0$

（4）通过熵值计算各项指标权重。

$$d_j = 1 - e_j, (j=1,2,\cdots,m) \tag{5-12}$$

$$w_j = \frac{d_j}{\sum\limits_{j=1}^{m} d_j}, (j=,2,\cdots,m) \tag{5-13}$$

式中 d_j——信息熵冗余度。

（5）AHP-EWM 综合权重计算。因 AHP 为主观计算，熵权法为客观计算，两种权重计算方法的原理不同，故将两种方法结合使权重更具真实性，即

$$\omega_j = \frac{w_j \alpha_j}{\sum\limits_{j=1}^{m} w_j \alpha_j} \tag{5-14}$$

（6）综合得分计算为

$$s_j = \sum_{j=1}^{m} \omega_j \cdot p_{ij} \tag{5-15}$$

综合得分值越大表明水资源承载力越高。

3. 主成分分析评价法

（1）原始数据标准化。假设进行主成分分析的指标变量有 m 个（$x_1, x_2, \cdots, x_m$），其中有 n 个评价对象，第 i 个评价对象的第 j 个指标取值为 x_{ij}，将各指标值转化成标准化指标 $\tilde{x}_{ij}$：

$$\tilde{x}_{ij} = \frac{x_{ij} - \bar{x}_j}{s_j}, (i=1,2,\cdots,n; j=1,2,\cdots,m) \tag{5-16}$$

其中 $\bar{x} = \frac{1}{n} \sum\limits_{i=1}^{n} x_{ij}$，$s_j = \frac{1}{n-1} \sum\limits_{i=1}^{1} (x_{ij} - \bar{x}_j)^2$，$(j=1,2,\cdots,m)$，即 $\bar{x}_j$，s_j 为第 j 个指标的样本均值和样本标准差；

$\tilde{x}_i = \frac{x_i - \bar{x}_i}{s_i}$，$(i=1,2,\cdots,m)$ 则为标准化指标变量。

（2）建立变量间的相关系数矩阵 R。

$$R = (r_{ij})_{m \times m} \tag{5-17}$$

$$r_{ij} = \frac{\sum\limits_{k-1}^{m} \tilde{x}_{ki} \cdot \tilde{x}_{kj}}{n-1} (i,j=1,2,\cdots,m) \tag{5-18}$$

式中　r_{ij}——第 i 个指标与第 j 个指标的相关系数。

（3）计算相关系数矩阵 R 的特征值和特征向量。计算相关系数矩阵 R 的特征值 $\lambda_1 \geqslant \lambda_2 \geqslant \cdots \geqslant \lambda_m \geqslant 0$ 及对应的特征向量 $u_1, u_2, \cdots, u_m$，其中 $u_j = (u_{1j}, u_{2j}, \cdots, u_{nj})^{\mathrm{T}}$，由特征向量组成 m 个新的指标变量。

$$\begin{cases} y_1 = u_{11}\tilde{x}_1 + u_{21}\tilde{x}_2 + \cdots + u_{n1}\tilde{x}_p \\ y_2 = u_{12}\tilde{x}_1 + u_{22}\tilde{x}_2 + \cdots + u_{n2}\tilde{x}_p \\ \qquad\qquad\qquad\vdots \\ y_m = u_{1m}\tilde{x}_1 + u_{2m}\tilde{x}_2 + \cdots + u_{nm}\tilde{x}_p \end{cases} \tag{5-19}$$

式中　y_1——第一主成分；

　　　y_2——第二主成分；

　　　　　$\vdots$

　　　y_m——第 m 主成分。

（4）提取主成分并计算综合得分。

1）计算特征值 $\lambda_j = (j = 1, 2, \cdots, m)$ 的信息贡献率和累计贡献率，其中 $b_j = \dfrac{\lambda_j}{\sum\limits_{k=1}^{m}\lambda_k}(j=1,2,\cdots,m)$ 为主成分 y_i 的信息贡献率，$a_p = \dfrac{\sum\limits_{k=1}^{p}\lambda_k}{\sum\limits_{k=1}^{m}\lambda_k}$ 为主成分 $y_1, y_2, \cdots, y_p$ 的累积贡献率，当 a_p 接近于 $1(a_r = 0.85, 0.90, 0.95)$ 时，选择前 p 个指标变量 $y_1, y_2, \cdots, y_p$ 作为 p 个主成分，代替原来的 m 个指标变量，从而可对 p 个主成分进行综合分析。

2）计算综合得分为

$$Z = \sum_{j=1}^{p} b_j y_j \tag{5-20}$$

式中　b_j——第 j 个主成分的信息贡献率。

5.5.3　讨论与小结

本研究首先从综合评价角度出发，遵循科学性、区域性、可获得性和系统性原则，将水资源、社会经济和生态环境看作封闭系统，筛选 20 个评价指标构建武威市水资源承载力评价指标体系。其次，选取主成分分析法和熵权法评价水资源承载力，其关键是评价指标权重的计算。主成分分析法利用方差贡献率和累积贡献率计算权重，而熵权法计算权重则具有很强的客观性，往往忽略了系统间和指标间的联系，因此本研究将层次分析法与熵权法结合计算权重。层次分析法依赖专家打分和决策者主观决策，侧重于指标间的内部联系，将层次分析法和熵权法结合计算权重可有效减小各自存在的误差并将计算权重失真程度最小化。最后，分析阐明了 AHP、EWM、PCA 三种方法的评价步骤及其计算原理。

5.6　武威市水资源承载力分析评价

5.6.1　水资源承载力评价指标分级阈值

1. 评价指标分级标准值拟定

评价水资源承载力水平需有参照依据，而确定指标分级阈值为其关键。本研究依据武威市实际并遵循国际认可的评价分级阈值标准，借鉴国内可信度较高且水资源状况与研究区相似的文献分级标准，主要以朱一中对西北地区水资源承载力研究的分级标准为主要参考依据，将武威市水资源评价指标分为较好承载力（Ⅰ）、中等承载力（Ⅱ）和较差承载力（Ⅲ）三种类型分析确定指标层分级阈值（表 5-6）。

表 5-6 武威市水资源承载力评价指标分级阈值

指标层	单位	性质	Ⅲ	Ⅱ	Ⅰ
人均水资源量 X_1	m³/人	+	<1700	1700~4000	>4000
亩均水资源量 X_2	m³/亩	-	>300	200~300	<200
产水模数 X_3	万 m³/km²	+	<5	5~10	>10
供水模数 X_4	万 m³/km²	+	<2	2~5	>5
人均供水量 X_5	m³/人	+	<1000	1000~3000	>3000
年径流系数 X_6		+	<0.2	0.2~0.3	>0.3
人口密度 X_7	人/km²	-	>100	50~100	<50
人口自然增长率 X_8	%	-	>9.5	2.1~9.5	<2.1
城镇化率 X_9	%	-	>50	35~50	<35
人均生活用水量 X_{10}	L/(d·人)	-	>80	60~80	<60
农田灌溉用水量 X_{11}	亿 m³	-	>12	8~12	<8
人均GDP X_{12}	万元/人	+	<2	2~4	>4
万元GDP用水量 X_{13}	m³/万元	-	>610	210~610	<210
耕地灌溉率 X_{14}	%	-	>60	30~60	<30
万元工业增加值用水量 X_{15}	m³/万元	-	>100	50~100	<50
生态环境用水率 X_{16}	%	+	<2	2~5	>5
污水集中处理率 X_{17}	%	+	<60	60~90	>90
森林覆盖率 X_{18}	%	+	<12	12~15	>15
化学需氧量排放量 X_{19}	万 t	-	>3	1~3	<1
废污水年排放量 X_{20}	万 t	-	>4000	2500~4000	<2500

2. 计算分级阈值综合得分

根据分级阈值统计数据，利用 SPSS 26.0 计算阈值综合得分作为主成分分析研究区域水资源承载力的参考依据（表 5-7）。

表 5-7 主成分特征值及方差贡献率

主成分	特征值	方差贡献率/%	累积方差贡献率/%
1	20	100	100

由表 5-7 可知，主成分 1 的累计贡献率为 100%，结合标准后的分级阈值分析得到其综合得分为 $Z=[-3.16，3.16]$，因此将分级阈值综合得分 -3.16 确定为较差承载力（Ⅲ）和中等承载力（Ⅱ）的临界点，同理将 3.16 设定为临界超载（Ⅱ）和较好承载力（Ⅰ）的临界点。

5.6.2 基于主成分分析评价模型的水资源承载力评价

1. 水资源承载力数据处理分析

根据《甘肃省水资源公报》《武威市统计年鉴》和《武威市国民经济和社会发展统计

176

公报》，选取了 20 个武威市水资源评价指标，运用 SPSS26.0 对统计原始数据进行主成分分析，得到水资源承载力驱动因子相关性矩阵及主成分特征值和方差贡献率（表 5-8）。

表 5-8　　　　　　　　　　　主成分特征值及方差贡献率

主成分	特征值	方差贡献率/%	累积方差贡献率/%
F_1	9.807	49.033	49.033
F_2	4.701	23.504	72.537
F_3	2.286	11.432	83.970
F_4	1.588	7.941	91.910

2. 主成分选择及评价

根据主成分特征值及贡献率（表 5-8），前四个主成分的特征值分别为 9.807、4.701、2.286、1.588，均大于 1 且其累计贡献率达 91.910%，符合累计贡献率不小于 85% 的要求，表明前四个主成分变量能够比较全面地反映武威市 2011—2020 年水资源承载力状况并阐明其年际变化。因此，本研究选取前四个主成分进行分析并计算各因子在主成分上的荷载，成分载荷矩阵见表 5-9，后续将在此基础上进行水资源承载力评价研究。

表 5-9　　　　　　　　　　　成 分 载 荷 矩 阵

变　量	F_1	F_2	F_3	F_4
X_1	0.671	−0.294	0.660	−0.130
X_2	−0.493	−0.309	0.634	0.409
X_3	0.489	−0.316	0.797	−0.108
X_4	−0.009	0.853	0.185	0.457
X_5	0.795	0.524	0.057	0.284
X_6	0.700	−0.062	0.340	0.131
X_7	−0.987	0.106	0.060	0.035
X_8	−0.789	−0.575	0.134	−0.041
X_9	0.980	−0.145	−0.027	0.048
X_{10}	0.642	0.742	0.157	0.078
X_{11}	−0.478	0.807	0.270	0.058
X_{12}	0.989	−0.129	−0.040	0.018
X_{13}	−0.861	0.471	0.111	−0.033
X_{14}	−0.810	−0.126	−0.056	0.474
X_{15}	−0.629	−0.392	0.450	0.177
X_{16}	0.413	0.871	−0.003	0.238
X_{17}	0.635	−0.375	−0.487	0.206
X_{18}	0.644	−0.470	−0.085	0.344
X_{19}	−0.881	0.196	−0.139	−0.075
X_{20}	−0.141	−0.532	−0.240	0.768

根据表 5 - 8、表 5 - 9 计算可得，第一主成分 F_1 所占比重为 49.033%，解释了近一半的信息。成分荷载矩阵表明，F_1 与人均供水量 X_5、年径流系数 X_6、城镇化率 X_9、人均 GDP X_{12} 存在较强的正相关关系，与人口密度 X_7、万元 GDP 用水量 X_{13}、化学需氧量排放量 X_{19} 存在较强的负相关关系，由此可知第一主成分与社会经济发展状况和水资源利用状况均存在相关性，不仅综合性较强，也是影响武威市水资源承载力的重要因素。2011—2020 年武威市年均降水量为 262.9mm，而年均蒸发量则高达 1996.6mm，年均水资源量为 12.11 亿 m^3，水资源极为短缺。社会经济方面，随着经济和城市化的快速发展，2020 年武威市地区生产总值达 526.41 亿元，较 2011 年的 244.96 亿元增加 114.9%，城市人口比重由 28.66% 增加到 47.01%，但同时也加重了水资源压力，人口既是推动水资源承载力提高的重要因素，也是造成水资源承载力下降的压力因子。水资源利用方面，武威市总供水量在研究年限内基本保持稳定，而水资源总量在小幅增加，由 2011 年的 9.71 亿 m^3 增加到 2020 年的 11.68 亿 m^3，一定程度上提高了该地区水资源承载能力，减轻了水资源压力。此外，武威市虽属于典型的资源型缺水区，但也还存在严重的水资源浪费和水污染现象。2011 年该区化学需氧量排放量高达 47794.43t，而污水集中处理率为 65%，民勤县红崖山水库水质为轻度污染（Ⅳ类），近年来通过各种节水技术措施取得了一定成效，万元 GDP 用水量从 2011 年的 711.31m^3/万元缩减到 2020 年的 327.53m^3/万元，有效灌溉面积从 275.52 万亩增加到 308.27 万亩，化学需氧量排放量减少至 5300t，污水集中处理率提高至 98.72%，万元 GDP 用水量显著减少，水资源利用率明显提升，水库水质也改善为良好状态（Ⅲ类）。与此同时，该区农业用水仍占很大比例。数据显示，2020 年全市总用水量 17.24 亿 m^3，其中农田灌溉用水量 13.66 亿 m^3，占比高达 79.2%，同时农业用水效益低于全市各行业平均用水效益，因此该区农业用水效率尚有较大的提升空间。

第二主成分 F_2 主要反映武威市水资源利用的供需状况，与供水模数 X_4、农田灌溉用水量 X_{11}、生态环境用水率 X_{16} 有较强的正相关关系，反映了武威市供水能力和农业用水及生态环境用水状况。近 10 年来，研究区总供水量基本保持不变，大体呈缓慢下降趋势，生活用水量由 2011 年的 0.48 亿 m^3 增加至 2020 年的 0.58 亿 m^3，呈缓慢增加趋势。并且，因当地政府及群众对生态保护高度重视，生态用水量也逐步增加。各行各业水资源需求的日益增长，必然对该区水资源承载能力产生巨大压力。

第三主成分 F_3 与人均水资源量 X_1、亩均水资源量 X_2、产水模数 X_3 存在正相关关系，反映了武威市单位面积的产水能力及农作物对水资源的依赖程度。在研究年限内武威市产水模数从 2011 年的 2.92 万 m^3/km^2 增加至 3.61 万 m^3/km^2，单位面积产水能力逐步提高，亩均水资源量从 2011 年的 256.13m^3/亩减少至 182.93m^3/亩，表明武威市水资源自产能力在逐步提高，同时农作物对水的依赖程度逐渐降低，也说明武威市节水灌溉发展水平在不断提高，对该区水资源高效利用具有重要意义。

第四主成分 F_4 则与废污水年排放量 X_{20} 存在正相关关系，反映了水资源利用效率和水质状况对水资源承载力的影响。

综上所述，四个主成分能够较全面地反映水资源承载力状况，因此影响武威市水资源承载力的四个主要因子为综合发展水平、水资源供需状况、水资源丰枯程度和水资源利用效率。

3. 主成分综合得分计算

根据特征值（表5-8）和成分荷载矩阵（表5-9），令 y_1 代表第一主成分 F_1 得分，y_2 代表第二主成分 F_2 得分，可将 y_1、y_2 表示为以下线性关系：

$$y_1 = 0.214ZX_1 - 0.157ZX_2 + 0.156ZX_3 - 0.003ZX_4 + 0.254ZX_5$$
$$+ 0.223ZX_6 - 0.315ZX_7 - 0.252ZX_8 + 0.313ZX_9 + 0.205ZX_{10}$$
$$- 0.153ZX_{11} + 0.316ZX_{12} - 0.275ZX_{13} - 0.259ZX_{14} - 0.201ZX_{15}$$
$$+ 0.132ZX_{16} + 0.203ZX_{17} + 0.206ZX_{18} - 0.281ZX_{19} - 0.045ZX_{20} \quad (5-21)$$

$$y_2 = -0.136ZX_1 - 0.142ZX_2 - 0.146ZX_3 + 0.393ZX_4 + 0.242ZX_5$$
$$- 0.028ZX_6 + 0.049ZX_7 - 0.265ZX_8 - 0.067ZX_9 + 0.342ZX_{10}$$
$$+ 0.372ZX_{11} - 0.060ZX_{12} + 0.217ZX_{13} - 0.058ZX_{14} - 0.181ZX_{15}$$
$$+ 0.402ZX_{16} - 0.173ZX_{17} - 0.217ZX_{18} + 0.090ZX_{19} - 0.245ZX_{20} \quad (5-22)$$

同理可得 y_3、y_4。将量纲统一后的数据带入上面函数关系式中，计算可得主成分得分，然后将四个主成分贡献率与累计贡献率的比值（即 0.53349、0.25573、0.12439、0.08640）作为权重得到水资源承载力综合得分 Y，其数学函数如下

$$Y = 0.53349y_1 + 0.25573y_2 + 0.12439y_3 + 0.08640y_4 \quad (5-23)$$

由综合评价函数可得武威市水资源承载力得分情况（表5-10）。表中 y_1、y_2、y_3、y_4 为主成分得分，Y 代表主成分综合得分，其大小代表了该地区水资源承载力水平，正值代表该年份研究区水资源承载力处于平均水资源承载力之上，负值则相反。Y 分值越大，水资源承载力越大，开发利用空间也越大，反之则越小。

表 5-10　　　　　2011—2020 年武威市水资源承载力综合得分

年份	y_1	y_2	y_3	y_4	Y	排名
2011	-4.31	3.36	-0.20	-0.46	-1.51	9
2012	-2.72	1.37	3.11	0.13	-0.70	6
2013	-2.41	-0.51	-2.44	-1.20	-1.82	10
2014	-1.82	-1.00	-0.15	-0.73	-1.31	8
2015	-1.37	-1.19	-1.56	1.72	-1.08	7
2016	0.25	-1.62	-0.03	1.32	-0.17	5
2017	0.76	-1.94	1.05	1.46	0.17	4
2018	2.44	-0.81	0.31	-1.09	1.04	3
2019	3.44	-1.71	0.74	-1.88	1.33	2
2020	5.73	4.06	-0.83	0.73	4.05	1

根据表5-10绘制主成分及综合得分图（图5-9）。结果表明：第一个主成分占 49.033%，该指标的总得分与整体分数的变动趋势基本相同，表明水资源供需能力对武威市水资源承载力起关键作用，但经济发展状况和水资源自然条件的影响也不可或缺。研究年限内武威市固定资产投资呈先增后减的趋势，经济增长势必然带来用水压力，从而促使

企业提高用水效率,对水资源高效利用具有重要意义。第二、三主成分波动较大,对整体得分影响较小。总体来看,武威市水资源承载力在研究年限内呈逐年递增趋势,水资源开发利用潜力日益增大。武威市近年来经济发展较快,农业用水有小幅减少,用水效率有一定提高,水资源供需矛盾虽不平衡但也取得一定进步,促进了水资源承载水平的提高。水资源需求虽没有减少,但武威市积极响应国家对石羊河流域的重点治理号召,全力配合实施《石羊河流域重点治理规划》,呼吁群众从自身做起珍惜水资源,主动保护区域生态环境,同时采取高效节水用水措施,开源节流,多措并举促进区域生态环境向好发展。

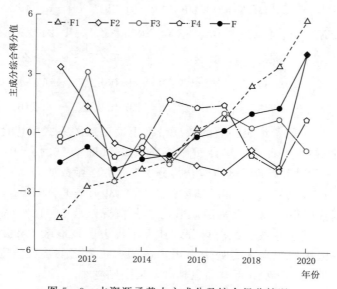

图 5-9　水资源承载力主成分及综合得分情况

4. PCA 水资源承载力等级评价

主成分分析得到分级阈值得分为−3.16 和 3.16,将武威市 2011—2020 年水资源承载力得分(图 5-10)与之对比,评价结果发现,2011—2019 年武威市水资源承载力均处于中等水平(Ⅱ),2017 年开始水资源承载力持续提升到平均值以上,2020 年更是提高到较

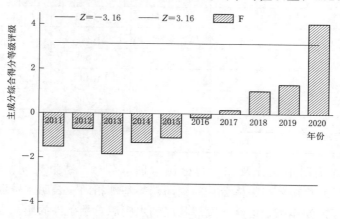

图 5-10　武威市 2011—2020 年水资源承载力等级评价

高水平（Ⅲ），除 2013 年有所下降之外，水资源承载力总体呈持续上升态势。随着经济增长和生态治理进程的推进，武威市积极推广农业节水技术，缩减工业投资规模，并大力增加荒漠区植被覆盖面积，促进了总体用水效率的提高，生态环境也有了较大改善，水资源承载能力逐步增强。

5.6.3 基于改进的 AHP-EWM 综合评价模型的水资源承载力评价

为使评价结果更加科学准确，将层次分析法和熵权法结合计算指标权重，运用 MATLAB2021 软件编程实现综合评价。

1. 确定指标权重

（1）层次分析法权重计算。为计算各系统和指标的主观权重，分别构造了系统层次的判定矩阵和各个指标级别的判定矩阵，其中系统层矩阵由水资源、社会、经济、生态系统两两比较重要性所得结果构成，然后利用 MATLAB2021 计算其权重。为提高综合权重的准确性，将系统层权重和对应指标权重相结合，最终得到各指标综合权重，保证其与实际状态的贴合度。本研究参考已有成果，采用 4 名研究经验丰富的专业人员的打分均值作为其分值并代入编程输出结果。以系统层矩阵为例：

$$N = \begin{bmatrix} 1 & 3 & 5 & 2 \\ 0.33 & 1 & 1.5 & 1.25 \\ 0.2 & 0.67 & 1 & 0.57 \\ 0.5 & 0.8 & 1.75 & 1 \end{bmatrix} \tag{5-24}$$

为确保该算法的正确性，需计算一致性比例确定该矩阵构造是否合理，若不通过则需重新检验构造验证矩阵。计算分析发现，系统层权重分别为 0.5009、0.1907、0.1117、0.1967，查表可知 $RI=0.89$，一致性指标 $CI=0.0142$，由此得到一致性比例 $CR=0.0159$，因 $CR<0.10$，故该判断矩阵通过一致性检验。同理可得指标层权重和检验结果。

水资源系统指标权重计算结果分别为 0.2976、0.0858、0.2428、0.1695、0.0623、0.1419，查表可得 $RI=1.26$，一致性指标 $CI=0.0298$，一致性比例 $CR=0.0237$，因 $CR<0.10$，该矩阵通过一致性检验。社会系统权重计算结果分别为 0.3531、0.0741、0.1330、0.1652、0.2746，查表得 $RI=1.12$，一致性指标 $CI=0.0175$，求得一致性比例 $CR=0.0156$，符合一致性检验要求。按上述方法依次得到经济系统和生态环境系统 CR 分别为 0.0054 和 0117，因此所有矩阵构建均不存在逻辑性错误，可进一步进行分析。

运用 MATLAB 软件计算得到各子系统和各指标权重，层次分析法的综合权重见表 5-11。本研究将系统权重与指标权重综合得到最终权重。在系统层中水资源系统权重所占比例最大（0.5009），其次为生态环境系统权重（0.1967），社会系统权重排名第三（0.1907），经济系统权重最小（0.1117）。从单一指标看，人均供水量在水资源系统中权重最小（0.0312），人均水资源量权重最大（0.1491）；生态系统中化学需氧量排放量占比最小（0.0152），生态环境用水率占比最高（0.0718）。从整个指标层来看，人均水资源量、产水模数、供水模数、生态环境用水率、年径流系数及人口密度在整个系统中占比排名前六，权重分别为 0.1491、0.1216、0.0849、0.0718、0.0711、0.0673；占比最低的是人口自然增长率、万元 GDP 用水量和耕地灌溉率。由此可知，水资源自然条件是影响武威市水资源承载力的关键因素，生态环境影响次之。因此，强化水资源管理，优化水资源配置，不断改善生态环境质量仍是武威市实现人水和谐的重中之重。

表 5-11　　　　　　　　　　　　　层次分析法的综合权重

系统层	权重	指标层	权重	指标综合权重
水资源系统	0.5009	X_1	0.2976	0.1491
		X_2	0.0858	0.0430
		X_3	0.2428	0.1216
		X_4	0.1695	0.0849
		X_5	0.0623	0.0312
		X_6	0.1419	0.0711
社会系统	0.1907	X_7	0.3531	0.0673
		X_8	0.0741	0.0141
		X_9	0.1330	0.0254
		X_{10}	0.1652	0.0315
		X_{11}	0.2746	0.0524
经济系统	0.1117	X_{12}	0.2362	0.0264
		X_{13}	0.1364	0.0152
		X_{14}	0.0969	0.0108
		X_{15}	0.5305	0.0593
生态系统	0.1967	X_{16}	0.3649	0.0718
		X_{17}	0.1979	0.0389
		X_{18}	0.2420	0.0476
		X_{19}	0.0775	0.0152
		X_{20}	0.1177	0.0232

（2）熵权法计算权重。为消除指标量纲和指标方向不一致的影响，计算前采用极差变换法将所有成本型指标转换为效益型指标，意味着指标越大目标情况越好。熵是一种度量信息不确定性概念，当承载大量信息时将会降低其不确定性和熵值，反之则将增加其不确定性和熵值。利用熵所承载的信息量决定其权数，并将其与各个指标的差异相联系得出其权数，从而为多层次综合评估奠定基础。此方法主观因素干扰较小，因此准确性更高。通过 MATLAB 软件对各指标进行处理可得指标权重，并将其与 AHP 方法计算的指标权重相结合获得最终指标权重，组合赋权法的综合权重见表 5-12。

表 5-12　　　　　　　　　　　组合赋权法的综合权重

指标层	EWM 权重 w_j	AHP 权重 α_j	综合权重 ω_j
X_1	0.0358	0.1491	0.1280
X_2	0.0321	0.0430	0.0331
X_3	0.0323	0.1216	0.0941

指标层	EWM 权重 w_j	AHP 权重 α_j	综合权重 ω_j
X_4	0.0384	0.0849	0.0782
X_5	0.0433	0.0312	0.0324
X_6	0.0237	0.0711	0.0405
X_7	0.0363	0.0673	0.0587
X_8	0.1615	0.0141	0.0547
X_9	0.0372	0.0254	0.0226
X_{10}	0.0176	0.0315	0.0133
X_{11}	0.0231	0.0524	0.0291
X_{12}	0.0351	0.0264	0.0222
X_{13}	0.0216	0.0152	0.0079
X_{14}	0.1324	0.0108	0.0344
X_{15}	0.0612	0.0593	0.0870
X_{16}	0.0736	0.0718	0.1267
X_{17}	0.0367	0.0389	0.0343
X_{18}	0.0525	0.0476	0.0600
X_{19}	0.0828	0.0152	0.0303
X_{20}	0.0228	0.0232	0.0127

将组合权重代入熵权法计算步骤可得组合赋权的水资源承载力综合得分（表 5-13）。除 2013 年外，武威市水资源承载力综合得分总体随年份呈上升趋势，武威市 2011—2020 年综合得分如图 5-11 所示。

表 5-13 水资源承载力组合赋权综合得分

年　份	综合得分	年　份	综合得分
2011	0.2451	2016	0.4650
2012	0.3704	2017	0.4884
2013	0.2303	2018	0.5918
2014	0.3476	2019	0.6257
2015	0.3422	2020	0.8300

2. 水资源承载力等级划分

因主成分分析法和组合赋权法的计算原理和性质不同，需根据实际情况选取分级标准。关于组合赋权法评价标准确定，本研究参照国内外比较认可的分级标准和已有研究成果，结合实际情况对武威市水资源承载力评价标准进行等级划分，并将其分为可承载（Ⅰ）、临界超载（Ⅱ）、超载（Ⅲ）三个等级，水资源承载力等级划分见表 5-14。

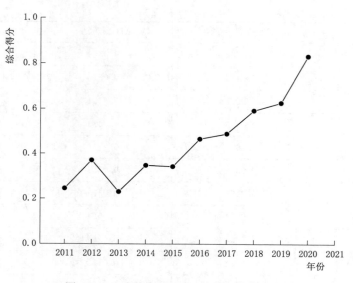

图 5-11 武威市 2011—2020 年综合得分

表 5-14 水资源承载力等级划分

水资源承载力等级划分标准	(0.0, 0.4)	[0.4, 0.8)	[0.8, 1.0)
水资源承载力等级	超载Ⅲ	临界超载Ⅱ	可承载Ⅰ

3. 组合赋权法水资源承载力等级评价

根据组合赋权法计算的武威市水资源承载力综合得分和等级划分标准可对武威市 2011—2020 年水资源承载力进行评价，综合得分如图 5-12 所示。

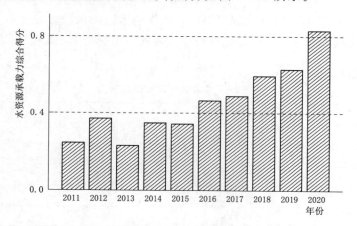

图 5-12 武威市 2011—2020 年水资源承载力综合得分

结合分级标准评价发现，武威市 2011—2015 年水资源承载力处于超载水平，2013 年变化较大，2016—2019 年水资源承载力上升为临界水平，2020 年则提升到可承载等级。由此可知，研究区水资源承载力随年份在波动中提升，水资源状态得到明显改善，生态环境状况也随之转好，同时也促进了区域水土资源的可持续利用。

5.6.4 武威市水资源承载力综合评价

从主成分分析和组合赋权计算的综合评价结果来看，2011—2020 年武威市水资源承载力综合评价对比见表 5-15，两种模型计算的武威市水资源承载力变化趋势相同，呈波动上升趋势。对综合得分排名分析发现总体排名基本一致，不同之处是主成分分析模型计算所得 2014 年排名第八、2015 年第七，而组合赋权模型计算所得 2014 年排名则为第七、2015 年第八，其余年份排名完全一致。从主成分分析最终评价等级来看，2011—2019 年水资源承载力均处于中等水平（Ⅱ），2020 年提升至较高水平（Ⅰ）。从所处相对位置分析，2011—2016 年水资源承载力均低于平均水平，将其与组合赋权法中超载等级对应，2017 年开始均高于平均水平，水资源承载能力越来越强。组合赋权法计算结果表明，2011—2015 年水资源承载力均为超载（Ⅲ），水资源承载力处于较低水平，2016—2019 年则提升至临界超载（Ⅱ）的中等水平，2020 年更是提高到可承载等级（Ⅰ），水资源承载力的大幅提高说明研究区生态治理取得了明显成效。水资源承载力综合评价结果对比分析发现，组合赋权法可更为精确地呈现水资源承载力变化趋势，且能按层次获得权重和综合得分，因此该法更适用于武威市水资源承载力评价。

表 5-15　　2011—2020 年武威市水资源承载力综合评价对比

年份	主成分分析模型			组合赋权模型		
	综合得分	排名	评价等级	综合得分	排名	评价等级
2011	−1.38	9	Ⅱ	0.25	9	Ⅲ
2012	−0.65	6	Ⅱ	0.37	6	Ⅲ
2013	−1.68	10	Ⅱ	0.23	10	Ⅲ
2014	−1.20	8	Ⅱ	0.35	7	Ⅲ
2015	−0.99	7	Ⅱ	0.34	8	Ⅲ
2016	−0.16	5	Ⅱ	0.47	5	Ⅱ
2017	0.16	4	Ⅱ	0.49	4	Ⅱ
2018	0.95	3	Ⅱ	0.59	3	Ⅱ
2019	1.22	2	Ⅱ	0.63	2	Ⅱ
2020	3.73	1	Ⅰ	0.83	1	Ⅰ

综合以上计算和分析结果，近年来武威市水资源承载力呈总体上升趋势，水资源状况得到逐步改善。其中，2013 年水资源承载能力出现大幅下降，2015 年有轻微下降。分析相关数据并查阅大量统计资料发现，2013 年武威市年降水量为 156.4mm，为近十多年来最少，属于大旱之年。据环境统计资料，武威市 2013 年 3 月中旬空气质量降为 Ⅴ 级且出现了强沙尘暴天气。此次沙尘天气为近十几年武威境内覆盖面积最大且影响时间最长，从 2013 年 2 月底开始，断断续续的沙尘天气一直持续至 6 月底才彻底结束，给武威市社会经济发展和生态环境改善带来了巨大阻力。水环境方面，武威市地表水绝大部分来源于祁连山，境内设有六个测控断面，隶属于石羊河流域的断面有两个。依据武威市水环境相关评价标准，2012 年校桥东断面水质为劣 Ⅴ 类，水质状况极差，2013 年水质有轻微改善，水质类别为 Ⅴ 类，属于重度污染，水质总体处于极差状况。根据武威市 2013 年统计资料，

武威市生态环境指数见表 5-16,生态环境状况指数 EI 为 25.68,分级结果为较差水平,干旱少雨导致水资源量减少,而重度水污染和空气污染导致本就脆弱的生态环境进一步恶化。水资源量大幅减少和水质恶化最终造成该年份水资源承载力大幅下降。2020 年研究区水资源承载力大幅提升。统计资料分析发现,2020 年地表水监测断面增加至 14 个,评测结果发现其中 13 个断面水质全部为"优",地表水水质有了很大改善,但扎子沟国家控制断面由于氨氮浓度超标而未达标。与此同时,生活用水、工业用水和农业用水分别比 2019 年下降 9.39%、10.25%、0.9%,但生态环境用水并未减少。此外,地下水资源十个监测点位及饮用水水源地监测点水质状况均达标。

表 5-16
武威市域生态环境指数

年份	生物丰度	植被覆盖	水网密度	土地退化	环境质量	EI	分级
2013	19.24	22.82	5.75	4.61	94.90	25.68	较差

5.6.5 水资源承载力影响因素分析

为探究影响武威市水资源承载力的关键因素,基于水资源承载力评价体系利用障碍度模型进行分析。

1. 障碍度模型

障碍度模型是评判主要影响因子的一种惯用方法,可将影响因子对研究目标的影响程度定量化,从而更为准确地分析提出武威市水资源承载能力提高对策。本研究通过因子贡献度 D_{ij}、偏离度 P_{ij}、障碍度 O_{ij} 和系统障碍度 T_{ij} 进行分析。

$$D_j = \omega_j$$
$$P_{ij} = 1 - \widetilde{x}_{ij}$$
$$Q_{ij} = \frac{P_{ij} \times D_j}{\sum\limits_{j=1}^{20}(P_{ij} \times D_j)} \tag{5-25}$$
$$T_{ij} = \sum Q_{ij}$$

式中 ω_j——指标综合权重;

$\widetilde{x}_{ij}$——指标标准化值。

2. 水资源承载力障碍度分析

(1)指标障碍度分析。根据障碍度模型,提取每年排名前十的因素,对其排序并统计出现的频率,进而筛选出关键因子(图 5-13 和表 5-17)。由图 5-13 和表 5-17 可知,武威市水资源承载力主要影响因素为人均水资源量、亩均水资源量、产水模数、供水模数、人均供水量、年径流系数、人口密度、人口自然增长率、农田灌溉用水率、万元工业增加值用水量和生态环境用水率,其中人均水资源量和生态环境用水率的障碍度最高。

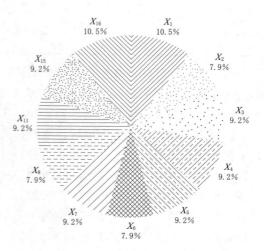

图 5-13 指标障碍度频率

表 5－17　　　　　　　　　　武威市水资源承载力障碍因素分析

年份	2011	2012	2013	2014	2015	2016	2017	2018	2019	2020
排序	指标/障碍度（%）									
1	X_1/27.34	X_{18}/25.00	X_1/19.99	X_{16}/18.49	X_1/21.93	X_{16}/17.01	X_{16}/24.24	X_{16}/19.13	X_4/18.98	X_{15}/34.95
2	X_3/18.95	X_{16}/19.09	X_3/15.15	X_1/12.16	X_{16}/17.64	X_1/12.71	X_4/13.41	X_7/11.38	X_{16}/18.81	X_8/24.51
3	X_{18}/13.40	X_{17}/15.45	X_{16}/13.24	X_4/11.32	X_3/16.10	X_4/9.80	X_7/11.59	X_4/10.86	X_7/12.80	X_7/18.64
4	X_6/10.93	X_1/10.32	X_4/9.60	X_{15}/10.68	X_4/7.00	X_3/8.79	X_{19}/8.13	X_{14}/9.75	X_{15}/12.02	X_3/13.93
5	X_{17}/7.31	X_9/8.31	X_{18}/8.86	X_3/8.31	X_6/5.92	X_{15}/7.38	X_1/7.25	X_2/7.05	X_{14}/8.69	X_1/12.33
6	X_{12}/5.13	X_{12}/7.79	X_{15}/7.25	X_6/6.43	X_{15}/4.16	X_7/6.53	X_{11}/7.12	X_{15}/7.02	X_8/6.77	X_2/9.42
7	X_9/4.94	X_5/7.05	X_5/4.31	X_{17}/6.33	X_5/3.90	X_{19}/6.38	X_3/5.05	X_8/6.81	X_{19}/6.62	X_{14}/9.16
8	X_5/4.01	X_8/5.13	X_2/3.50	X_5/4.57	X_2/3.45	X_{11}/5.33	X_8/4.67	X_{19}/5.80	X_{11}/6.05	X_{19}/7.39
9	X_2/3.99	X_{20}/3.20	X_{11}/2.86	X_7/3.30	X_7/3.42	X_6/4.90	X_5/4.10	X_6/4.85	X_2/5.66	X_{18}/3.48
10	X_8/2.76	X_{14}/2.60	X_6/2.69	X_{11}/2.94	X_{11}/3.20	X_5/4.00	X_{10}/2.56	X_{11}/4.27	X_{18}/3.90	X_{20}/2.63

（2）系统障碍度分析。为进一步分析系统层障碍度，将各系统所属指标的障碍度相加，武威市水资源承载力系统障碍度分析见表 5－18。由表 5－18 可知，水资源系统障碍度最高（374.59%），经济系统最低（154.96%），其最终排序为水资源系统＞生态系统＞社会系统＞经济系统。系统层障碍度变化趋势如图 5－14 所示。由图 5－14 可知，2011—2018 年水资源系统和生态环境系统是影响水资源承载力的主要因素，2019—2020 年二者的障碍度均有所下降，2020 年生态系统障碍度下降为－8.03%，表明水资源系统和生态系统情况逐渐好转，已由阻碍因素逐渐转向有利因素。

表 5－18　　　　　　　　　武威市水资源承载力系统障碍度分析

系统层	水资源系统	社会系统	经济系统	生态环境系统
障碍度/%	374.59	191.69	154.96	278.75
排序	1	3	4	2

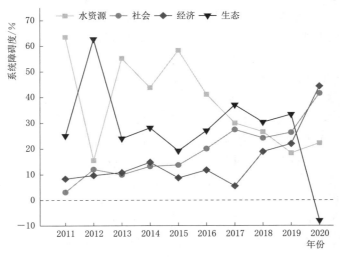

图 5－14　系统层障碍度变化趋势

5.6.6 讨论与小结

通过对武威市水资源承载力指标进行阈值分级以及通过主成分分析模型和组合赋权法模型进行综合评价研究发现，2011—2019 年水资源承载力变化趋势由"较差水平"逐步转变为"中等水平"，2020 年则提高到"较高水平"。利用障碍度模型筛选出阻碍武威市水资源承载力提高的 11 个因素，并计算各系统对应指标的障碍度总和，将其作为系统层的障碍度进行分析，结果表明水资源系统的阻碍程度最大为 374.59%，其次是生态系统（278.75%），社会系统为 191.69%，经济系统最低（154.96%），但对各系统障碍度变化趋势分析发现，社会系统和经济系统障碍度自 2019 年开始呈逐渐增大趋势。本研究结果发现，自 2010 年实施综合治理以来，武威市治理效果明显，水资源承载力虽未达到理想状态，但总体呈上升态势。将两种模型计算结果与已有研究对比发现，组合赋权模型所得结果与现有成果或预测结果比较一致，且能清晰呈现出各指标和系统所占权重。主成分分析模型无法明确定义各成分，模糊性较大，因而利用主成分分析评价水资源承载力等级结果缺乏精确性，对各年份水资源承载能力的界定具有一定模糊性，因此组合赋权模型更适用于武威市水资源承载力评价，其评价结果与实际更为贴合。

5.7 武威市综合治理成效及对策建议

5.7.1 综合治理成效及现存问题

近年来，武威市综合治理成效显著，整个区域水资源和生态环境均有了很大改观。作为武威市下辖区的民勤县综合治理效果最为显著。民勤县三面被沙漠包围，形成了 408km 长的风沙线，为遏制风沙向前推移，该县采取内外兼顾、从外沿到边缘再到内部的综合治理措施。自治理以来，全县大规模治沙造林，建成规模可观的防风固沙林，制作了用芨芨草、编织袋等做成的沙障，并用草方格栽种红柳、梭梭、毛条等沙生植物，形成有效阻止流沙前移的网格固沙带。八年以来，民勤县每年压沙、造林达 4 万亩以上。截至 2020 年，武威市人工造林面积已达 26.41 万亩，其中民勤县为 10.12 万亩；森林抚育面积有 2.35 万亩，其中民勤为 0.8 万亩。2010 年全市封山育林 28.85 万亩，2020 年末实有 46.4 万亩；2010 年民勤县种植沙生植被 290 万亩，2018 年沙生植被面积达 325 万亩；2010 年民勤荒漠化土地 2254 万亩，2018 年荒漠化土地减少了 100 万亩，荒漠化面积明显减少。2005 年（治理前）民勤县森林覆盖率为 9.58%，2007 年为 10.86%，2009 年提高到 11.21%，2018 年覆盖率达 17.91%，目前防护林带长达 300 多 km，而武威市森林覆盖率则由 2010 年的 12.06% 提高到 2020 年的 19.01%。以上统计数据表明，近年来武威市风沙治理成效显著，荒漠化和沙土地面积明显减少，森林覆盖率持续上升，流沙吞噬土地得到有效遏制，市域总体生态环境得到很大改善。民勤县红崖山水库建于 1958 年，水库距民勤县城 30km，控制灌溉面积为 13400km²，县域内跃进总干渠为其配套水利工程。近年来，红崖山水库由于水库内泥沙淤积，水库调蓄能力下降。根据 2011 年实测数据，库内泥沙淤积量达 3279 万 m³，2015 年对水库进行了加高扩建并治理清淤 670 万 m³，有效增大了库容。2016 年通过对主要建筑物的整改扩建，以及修复周边生态环境等措施，水库库容增加至 1.48 亿 m³。综合治理后水库由中型上升到大（2）型，水库调蓄能力提高，每年向青土湖提供 3000 万 m³ 以上的生态水量得到保障，2020 年下泄生态水量 3060

万 m³。红崖山水库治理效果明显，不仅缓解了上中下游用水矛盾，也有效改善了民勤县生态环境。因此，红崖山水库的整改和完善加快了向人水和谐目标前进的步伐，对保护民勤生态环境意义重大。

并且，武威市水资源管理规范有序，自 2010 年以来，武威市对水资源运行管理到位，认真落实最严格水资源管理制度，提取地下水量、用电量等方面均有所减少，治理成效显著。武威市近年不断加强水资源管理，对不合理用水行为依法严格处理，保证了用水安全和用水秩序。同时实行大气水、地表水、地下水联合调度，当降雨达到 10mm 以上时可适当减少地表水灌溉轮次，并根据实际用水情况进行合理调度，提高了水资源利用率。积极引导农民进行抗旱节水灌溉，通过推广沟灌、滴灌、畦灌等高效灌溉技术提高水资源管理效益。武威市对用水过程严格控制，将职责和管理落实到个人，逐步加大了对水资源利用的考核、监督、控制和管理力度。2020 年武威市用水量为 17.24 亿 m³，总用水量相比 2011 年的 17.42 亿 m³ 减少 0.18 亿 m³。水资源管理工作的不断加强实现了武威市节约用水、合理用水的治理目标，促进了该区水资源合理利用和生态环境改善与社会经济协调可持续发展。

与此同时，武威市综合治理措施也还存在一些问题。群众对节水设施的维护、主动参与节水型社会建设等方面做得还不够。随着经济社会发展，尚需采取有效措施和方法缓解人口增长对环境带来的压力，使人口规模与经济社会和自然资源相匹配。并且，农业灌溉用水占总用水量的比例仍然较大，农田节水设施损坏、设备陈旧的问题依然存在，节水设施维护改造、节水设备更新和先进节水技术应用还不够充分，相应的扶持政策也尚未完全落实到位。

5.7.2 对策及建议

1. 推广宣传节水技术，提升公民高效节水用水素养

在节水意识、节约用水、爱护节水工程、积极投身节水事业方面，武威市群众的节水素养和主动性还需进一步增强。现代社会信息化程度高，可以通过媒体、新闻、网络加大宣传力度，对农民进行节约用水技术培训，培养和提高群众节水意识和高效用水意识。要全面推广普及节水器具，并组织专人对城乡居民、农民、工人开展生活及工农业生产等各方面的节水技术培训，提高群众生产、生活节水意识。要宣传教育群众增强爱护保护节水设施的自觉性，避免人为损坏节水设施等原因造成水资源浪费。此外，可联合农业、环保、水利等部门共同参与节水宣传，不断提高群众节水素养，营造全民参与节水的良好社会氛围。

2. 调控人口规模，减缓用水压力

自开展综合治理以来，武威市生态环境状况得到极大改善，而人们的生活质量也随着经济社会发展得到极大提升，同时也出现了人口大量增长现象。干旱地区人口密度标准为 7 人/km²，而武威市为 45.10 人/km²，民勤县达 19.2 人/km²，民勤县密集区域达 122 人/km²，是标准人口的 17 倍以上。人口增长速度过快无形中对水资源及生态环境造成了一定压力，因此可通过控制人口增长速度缓解此方面的压力。多年来，武威市一直采取生态移民措施减轻环境压力。早在 2007 年，武威市鼓励扶持多名初高中毕业生到新疆学习技术和继续学习深造，虽然取得了一定成效，但实施力度还是不够。因此，武威市可通过积极引导鼓

励并结合技术培训，向外地转移部分人口以实现移民效果。此外，政府可鼓励倡导农业人口从土地中走出来转向第二、三产业以提升生活水平。同时，政府可出台相关政策并辅之以经济奖励引导农民积极参与还林还草和防沙治沙行动，以保护水资源和生态环境为生计，在保障经济收入的同时保护和改善生存环境，从而实现经济和生态环境双赢。

3. 优化农田灌溉制度，完善水利设施

农业是武威市的用水大户，采用先进的高效节水灌溉方式可有效节约用水。大水漫灌是武威市早期使用最广泛的农田灌溉方式，不但不利于旱作物生长，还造成水资源利用率低、浪费严重等不良后果。武威市后期治理的重点是实施灌区节水改造工程，将农田灌溉方式由传统地面灌溉转向低耗水的节水灌溉，进一步提高水资源的利用率及利用效率。需进一步增加垄沟种植面积，综合利用管灌、畦灌、滴灌等节水灌溉技术，并针对不同作物配套相应的灌溉制度和灌溉方式。要密切关注作物生长情况，及时对灌溉制度做出调整。由于缺乏保护意识，前些年节水工程实施过程中建成的水利基础设施因使用年限过长出现渠道渗漏严重、管道破裂、计量水设备陈旧老化等现象，加之责任落实不到位等诸多原因，需进一步落实责任，加强对水利设施的维修管护工作。首先，可按村分配专门负责人，对输水渠道、管道、监测设施、计量及控水设备等农田水利工程设施进行定期检测维修和更换，保障其安全高效运行。其次，应将管理制度和管理工作细化，层层落实责任。最后，扶持资金缺乏也是设施维护不及时的原因之一，建议通过出台专门的农田水利设施管护相关政策，设置对应资金扶持项目对农田水利工程的正常有效运行提供扶持和帮助。因此，通过不断创新探索适合当地的农田灌溉方式，细化作物灌溉制度，增强农民对基础设施爱护的自觉性，同时加大资金和政策上扶持力度，可不断增强农民节水意识和逐步完善农业灌溉用水机制，从而促进武威市水资源的可持续高效利用。

4. 推动低碳产业发展，创新绿色经济发展模式

子系统障碍度分析发现，社会和经济系统是武威市水资源承载力提高的主要阻力，因此优化产业布局是提升水资源开发利用水平的关键。武威市城镇化率越来越高，人均收入逐渐增加，社会经济已步入发展的快车道，对于水资源质和量的需求越来越大。但武威市自身拥有的资源及高新技术有限，工农业及服务业结构失衡，加之产品低端化严重，加剧了水资源的消耗和生态环境的恶化。因此，坚持以水定产原则，合理调整产业结构比例是实现水资源和经济社会协调发展的重点。武威市传统的工业生产技术比较落后，水资源利用效率低，浪费严重且废污水排放量较大。首先，改善工业管水配水制度，大量引进先进技术和设备提升生产水平。要摒弃高耗水低效益产业及落后的生产设备，同时及时整治或关停未达到污水排放标准和产生废污水较多的企业，对涉污生产企业配备监测系统，保障治污系统正常运行。其次，加强废污水管理力度，严格执行废污水处理标准，及时更新污水处理设施，提高污水集中处理率。鼓励低耗水低污染的产业发展，引入再生水回收利用技术，打造产业间串联用水平台，或将其用于对水质要求不高的工农业及服务业生产，降低对环境的污染与废水排放，促进水资源的再生利用。最后，利用区内资源优势，鼓励第三产业发展，以高效节水和绿色发展理念为基础推动生态友好型产业发展。近年来武威市不断调整产业结构，降低第二产业比例，提高第一、三产业比例，但其对水资源承载力提升的障碍度还在不断增加，因此仍需进一步优化产业结构，不断完善产业用水制度，寻求

与该区水资源状况相匹配的最佳产业结构，筛选水资源—经济系统协调发展最优模式。

5. 推进调水工程建设，筑牢生态保护屏障

在生态治理过程中，武威市对不同区域采用不同的治理思路，上游山区治理注重水源的保护，中游凉州区和古浪县治理重在农业种植结构及产业结构调整，下游民勤县则重点进行防沙治沙和筑牢生态屏障。"十三五"规划实施后，武威市生态环境得到极大改善，治理成效显著。障碍因素分析结果表明，人均水资源量和生态环境用水率是障碍度最高的因素，它们不仅是水资源承载力提升的阻碍，还关系到整个生态环境的可持续发展，因此保障水资源供需平衡，加强生态治理和环境保护对研究区社会发展意义重大。要针对主要障碍，加强流域调水力度满足境内水资源量需求，提高生态环境用水量筑牢生态屏障。20世纪90年代，从古浪县山区搬出移民的用水问题是燃眉之急，而景电调水工程将黄河水引入移民区后其基本用水需求得到满足。21世纪初，民勤县生态环境状况极其恶劣，人们的基本生存受到威胁，景电民调工程的建成有效缓解了其环境恶化程度。民调工程自投入使用以来已从最基本的济急工程逐渐发展为现在的生态工程，为武威市社会经济发展提供了有力保障。就现状而言，加大对流域调水工程的投资，加强对供水工程、调蓄工程的建设，并结合地域特点和自身优势资源鼓励发展特色旅游业和服务业，既能将工程自身的价值发挥到最大，又能带动区域经济发展。应扩大荒漠绿洲区林草种植面积，增大植被覆盖率，监管生态屏障区，设立奖惩制度，提高有关部门对生态修复的重视程度，对已建成林草区域加强后期管理力度。鼓励种植经济效益高的林草，利用网络平台加大植树造林的宣传力度，推出合理的奖励机制，提高群众的参与度。此外，从管理角度出发合理分配用水比例，增加生态用水，建立健全生态用水管理制度，以管理、监督、鼓励、引导的方式逐渐形成全社会共同修复和保护生态环境的氛围，促进区域生态系统可持续良性发展。

5.7.3 讨论与小结

本研究分析了自综合治理以来武威市所取得成效和存在的水资源及环境问题，如水资源利用效率过低和用水结构不合理等。基于上述背景，针对障碍因素和子系统障碍度排序情况提出了武威市水资源承载力提高的对策建议。首先，需提高研究区群众对节约用水的重视程度和参与节水的积极性。其次，需调控人口规模，大力引进高层次人才，提升人口素质，控制生态脆弱区域人口数量，减缓用水压力。并且，武威市农业用水占比较大，需通过优化农田灌溉制度，科学分配灌溉用水。因农户疏于田间管理和保护，水利设施损坏现象严重，需及时维修或更换，不断完善水利设施，提高水资源利用率。还有，压缩污染大耗水高的产业，从传统产业转型为生态型产业，减少碳排放，推动低碳产业发展，构建绿色经济发展体系。最后，积极建设流域调水工程，确保地表水资源量，加强北部荒漠区生态建设，扩大城区绿化带面积，增加荒漠区林草覆盖度，提高防沙固沙能力，筑牢生态保护屏障。

5.8 主要结论

武威市干旱少雨，加之与沙漠接壤的特殊地理位置且主要以农业带动经济发展，无疑为水资源承载力带来巨大的负荷。基于国内外研究现状和研究方法，综合武威市水资源质、量及开发利用情况，运用综合评价法构建了复合视角下武威市水资源承载力评价体

系,并运用组合赋权模型和主成分分析模型,通过 SPSS 和 Matlab 软件分析对研究区水资源承载力进行了分析评价。主要结论如下:

(1)借鉴国内外诸多学者对水资源承载力概念的界定,以承载力发展过程和其在水资源研究领域的实际应用为出发点,提出干旱区水资源承载力概念,即在一定的历史演变时段以具体社会发展境况为背景,遵循可持续发展观念,在保证干旱区人水和谐与社会经济发展持续稳定的前提下水资源所能达到的最大承载能力。

(2)基于武威市生态环境和水资源利用实际分析了该区自然条件、社会经济等发展状况,并针对水资源承载力研究的基础理论、研究内容和评价方法提出该区水资源承载力研究亟待解决的问题及应对措施。

(3)综合考虑武威市水资源状况,参考综合评价体系构建标准和评价指标选取原则,建立了以水资源承载力为目标层和水资源、社会、经济和生态环境四个子系统作为评价体系的系统层及 20 个指标为指标层的综合评价体系。其中指标层包括水资源系统层人均水资源量、产水模数、年径流系数等,社会系统层包括人口自然增长率、农田灌溉用水量、人均日生活用水量等指标,经济系统涵盖了人均 GDP、耕地灌溉率、万元工业增加值用水量等,生态环境系统主要选取生态环境用水率、森林覆盖率、废污水年排放量等指标。

(4)以干旱区自然地理特征为基础,根据国际和国内关于水资源承载力的等级划分方法对所选各项指标进行分级,并分别采用主成分分析模型和组合赋权模型进行评价。利用主成分分析计算分级阈值的综合得分,将各年份综合得分与之相比较得到评价结果。为避免单项计算指标权重的片面性,组合赋权模型计算时采用主观分析的层次分析法和客观分析的熵权法分别计算指标权重,并将两者所得权重用算术方法结合得到综合权重以计算综合得分,分级标准则依照相关研究成果确定。

(5)主成分分析模型和组合赋权模型评价结果发现水资源承载力变化整体呈上升趋势。分别对其综合得分排序发现除 2014 年和 2015 年存在差异外,其余排名均保持一致。2011—2015 年组合赋权法计算的综合得分均在 0.4 以下,处于超载区间,主成分分析法计算的综合得分均为负值,低于水资源承载力平均水平,综合评价 2011—2015 年该区域水资源承载力为较差状态;2016—2019 年组合赋权法计算的综合得分在 0.4~0.8 之间,为临界超载状态,主成分分析法计算的综合得分高于平均水平,综合评价 2016—2019 年水资源承载力处于中等水平;2020 年组合赋权法计算的综合得分高于 0.8,为可承载状态,主成分分析法计算的综合得分高于 3.16,为较好水平,综合评价 2020 年水资源承载力处于较好水平。综合两种评价结果认为,组合赋权模型更适合于评价武威市水资源承载力,可为类似研究提供参考。

(6)运用障碍度模型分析发现,影响武威市水资源承载力的主要因素为人均水资源量、亩均水资源量、产水模数、供水模数、人均供水量、年径流系数、人口密度、人口自然增长率、农田灌溉用水率、万元工业增加值用水量和生态环境用水率。系统层障碍度分别为 392.01%、271.54%、165.91%、126.57%,障碍度排名为水资源系统>生态系统>社会系统>经济系统。

(7)在分析武威市治理成果及现存问题基础上,针对居民节水素养与用水结构调整提出了相关对策建议。因此,为实现武威市社会经济和生态环境健康发展,需通过严格用水管理确保区域内部各部门各系统协调发展，以新时代管水用水理念及措施提高武威市水资源承载能力。

参 考 文 献

[1] 孙富行. 水资源承载力分析与应用 [D]. 南京：河海大学，2006.

[2] 边豪. 2030 年中国水资源需求预测 [D]. 北京：中国地质大学（北京），2021.

[3] 李雨欣，薛东前，宋永永. 中国水资源承载力时空变化与趋势预警 [J]. 长江流域资源与环境，2021，30（7）：1574 - 1584.

[4] 赵明瑞，徐天军，彭祥荣，等. 石羊河流域综合治理前后民勤水资源变化特征 [J]. 沙漠与绿洲气象，2018，12（5）：55 - 59.

[5] 魏晓旭，颜长珍. 生态承载力评价方法研究进展 [J]. 地球环境学报，2019，10（5）：441 - 452.

[6] Arrow K，Bolin B，Costanza R，P Dasgupta. Economic growth, carrying capacity, and the environment [J]. Ecological Ecomics，1995，15（2）：91 - 95.

[7] 丁超. 支撑西北干旱地区经济可持续发展的水资源承载力评价与模拟研究 [D]. 西安：西安建筑科技大学，2013.

[8] Falkenmark M，Lundqvist J. Towards water security：political determination and hum an adaptation crucial [J]. Natural Resources Forum，1998，21（1）：37 - 51.

[9] 胡宝华，晁伟鹏，喻晓玲. 干旱区水资源承载力空间布局研究——以新疆为例 [J]. 资源开发与市场，2018，34（8）：1093 - 1098.

[10] 高镔. 西部经济发展中的水资源承载力研究 [D]. 成都：西南财经大学，2009.

[11] 周涛. 喀斯特地区枯水资源承载力评价及演化趋势探讨 [D]. 贵州：贵州师范大学，2018.

[12] 全海娟，许佳君，陈昌仁. 我国水资源承载能力评价研究进展初探 [J]. 水利经济，2006，24（6）：56 - 58，88.

[13] 陈绍军，冯绍元，李王成，等. 西北旱区水资源承载力评价指标体系初步研究 [C]//水与社会经济发展的相互影响及作用——全国第三届水问题研究学术研讨会论文集，2005：193 - 199.

[14] 高红霞. 基于投影寻踪技术的水资源承载力评价方法研究 [D]. 天津：天津大学，2014.

[15] 吴卫宾. 基于 SD-双要素模型的区域水资源承载力模拟与预测 [D]. 长春：吉林大学，2017.

[16] 许有鹏. 干旱区水资源承载能力综合评价研究——以新疆和田河流域为例 [J]. 自然资源学报，1993，8（3）：229 - 237.

[17] 曹丽娟，张小平. 基于主成分分析的甘肃省水资源承载力评价 [J]. 干旱区地理，2017，40（4）：906 - 912.

[18] 左其亭，张志卓，吴滨滨. 基于组合权重 TOPSIS 模型的黄河流域九省区水资源承载力评价 [J]. 水资源保护，2020，36（2）：1 - 7.

[19] 许杨，陈菁，夏欢，等. 基于 DPSR-改进 TOPSIS 模型的淮安市水资源承载力评价 [J]. 水资源与水工程学报，2019，30（4）：47 - 52，62.

[20] 姜田亮. 基于改进模糊综合法的民勤绿洲水资源承载力评价研究 [D]. 兰州：甘肃农业大学，2019.

[21] 白雅洁. 中国区域水资源承载力时空分布特征研究 [D]. 兰州：兰州财经大学，2018.

[22] 邓敏. 基于"三条红线"的郑州市水资源承载力评价研究 [D]. 郑州：郑州大学，2018.

[23] 兰利花，田毅. 资源环境承载理论方法研究综述 [J]. 资源与产业，2020，22（4）：87 - 96.

[24]　李高伟，韩美，刘莉，等. 基于主成分分析的郑州市水资源承载力评价 [J]. 地域研究与开发，2014，33（3）：139-142.
[25]　王秦，李伟. 区域资源环境承载力评价研究进展及展望 [J]. 生态环境学报，2020，29（7）：1487-1498.
[26]　韩琦，姜纪沂，李瑛，等. 西北干旱半干旱区水资源承载力研究现状与发展趋势 [J]. 节水灌溉，2017（6）：59-62，67.
[27]　曲耀光，樊胜岳. 黑河流域水资源承载力分析计算与对策 [J]. 中国沙漠，2000，20（1）：2-9.
[28]　吴奕. 区域水资源承载能力研究及应用进展 [J]. 人民珠江，2017，38（12）：16-18.
[29]　孙远斌，高怡，石亚东，等. 太湖流域水资源承载能力模糊综合评价 [J]. 水资源保护，2011，27（1）：20-23，33.
[30]　陈丽，周宏. 基于模糊综合评价和主成分分析法的岩溶流域水资源承载力评价 [J]. 安全与环境工程，2021，28（6）：159-173.
[31]　袁艳梅，沙晓军，刘煜晴，等. 改进的模糊综合评价法在水资源承载力评价中的应用 [J]. 水资源保护，2017，33（1）：52-56.
[32]　李燕，张兴奇. 基于主成分分析的长江经济带水资源承载力评价 [J]. 水土保持通报，2017，37（4）：172-178.
[33]　于钚，尚熳廷，姚梅，等. 水足迹与主成分分析法耦合的新疆水资源承载能力评价 [J]. 水文，2021，41（1）：49-54，34.
[34]　王鸿翔，陈秋米，张海涛，等. 基于主成分分析的宁夏水资源承载力研究 [J]. 中国农村水利水电，2018（11）：30-34.
[35]　王晓玮，邵景力，崔亚莉，等. 基于 DPSIR 和主成分分析的阜康市水资源承载力评价 [J]. 南水北调与水利科技，2017，15（3）：37-42，48.
[36]　李谨，董亚军，傅新，等. 基于生态足迹法的徒骇河——马颊河流域水资源承载力动态分析与预测 [J]. 济南大学学报（自然科学版），2022，36（5）：524-532.
[37]　门宝辉，蒋美彤. 基于生态足迹法的水资源承载力研究——以北京市为例 [J]. 南水北调与水利科技，2019，17（5）：29-36.
[38]　张军，张仁陟，周冬梅. 基于生态足迹法的疏勒河流域水资源承载力评价 [J]. 草业学报，2012，21（4）：267-274.
[39]　邢清枝，任志远，王丽霞，等. 基于生态足迹法的陕北地区水资源可持续利用评价 [J]. 干旱区研究，2009，26（6）：793-798.
[40]　王文欣. 基于生态足迹法的阿克苏地区水资源承载力研究 [D]. 乌鲁木齐：新疆大学，2015.
[41]　陈秉正，岑天. 多目标决策综述 [C]//吴冲锋，管理科学与系统科学进展—全国青年管理科学与系统科学论文集（第 3 卷），1995：17-24.
[42]　赵群芳. 水资源承载力的研究方法分析 [J]. 科技创新与应用，2015（24）：164.
[43]　李韩笑，陈森林，胡士辉，等. 区域水资源承载力多目标分析评价模型及应用 [J]. 人民长江，2007，38（2）：58-60.
[44]　翁文斌，蔡喜明，史慧斌，等. 宏观经济水资源规划多目标决策分析方法研究及应用 [J]. 水利学报，1995（2）：1-11.
[45]　徐中民. 情景基础的水资源承载力多目标分析理论及应用 [J]. 冰川冻土，1999，21（2）：99-106.
[46]　杜立新，唐伟，房浩，等. 基于多目标模型分析法的秦皇岛市水资源承载力分析 [J]. 地下水，2014，36（6）：80-83.
[47]　张建军，赵新华，李国金，等. 城市水资源承载力多目标分析模型及其应用研究 [J]. 安徽农业科学，2005，33（11）：2112-2114.

[48] 王元慧，王昊煜，宋长青，等．面向区域综合发展的系统动力学研究进展及其在青藏高原的应用 [J]．北京师范大学学报（自然科学版），2022，58（1）：153-160．

[49] 王奕淇，李国平，延步青．基于 SD 与 AHP 模型的流域水资源承载力仿真研究 [J/OL]．系统工程：1-13［2022-03-24］．http：link. cnki. net/urlid/43.1115. N.20211206.2144.002．

[50] 刘夏，张曼，徐建华，等．基于系统动力学模型的塔里木河流域水资源承载力研究 [J]．干旱区地理，2021，44（5）：1407-1416．

[51] 徐凯莉，吕海深，朱永华．水资源承载力系统动力学模拟及研究 [J]．水资源与水工程学报，2020，31（6）：67-72．

[52] 康艳，闫亚廷，杨斌．基于 LMDI-SD 耦合模型的绿色发展灌区水资源承载力模拟 [J]．农业工程学报，2020，36（19）：150-160．

[53] 赵军凯，张爱社．水资源承载力的研究进展与趋势展望 [J]．水文，2006，26（6）：47-50，54．

[54] 韩俊丽，段文阁．城市水资源承载力基本理论研究 [J]．中国水利，2004（7）：12-14．

[55] 郭嘉伟．会宁县水土资源承载力评价及优化配置研究 [D]．兰州：甘肃农业大学，2018．

[56] 陶洁，左其亭．中原经济区水资源承载力计算及配置方案优选 [C]//丁永建，韩添丁，夏军，水与区域可持续发展——第九届中国水论坛论文集，2011：54-60．

[57] 周涛．喀斯特地区枯水资源承载力评价及演化趋势探讨 [D]．贵阳：贵州师范大学，2018．

[58] 李依，杨艳昭，闫慧敏，等．水资源承载力的研究方法：进展与展望（英文）[J]．Journal of Resources and Ecology，2018，9（5）：455-460．

[59] 胡永江，丁超，朱菊，等．基于文献计量学的水资源承载力研究进展综述 [J]．内蒙古科技大学学报，2021，40（1）：91-97．

[60] 杨晓玲，丁文魁，刘明春，等．河西走廊东部近 50 年气温变化特征及其对比分析 [J]．干旱区资源与环境，2011，25（8）：76-81．

[61] 石媛媛，马国军，王雅云，等．荒漠绿洲植被生态需水研究现状及发展趋势——以民勤县为例 [J]．水资源与水工程学报，2018，29（2）：34-38，44．

[62] 李爱霞．民勤县生态环境治理对策的总结与回顾 [J]．甘肃水利水电技术，2015，51（7）：14-17．

[63] 王月华，晏西军，李占玲，等．石羊河流域极端降水概率分布拟合及其分析 [C]//陈兴伟，变化环境下的水科学与防灾减灾——第十二届中国水论坛论文集，2014：82-88．

[64] 郎爱娜．河西内陆河水资源保护与生态安全屏障建设的法制研究 [D]．兰州：西北民族大学，2018．

[65] 宋淑珍，张芮．石羊河流域综合治理成效及后续治理建议 [J]．甘肃农业科技，2018（6）：73-76．

[66] 金彦兆，孙栋元，胡想全，等．石羊河流域红崖山水库站径流变化特征及应对措施 [J]．水利规划与设计，2018（10）：38-40，47．

[67] 刘晓敏，孙天合．基于熵权法的武威市水资源脆弱性评价 [J]．天津农业科学，2020，26（7）：49-54．

[68] 钟华平，刘恒，顾颖．石羊河下游民勤水资源与生态环境治理对策 [J]．西北水资源与水工程，2002，13（1）：10-13．

[69] 王荷．民勤绿洲水资源供需分析及对策 [D]．成都：四川师范大学，2014．

[70] 李玉光，肖潇．基于改进熵值法的唐山市新型城镇化质量评价体系的构建 [J]．价值工程，2020，39（20）：74-76．

[71] 雷明，钟书华．生态工业园区评价研究述评 [J]．科技进步与对策，2010，27（6）：156-160．

[72] 李嘉第，陈晓宏，郑冬燕，等．AHP-模糊综合评价模型在节水型社会建设后评价中的应用 [J]．人民珠江，2019，40（1）：12-19．

[73] 唐曲，姜文来，陶陶．民勤盆地水资源承载力指标体系及评估 [J]．自然资源学报，2004，19（5）：672-678．

[74] 张毅．基于改进的熵权法在合肥市水资源承载力综合评价中的应用 [D]．合肥：安徽建筑大学，2020．

[75] 刘菊，李鹏，霍礼勇．基于主客观综合定权法的单值中智 TODIM 决策方法 [J]．江苏科技大学学报（自然科学版），2020，34（4）：79-87．

[76] 李龙飞．基于层次分析法-熵权法组合赋权的农田灌溉风险评价 [J]．水利规划与设计，2021（8）：102-105．

[77] 张亚青，王相，孟凡荣，等．基于熵权和层次分析法的 VOCs 处理技术综合评价 [J]．中国环境科学，2021，41（6）：2946-2955．

[78] 李帅，魏虹，倪细炉，等．基于层次分析法和熵权法的宁夏城市人居环境质量评价 [J]．应用生态学报，2014，25（9）：2700-2708．

[79] 侯国林，黄震方．旅游地社区参与度熵权层次分析评价模型与应用 [J]．地理研究，2010，29（10）：1802-1813．

[80] 高清震．基于最大熵原理的庄河市水资源承载力模糊评价 [J]．黑龙江水利科技，2020，48（2）：197-200．

[81] 杨广，何新林，李俊峰，等．基于物元模型的干旱区水资源承载力评价研究 [J]．人民长江，2009，40（21）：52-54，98．

[82] 苑涛，何秉宇．干旱区水资源承载力分析及应用 [J]．水土保持研究，2007，14（3）：341-342，345．

[83] 田静宜，王新军．基于熵权模糊物元模型的干旱区水资源承载力研究——以甘肃民勤县为例 [J]．复旦学报（自然科学版），2013，52（1）：86-93．

[84] 陈雪，石培基，卢生，等．张掖城市规划的水资源承载力评价 [J]．资源开发与市场，2014，30（12）：1478-1480，1520．

[85] 高彦春，刘昌明．区域水资源开发利用的阈限分析 [J]．水利学报，1997（8）：74-80．

[86] 王文川，杨柳，郑野，等．基于博弈论和云模型的石羊河流域水资源承载力评价研究 [J]．水利水电技术（中英文），2021，52（10）：35-45．

[87] 李怀林．基于模糊综合评价方法的干旱区水资源承载力研究 [J]．中国水运（下半月），2014，14（8）：206-208．

[88] 朱一中，夏军，谈戈．西北地区水资源承载力分析预测与评价 [J]．资源科学，2003（4）：43-48．

[89] 刘晓君，刘浪．基于主成分分析的陕西省水资源承载力综合评价研究 [J]．数学的实践与认识，2020，50（1）：55-62．

[90] 杨小华，黄尚书，何绍浪．基于主成分分析的江西省水资源承载力评价 [J]．水利发展研究，2019，19（9）：38-41．

[91] 张振良，黄小兰，薛林，等．基于主成分分析和聚类分析的甜糯玉米新组合育种潜力评价 [J]．江西农业学报，2019，31（2）：19-25．

[92] 郭娜．河流生态系统健康指标体系与评价方法研究 [D]．沈阳：沈阳大学，2017．

[93] 许朗，黄莺，刘爱军．基于主成分分析的江苏省水资源承载力研究 [J]．长江流域资源与环境，2011，20（12）：1468-1474．

[94] 唐家凯，丁文广，李玮丽，等．黄河流域水资源承载力评价及障碍因素研究 [J]．人民黄河，2021，43（7）：73-77．

[95] 韩礼博，门宝辉．基于组合博弈论法的海河流域水资源承载力评价 [J]．水电能源科学，2021，39（11）：61-64．

［96］ 左其亭. 人水和谐论——从理念到理论体系 ［J］. 水利水电技术，2009，40（8）：25－30.

［97］ 丁相毅，石小林，凌敏华，等. 基于"量-质-域-流"的太原市水资源承载力评价 ［J］. 南水北调与水利科技（中英文），2022，20（1）：9－20.

［98］ 吕添贵. 水土资源综合承载力评价与调控机制研究 ［D］. 杭州：浙江大学，2015.

［99］ 杜俊平，叶得明，陈年来. 基于可拓综合评价法的干旱区水资源承载力评价——以河西走廊地区为例 ［J］. 中国农业资源与区划，2017，38（12）：56－63.

［100］ 陈翔舜，高斌斌，王小军，等. 甘肃省民勤县土地荒漠化现状及动态 ［J］. 中国沙漠，2014，34（4）：970－974.

［101］ 翟自宏. 石羊河流域重点治理的实践与思考（下）——铭记历史，科学用水，依法管水 ［J］. 中国水利，2018（18）：60－64.

第6章 基于改进生态足迹模型的民勤绿洲水资源可持续利用评价

6.1 研究背景及意义

水资源作为自然界最重要的资源之一，是人类不可或缺的资源。从全球范围来看，我国水资源总量居世界第 6 位，2019 年水资源总量为 29041.0 亿 m^3，人均水资源量为 2077.7m^3/人，比 2017 年增长了 279.8m^3/人，但仅为 2016 年的 89%，且人均占有量远低于世界平均水平，水资源短缺已成为制约我国经济社会可持续发展的重要因素。随着经济发展及人口增长，我国对水资源的需求量持续增加，水资源短缺和生态环境恶化问题日益凸显，水资源短缺已成为影响干旱区经济发展的首要限制因素。

民勤县隶属于甘肃省三大内陆河之一的石羊河流域末端，而民勤绿洲位于巴丹吉林沙漠和腾格里沙漠中间，是阻断整个河西和河西走廊被沙漠侵害过程中最重要的"生态卫士"，同时也是中国沙漠化监控和防治的"排头兵"。作为亚洲最大的沙漠水库，红崖山水库是民勤绿洲重要的地表水来源，但截至 2002 年 5 月蓄水量仅为 0.3277 亿 m^3。由于地表水减少，为满足农田灌溉及生活用水需求，人们不得已无节制地进行地下水开采，而常年地下水开采导致地下水位急速下降，依靠地下水生存的天然植被大量干枯死亡，民勤绿洲生态系统遭到严重破坏，致使民勤县成为沙尘暴发源地之一。民勤县水资源短缺和生态环境持续恶化引起了国家和地方领导的高度关注，"决不能让民勤成为第二个罗布泊"成为民勤县一切工作的重心。

近年来，民勤绿洲对水资源的过度开发利用已远超水资源供给量。因此，解析民勤绿洲水资源、社会经济和生态环境构成的复杂系统之间的关系，揭示该系统各变量间的协调关系，对水资源可持续利用状况进行科学评价，分析民勤绿洲水资源可持续利用程度，可为民勤绿洲社会经济发展和生态环境改善提供重要参考。

6.2 概述

实现水资源可持续利用是干旱地区人类生存、社会发展和生态环境协调发展的关键。水资源可持续利用评价方法的研究历来已久，而可持续发展理念则于 1972 年在联合国人类环境研讨会议中正式提出，并以此为基础于 20 年后在都柏林国际水环境大会中提出水资源可持续问题。此后，水资源可持续利用研究主要集中在指标体系的建立和评价方法的探索等方面。

国外研究方面，Gleick PH 将可持续性和公平原则纳入水资源长期规划和管理，旨在为构建可持续指标提供新方法。Daniel 等提出了城市可持续发展指标，为城市水管理提供了长远的规划和建议。Bobba 等从印度的河流流域系统、易干旱地区、水文地质系统、地下水潜力及环境污染等方面为水资源开发利用提供了建议。Sophocleous 根据水文质量平衡原则确定了水的界线,制定了水资源利用政策和规划水平。Sullivan 等利用水贫困指数从水资源、获取途径、水管理、用水类型和环境等 5 个方面分析了水资源利用状况,该法已在多个国家和地区间得到广泛应用。Walmsley 等以流域管理为目标更加全面地评价了水资源可持续利用状况。Seema 等研究发现,制定适宜的水资源管理模式对水资源保护具有重要作用。Prakash 等以社区用户为导向构建了水资源可持续发展框架,为水资源可持续利用评价方法提供了新的研究思路。Rajović G 等认为可持续管理有助于维护生态、环境和水文的完整性。Olga 等从人类活动和生态环境角度制定了一种水资源可持续管理评估方法,并以巴伦西亚(西班牙东部)为例采用综合敏感性指数(OSI)对系统管理进行了评估。

国内对水资源可持续利用的研究相对较晚,主要集中在水资源优化配置方面。早期的研究主要集中在水资源可持续利用规划的基本原则方面。许多学者基于可持续发展理念界定了水资源可持续发展的概念和内涵,与此同时也结合区域特征相继提出了水资源开发利用建议。此后,国内研究的重点转向水资源可持续利用的具体方法方面,主要模型和方法有多目标模型、综合指数法、系统动力学法、层次分析法和模糊物元分析法等。

6.2.1 水资源可持续利用评价方法

目前,水资源可持续利用的内涵定义为:以水资源达到可持续性和生态环境不被破坏为前提,满足人类生产生活、资源环境和社会经济协调发展所需水量,或以生态环境保护为目标,利用科学技术和市场合理分配水资源,不仅满足当前人类用水需求也满足子孙后代生产生活的用水需求,以此来达到水资源可持续利用。水资源可持续利用评价指标体系构建与评价方法如下:

1. 评价指标体系构建方法

水资源可持续利用指标体系构建是为了满足特定时间段特定区域内可持续发展要求而构建的指标体系。根据水资源存在的问题,结合水资源可持续发展理念,建立有代表性的评价指标体系,为水资源利用状况评价及后续开发利用提供合理建议。目前水资源可持续利用评价指标体系的构建方法尚不统一,其理论基础由可持续发展指标体系演变而来。国内外学者主要从社会、经济、环境和水资源四个层面挑选能够代表区域特点的相关指标进行评价。

(1)系统层次法。系统层次法源于层次分析法(AHP),它从从属关系上构建评价指标体系如目标层、准则层和指标层,其中目标层为水资源可持续利用情况,准则层是从社会、经济、环境和水资源四个方面挑选代表该区域的宏观指标进而表征水资源可持续利用状况,指标层为代表准则层的具体指标。以准则层为例,邹君从水资源和水环境两个方面挑选能够代表湖南省水资源开发利用状况的指标构建评价指标体系。李湘姣等从水资源、社会经济和环境三个方面筛选了相应的代表性指标。杨广等则从水资源、社会、经济和环境系统四个方面构建指标体系反映区域水资源开发利用现状,该方法构建的指标体系简单明了,能够更加全面地代表区域地域特征,但指标体系选择时不可避免地带有较强的主观性。

（2）驱动力—压力—状态—影响—响应指标法（DPSIR）。驱动力—压力—状态—影响—响应指标法（DPSIR）是由欧洲环境局（EEA）根据较早的压力—状态—响应指标体系（PSR）改进而来。该指标体系是在社会经济与环境之间根据因果关系挑选出相关指标，反映了经济、社会和环境之间的相互作用，明确了社会经济对环境的影响作用，而环境反过来推动社会经济的发展。为缓解西北干旱区水资源供需矛盾，高波等以西北五省为例运用 DPSIR 指标构建了评价指标体系并结合熵权法对水资源可持续利用状况进行了评价。DPSIR 指标体系的代表性和可操作性均较强，能更好地反映区域水资源开发利用状况，但由于过度简化了区域实际情况而未能准确评价区域水资源可持续利用状况。

（3）生态足迹法。生态足迹法从水资源供需角度构建可持续利用评价指标体系。需水方面主要从生产用水、生活用水和生态用水三个方面筛选具有地域性特点的指标构建评价指标体系，并据此计算水资源生态足迹。供水方面主要利用水资源总量计算水资源承载力，并利用生态足迹及承载力分析区域水资源可持续利用状况。该方法筛选的指标能较好地代表区域水资源开发利用状况。

（4）归纳法。归纳法是根据区域相关要求（如区域水资源开发利用的区域特点、管理规划和水环境保护等要求），从经济、社会、环境和水资源四个方面选取指标并构建指标体系。周学磊运用归纳法构建指标体系并将改进的诊断模型与突变技术相结合对新疆玛纳斯河流域水资源可持续利用进行了评价。该法具有很强的地域性，可剔除数据中重复的指标，使指标体系具有更强的代表性。

2. 评价方法

随着人们对水资源可持续利用关注度的增加，水资源可持续利用的定量和定性评价方法发展迅速。目前水资源可持续利用的评价方法较多，但尚未形成统一的标准。适用于我国西北干旱区的评价方法主要有以下几种。

（1）层次分析法。层次分析法最先由美国的沙提（A. L. Satty）所提出，它根据从属关系构建评价体系，利用德尔菲法（专家咨询法）和判断矩阵定性分析和定量计算各层次与各指标层间的权重，并据此进行水资源可持续利用评价。该方法利用定性和定量的方法对水资源各项指标进行评价，但因其定性评价所占比重过大而存在较强的主观性。为分析新疆阿克苏地区水资源供需状况和供给结构，易丽萍等运用层次分析法构建了评价指标体系，筛选得出影响水资源可持续利用的关键因素并提出相应的改善措施。杨世杰等以山东半岛蓝色经济区为例，运用层次分析法对该区水资源潜力进行评价，并根据其差异性提出相应的对策。

（2）模糊综合评价法。美国学者扎德（L. A. Z. adeh）提出了模糊数学理论，随后在此基础上提出了模糊综合评价法。模糊综合评价法是将水资源系统内部的复杂关系用隶属度函数进行指标量化，利用评估矩阵和权重进行模糊计算从而得到评价结果。为缓解水资源供需失衡和水污染等突出问题，布谣以宝鸡市陇县为例分别运用模糊综合评价法和主成分分析法构建了水资源评价指标体系，得出约束水资源承载力的主要影响因素并提出相应的改善措施。何小龙运用模糊综合评价法对云南省水资源可持续利用进行评价发现，云南省大部分地区水资源状况将逐渐好转。

（3）系统动力学法。系统动力学由 Forester 提出并不断完善，该方法根据系统互馈理论将水资源分解为相互关联、相互作用的子系统，利用因果关系从时间尺度上研究其动态变化和未来发展趋势，并基于此提出相应的对策。张雄运用系统动力学法对天津市水土资源开发利用状况进行了模拟，从五种方案中挑选出最适合区域特征的评价方案。刘童运用系统动力学模型从人口、经济、生态、水资源和水环境五个方面模拟了吉林省水资源动态变化并优选了最适宜该区的评价方案。

（4）人工神经网络模型。人工神经网络是以神经元工作方式为基础的一种信息处理系统，该方法通过已知训练集样本对该样本进行反复训练进而得出未知数据。与其他评价方法相比，该模型具有操作简单和结果较为客观的特点，且评价结果的精确性随样本数量增加而增大，同时由于太过依赖样本数使得评价结果与实际不符。为分析区域水资源供给能力，姜宇运用人工神经网络以黑龙江省肇州县为例构建了水资源承载力评价指标体系并得出区域水资源承载力水平。刘增进等从社会经济、生态环境和水资源三个方面运用人工神经网络模型分析研究后发现，郑州市水资源可持续利用状况已从可持续利用困难阶段过渡到基本可持续利用阶段。

（5）生态足迹法。生态足迹法由加拿大 Ree 等在 1992 年提出并不断完善和推广，是一种以土地为度量单位且通过比较人类对自然资源的需求量与自然界对人类的供给量衡量区域生态可持续性的评估方法，该方法具有操作简单和结果可靠等特点。周悦运用生态足迹法对辽宁省生态盈亏和用水效率进行研究，并通过与其他区域进行对比分析为辽宁省水资源开发利用提出相应建议。王先庆等以六盘水市为例，运用生态足迹模型从生活、生产和生态三个方面构建评价体系，发现六盘水市处于水资源可持续利用状态。

6.2.2 现存的问题

随着人口增长和经济快速发展，从社会、经济、水资源和生态环境各个方面来看，我国对水资源的需求持续上升。在西北干旱地区，水资源短缺所引发的生态环境恶化问题日益凸显，虽然国内外学者对水资源可持续利用进行了大量研究，从内涵到评价方法均取得了较为丰富的研究成果，但总体上仍存在不足。

从研究内涵看，水资源可持续利用理论尚未形成统一的研究标准，理论层面上研究内容过于单一，未综合考虑地域特征。在我国西北干旱区，水资源可持续利用作为可持续发展理论中最为重要的一环，要在综合考虑社会、经济、水资源和生态环境及区域自然条件的基础上确定影响水资源可持续发展的关键要素，将其作为统一体分析各要素的影响因子并提出相应对策建议。

从评价方法看，现有研究指标的相关系数主观性太强，导致相同区域的研究结果差别太大，用同一方法对不同区域进行比较时所呈现的结果与实际情况有所脱节，故采用相对客观的理论分析代替经验公式进行区域间评价结果的比较分析，从而更加全面地评价水资源可持续利用状况。

目前水资源可持续利用研究已从单一研究方法过渡到多种研究方法的耦合，研究过程中进一步增大了客观分析的比重，但仍未彻底解决单一研究方法的缺陷。本研究在归纳总结水资源可持续利用评价方法的基础上，根据干旱区的地域特点选取生态足迹模型作为干旱区水资源可持续利用评价方法，构建民勤绿洲水资源可持续利用评价体系，并通过改进生态足迹模型相关参数评价该区 2007—2018 年水资源可持续利用程度。

6.2.3 旱区水资源可持续利用评价方法

旱区水资源开发利用面临水资源短缺且时空分布不均,水资源利用效率低下,群众节水意识差,节水措施未完全落实,地下水超采等一系列问题,在很大程度上进一步恶化了干旱区原本脆弱的生态环境。此外,干旱区还存在产业结构单一,抗风险能力低及突出的干旱和洪涝等水资源灾害问题。

2008 年黄林楠得出水资源生态足迹模型的经验系数为 0.4,而 2009 年刑清枝则得出该经验系数为 0.88,两者相差太大。对该经验系数的取值,许多学者沿用了黄林楠的经验系数 0.4,分别从不同空间尺度上分析了江苏、湖北、浙江、重庆、成都等省市的水资源可持续利用状况,表明该模型对区域水资源评价具有很好的实用性。黄林楠提出的经验系数对湿润地区具有很好的适用性,但对干旱地区而言该经验系数的适用性还有待进一步验证。

本研究引入天然植被生态需水量的计算方法来验证黄林楠经验系数的适用性,根据计算天然植被生态需水量占水资源总量的比值验证用于维持生态环境扣除 60% 的准确性,并基于此改进生态足迹模型。

6.3 研究内容和技术路线

6.3.1 研究内容

(1)民勤绿洲参考作物腾发量 ET_0 确定分析。搜集民勤绿洲近 20 年的逐日气象资料(近地表大气温度、最小相对湿度、降雨、风速、蒸发量、气压和海拔高度),选择不同的水文年型(枯水年、平水年和丰水年),利用 FAO 推荐的 Penman - Monteith 公式计算不同水文年型逐日、逐月 ET_0,并从时空尺度上分析 ET_0 的变化规律,探讨气象要素对 ET_0 的影响。

(2)植被系数、植被面积和土壤水分限制系数确定。从民勤绿洲不同类型植被挑选用于研究的天然植被类型,选取最具代表性的三类植被并划分其生长阶段,根据 FAO - 56 推荐的单作物系数法计算不同植被在不同水文年型的植被系数 K_c,并基于遥感影像提取各类植被在不同水文年型的植被面积 A_p 和不同植被生育期内土壤水分限制系数 K_s,为天然植被生态需水量计算提供数据支撑。

(3)天然植被生态需水量计算。根据 FAO 推荐的天然植被生态需水量计算方法,运用不同水文年型不同植被的植被系数、逐日尺度下的参考作物蒸发蒸腾量 ET_0 和土壤水分限制系数 K_s 计算不同植被生育期内的蒸散量,分析其时空变化规律,结合植被面积 A_p 计算民勤绿洲天然植被生态需水量并分析其时空分布规律。

(4)民勤绿洲水资源可持续利用状况分析。基于计算所得天然植被生态需水量改进生态足迹模型,并根据改进的生态足迹模型构建水资源可持续利用评价体系,最后结合民勤绿洲相关资料分析该区水资源可持续利用状况。

6.3.2 技术路线

本研究技术路线如图 6-1 所示。

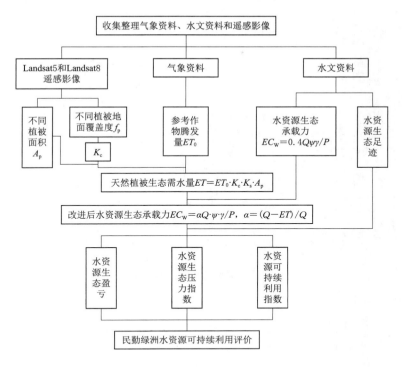

图 6-1　技术路线图

6.4　研究区概况与研究方法

6.4.1　研究区概况

1. 自然状况

民勤绿洲隶属于甘肃省三大内陆河之一的石羊河流域末端，位于北纬 $38°4'\sim39°27'$，东经 $101°49'\sim104°12'$，北面、西面和东面均与内蒙古接壤，且三面被沙漠环绕，南面是河西重要门户武威市，也是阻断河西走廊被沙漠侵害的重要门户。民勤绿洲海拔介于 $1298.00\sim1936.00$m 之间，平均海拔为 1400m，地势相对平坦，全县总面积 1.59km²。境内低山丘陵、平原、沙漠交错分布，属于典型的干旱荒漠气候，年平均气温 9.7℃（图 6-2）；降雨时空分布不均，主要集中在 6—9 月，2007—2018 年平均降雨量为 127mm（图 6-3）；2007—2018 年平均蒸发量为 2608mm（图 6-4）。境内植被属温带低矮半灌木荒漠植被，种植的农作物主要有小麦、玉米、棉花、向日葵、红黑籽西瓜、茴香和枸杞等。

2. 水资源现状

石羊河是甘肃省三大内陆河之一，其中疏勒河、黑河和石羊河的多年平均水资源总量为 22.30 亿 m³、24.81 亿 m³ 和 15.20 亿 m³，石羊河水资源总量最少，且石羊河多年平均用水总量远大于水资源总量，说明石羊河水资源开发利用供需矛盾突出。民勤绿洲隶属于石羊河流域末端，由于中上游无节制地消耗地表可利用水资源量，造成民勤绿洲地表水

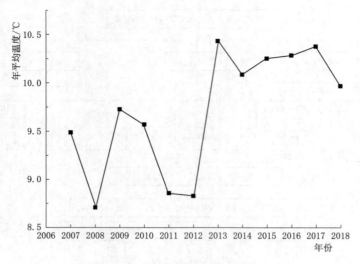

图 6 - 2　民勤绿洲年均温度变化

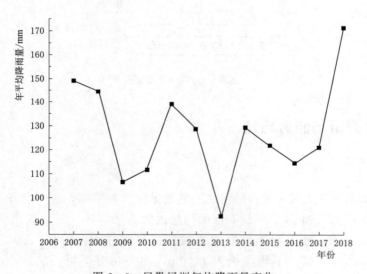

图 6 - 3　民勤绿洲年均降雨量变化

资源短缺，最终导致青土湖全面干涸。由于地表水资源短缺，20 世纪 70 年代人们开始大量开采地下水，地下水位以每年 0.76m 的速度逐年下降，造成民勤绿洲依赖于地下水的植被大量衰亡，进一步破坏了脆弱的生态系统。这一系列的生态问题引起了党中央和国家政府的高度重视，随着跨流域调水、水权制度实施、用水结构优化和退耕还林还草等措施的实施，民勤绿洲的生态环境恶化得到有效控制。民勤绿洲蓄水量变化如图 6 - 5 所示，从图 6 - 5 可以看出，红崖山水库蓄水量逐年增加，地下水位近十年以每年 0.2m 的速度下降。民勤县地下水开采量从 2003 年的 5.27 亿 m^3 下降到 2015 年的 1.1493 亿 m^3，降幅为 78%（图 6 - 6）。

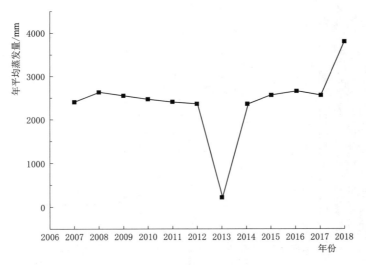

图6-4 民勤绿洲年均蒸发量变化

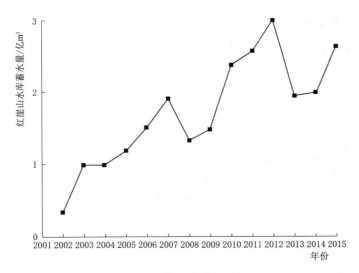

图6-5 民勤绿洲蓄水量变化

3. 社会经济状况

民勤绿洲是防护河西绿洲沙漠化进程的重要关卡，水资源是民勤绿洲抑制荒漠化进程的关键，而水资源短缺则是民勤绿洲经济发展的制约因素。根据统计资料，民勤县平均常住人口数为24.14万人，其中城镇人口8.60万人，农村人口15.54万人，城市化率35.7％，人口增长率为0.04％。民勤县GDP和增长率变化曲线如图6-7所示。由图6-7可知，民勤县生产总值逐年增加，但其增长率总体呈下降趋势，平均增长率为11.8％。民勤县三产结构变化曲线如图6-8所示。由图6-8发现，第一产业增加值平均值占生产总值平均值的35.8％，产业结构比例从2010年的41.6：27.7：30.7转变为2018年的35.5：23.6：40.9，产业结构得到优化调整，第一产业的单位GDP耗水量在产业结构中

205

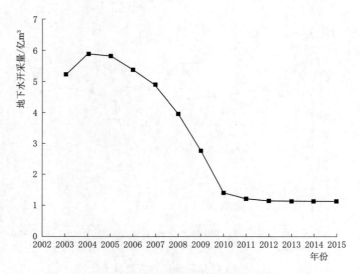

图 6-6 民勤绿洲地下水开采量变化

最大。该县主要农作物为玉米、蔬菜和牧草等低耗水作物,耗水量较大的粮食作物如小麦等种植面积从 2009 年的 21.9 万亩减少到 2018 年的 12.85 万亩,下降了 9.05 万亩。

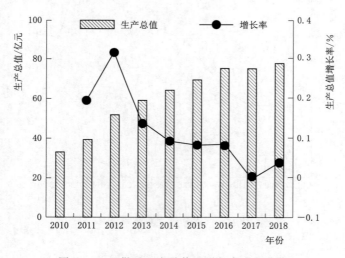

图 6-7 民勤县生产总值和增长率变化曲线

4. 生态环境现状

近些年来,民勤绿洲水资源短缺、植被大面积死亡和生态环境进一步恶化,这些生态环境问题说明保护该区域生态环境已刻不容缓。2007 年党中央批复《石羊河流域重点治理规划》后,随着治理措施的实施民勤绿洲生态环境有了明显改善。资料显示,2007 年开始重点治理以来,蔡旗断面过水量逐渐增加,地下水开采量也逐年递减。2010—2018 年青土湖水域面积及地下水位埋深变化如图 6-9 所示。从图 6-9 可知,干涸的青土湖自 2010 年后水域面积平均每年增加 3.59km²。在民勤绿洲荒漠化治理中每年平均人工造林

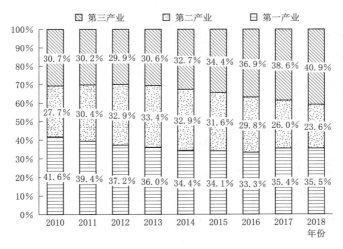

图 6-8 民勤县三产结构变化曲线

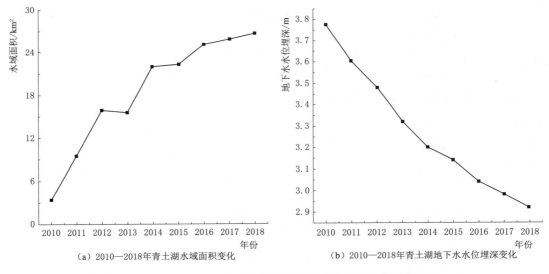

（a）2010—2018年青土湖水域面积变化   （b）2010—2018年青土湖地下水水位埋深变化

图 6-9 2010—2018 年青土湖水域面积及地下水水位埋深变化

12.51 万亩，封沙育林（草）10.46 万亩，森林覆盖率平均每年增加 0.78%，植被面积逐步增加，荒漠化土地面积显著减少。李爱霞等研究发现，民勤县生态环境已明显改善，生态环境恶化趋势得到有效控制，民勤绿洲治理取得了显著成效。

5. 数据收集与整理

（1）数据收集。本研究 2007—2018 年逐日最高和最低气温、风速和相对湿度等数据来自中国气象科学数据共享服务网，关于生产、生活和生态用水及涉及的其他用水行业、人口总数、国民生产总值、水资源总量等数据来源于 2007—2018 年《甘肃省水资源公报》（甘肃省水利厅官网政府信息公开栏）和《2007—2018 年民勤县国民经济和社会发展统计资料汇编》，民勤绿洲 2007—2018 年基本数据见表 6-1。

表 6 - 1 民勤绿洲 2007—2018 年基本数据

年份	生活用水量/万 m³	生产用水量/亿 m³	生态用水量/亿 m³	人口总数/万人	国民生产总值/亿元
2007	794	5.391	0.890	24.11	22.88
2008	1135	4.898	0.749	24.11	24.90
2009	743	4.385	0.900	24.11	27.71
2010	675	3.239	0.204	24.11	32.85
2011	523	3.310	0.142	24.11	39.28
2012	545	2.876	0.579	24.16	51.79
2013	564	2.668	0.679	24.12	59.04
2014	513	2.614	0.916	24.11	64.41
2015	501	2.349	1.187	24.12	69.57
2016	500	2.323	1.351	24.13	75.28
2017	502	2.254	1.277	24.18	75.19
2018	502	2.253	1.278	24.17	77.76

本研究 Landsat 5 TM 和 Landsat 8 OLI 影像数据来源于地理空间数据云（http：//www.gscloud.cn）。分别提取 2008 年、2013 年和 2016 年 6—9 月云量低于 5% 的影像数据，其中 Landsat 5 和 Landsat 8 卫星分别由 NASA 于 1984 年和 2013 年发射，其中 Landsat 5 卫星于 2013 年退役，卫星上分别携带 TM 传感器和 OLI 传感器，Landsat 5 TM 和 Landsat 8 OLI 的影像数据参数见表 6 - 2。

表 6 - 2 Landsat 5 TM 影像和 Landsat 8 OLI 影像数据参数

卫星	波段	名称	波长/μm	空间分辨率/m	应 用
Landsat4 - 5（TM）	1	蓝	0.45～0.52	30	用于分辨土壤植被
	2	绿	0.52～0.60	30	用于分辨植被
	3	红	0.63～0.69	30	用于观测道路、土壤和植被种类
	4	近红外	0.76～0.90	30	用于估算生物量
	5	中红外	1.55～1.75	30	用于分辨道路、裸露土壤和水体
	6	热红外	10.40～12.5	120	感应发出热辐射的目标
	7	中红外	2.08～2.35	30	用于分辨岩石和矿物
Landsat8（OLI）	1	深蓝	0.433～0.453	30	大气气溶液和海岸带环境监测
	2	蓝	0.450～0.515	30	水深反演制图、叶绿素反演
	3	绿	0.525～0.600	30	植被健康反演监测、地形和泥沙反演
	4	红	0.630～0.680	30	植被覆盖监测、居民地变化监测等
	5	近红外	0.845～0.885	30	区分水体与陆地，监测植被健康程度
	6	短红外	1560～1.660	30	土壤湿度反演、植被种类区分等
	7	短红外	2.100～2.300	30	岩石与矿物的分辨等
	8	全色	0.500～0.680	15	分辨植物与非植物，可提高分类精度
	9	卷云	1.360～1.390	30	云量反演、光学厚度反演等

（2）数据预处理。

1）遥感影像矫正。辐射校正是指矫正由于外界因素引起的辐射误差的过程，其步骤为：基于 ENVI 5.3 软件平台下工具箱中的数据管理工具（data management tools）→辐射校正（radiometric correction）→辐射校准（radiometric calibration）。对遥感影像辐射矫正之后，需基于 ENVI 5.3 软件平台对其进行大气矫正。

大气矫正是消除由大气影响所造成的辐射误差并反演地物真实表面反射率的过程，其步骤为：运用工具箱中的数据管理工具（data management tools）→大气校正模式（atmospheric correction modal）→快速大气矫正（quick atmospheric correction）。

2）遥感影像的拼接和裁剪。由于获取的遥感影像未能完全覆盖民勤绿洲，故需对遥感影像进行前期预处理，其关键是遥感影像的拼接和裁剪。基于 ENVI5.3 软件平台，功能位置在 Mosaicking/Seamless Mosaic，进入操作界面时软件系统会提示添加需拼接的遥感影像，根据提示即可完成遥感影像拼接。在裁剪过程中需利用民勤绿洲边界矢量文件。

获取民勤县边界矢量文件需借助 BIGEMAP 软件平台。将获取的边界文件和拼接好的影像在 ENVI 软件中打开，运用该软件制作民勤绿洲行政边界的模具，功能位置在 Raster Management/Mosking/Build Moask，再利用模具进行裁剪即可获得民勤绿洲的遥感影像。

6.4.2 研究方法

1. 生态足迹模型计算方法

（1）水资源生态足迹确定。水资源生态足迹指维持人类生产生活过程中所消耗全部水资源的总和。计算公式为

$$EF_w = N \cdot \gamma_w \cdot W/P_w \qquad (6-1)$$

式中　EF_w——水资源生态足迹，hm^2；

　　　N——人口总数；

　　　γ_w——水资源全球因子，根据 WWF《Living Plant Report 2002》并结合民勤县水资源实际，γ_w 取 5.19；

　　　W——用水总量，m^3；

　　　P_w——水资源全球平均生产能力，$P_w=3140m^3/hm^2$。

（2）水资源承载力确定。水资源生态承载力是水资源维持某一区域社会、经济和生态协调可续发展的能力，反映该地区水资源的供给情况。水资源承载力计算公式为

$$EC_w = 0.4 \times \psi \times \gamma_w \times Q/P_w \qquad (6-2)$$

式中　EC_w——水资源生态承载力，hm^2；

　　　ψ——水资源产量因子，本研究取 $\psi=0.12$；

　　　Q——代表水资源总量，m^3；

　　　0.4——扣除生态环境正常生长所需水量为水资源总量 60% 后的水资源量。

2. 天然植被生态需水量计算方法

天然植被生态需水量为维持生态系统中天然植被生长发育所需的最小水资源量，是干旱区生态恢复和建设的重要参考指标。综合考虑研究区的植被类型、土壤水分和气象条件，本研究采用 FAO 推荐的生态需水量计算方法，该方法目前广泛应用于西北干旱地

区，如甘肃省黑河流域和石羊河流域，新疆白杨河流域和乌伦古河流域等，并取得了较为准确的计算结果，因此对石羊河流域末端的民勤绿洲也同样适用。其具体计算方法为

$$ET_{c,adj} = K_s K_c ET_0 \tag{6-3}$$

$$ET = A_p \cdot ET_{c,adj} \cdot 10^{-3} \tag{6-4}$$

式中　ET——天然植被生态需水量，m^3；

$\quad ET_{c,adj}$——非标准条件下的蒸散量，mm；

$\quad\quad ET_0$——参考作物腾发量，mm；

$\quad\quad\quad K_c$——植被系数；

$\quad\quad\quad K_s$——土壤水分限制系数；

$\quad\quad\quad A_p$——植被面积，m^3。

（1）参考作物腾发量 ET_0 确定。FAO 推荐的 Penman - Monteith 公式综合考虑了植物生理特征、扩散理论、能量平衡和空气动力学等方面，应用优势显著。具体公式为

$$ET_0 = \frac{0.408\Delta(R_n - G) + \gamma\dfrac{900}{T+273}U_2(E_s - E_a)}{\Delta + \gamma(1 + 0.34U_2)} \tag{6-5}$$

式中　Δ——温度随饱和水气压形成的曲线斜率，kPa/℃；

$\quad\quad \gamma$——干湿表常数，kPa/℃；

$\quad\quad G$——土壤热通量，$MJ/(m^2 \cdot d)$；

$\quad\quad R_n$——植被表面净辐射量，$MJ/(m^2 \cdot d)$；

$E_a、E_s$——分别为实际和饱和水气压，kPa；

$\quad\quad U_2$——2m 处平均风速，m/s；

$\quad\quad T$——平均温度，℃。

式中各参数计算方法如下

$$\Delta = \frac{4098\left[e^{\left(\frac{17.27T_{max}}{T_{max}+237.3}\right)}\right]}{(T + 237.3)} \tag{6-6}$$

式中　T_{max}——最高气温，℃；

$\quad\quad T$——平均气温，℃。

$$U_2 = U_s\frac{4.87}{\ln(67.8 \times s - 5.42)} \tag{6-7}$$

式中　U_s——s 米高处的风速，m/s。

$$G = 0.07(T_i - T_{i-1}) \tag{6-8}$$

式中　T_i——第 i 月平均气温，℃：

$\quad T_{i-1}$——第 $i-1$ 月平均气温，℃。

$$R_n = R_{ns} - R_{nl} \tag{6-9}$$

$$R_{ns} = (1 - \alpha)\left[0.2 + 0.79\left(\frac{n}{N}\right)\right]R_a \tag{6-10}$$

$$R_{nl} = \sigma\left(\frac{T_{max}^4 + T_{min}^4}{2}\right)(0.56 - 0.25\sqrt{E_a}) \tag{6-11}$$

式中 R_{ns}——地面吸收的太阳短波辐射，$MJ/(m^2 \cdot d)$；

R_{nl}——发射的长波辐射，$MJ/(m^2 \cdot d)$；

α——地表反射率（取为 0.23）；

n——日照时数，h；

N——可照时数，h；

R_a——大气顶层的太阳辐射，$MJ/(m^2 \cdot d)$；

E_a——实际水气压，kPa。

$$E_a = E_s \frac{RH_{max}}{100} \tag{6-12}$$

$$E_s = \frac{e^0(T_{max}) + e^0(T_{min})}{2} \tag{6-13}$$

$$e^0(T_{max}) = 0.6108 \times e^{\left(\frac{17.27 T_{max}}{T_{max}+237.3}\right)} \tag{6-14}$$

式中 $e^0(T)$——空气温度 T 时的水气压，kPa；

RH_{max}——月平均相对湿度，%。

根据《气象干旱等级》（GB/T 20481—2017），其余相关指标计算方法如下

$$\gamma = 0.665 \times 10^{-3} \times 101.3 \times \left(\frac{293 - 0.0065z}{293}\right)^{5.26} \tag{6-15}$$

$$R_a = \frac{24 \times 60}{\Pi} G_{sr} d_z (\omega_\sigma \sin\varphi \sin\delta + \cos\varphi \cos\delta \sin\omega_\sigma) \tag{6-16}$$

$$d_z = 1 + 0.033\cos\frac{2\pi}{365}J \tag{6-17}$$

$$\omega_s = \csc^{-1}(-\tan\varphi\tan\delta) \tag{6-18}$$

式中 G_{sr}——太阳常数，取值为 0.0820，$MJ \cdot m^{-2} \cdot min^{-1}$；

d_z——反转日地平均距离；

ω_σ——日落时角；

φ——纬度；

δ——太阳破偏角。

（2）植被面积确定。根据植被生长期内 Landsat 5 和 Landsat 8 遥感影像，运用 ENVI 5.3 软件的决策树分类模块，采用增强型植被指数 EVI、绿度植被指数 GVI 和土壤亮度指数 BI 等指标分别提取民勤绿洲林地、草地、农田、荒漠、水域和建筑用地，从而确定各种植被类型的面积。其中各指标计算公式如下

1）增强型植被指数 EVI 为修正归一化植被指数的大气噪声、土壤背景和饱和度等问题而提出，其计算公式为

$$EVI = 2.5 \frac{b_{NIR} - b_R}{b_{NIR} + c_1 b_R - c_2 b_B + L} \tag{6-19}$$

式中 b_{NIR}——近红外波段的反射率；

b_R——红波段的反射率；

b_B——蓝波段的反射率；

c_1、c_2——转换系数，分别取 6.0 和 7.5；

　　L——土壤调节系数，取值为 1。

　　2）GVI 和 BI 均属于遥感影像经缨帽变换（TC）后的分量之一；缨帽变换（TC）是通过坐标变换将植被与土壤特征分离，GVI 和 BI 分别为植被绿度和土壤亮度，是各波段的加权和，主要受大气、太阳和环境的综合影响；GVI 和 BI 计算公式分别为

$$GVI = -0.2848b_2 - 0.2435b_3 - 0.5436b_4 + 0.7243b_5 + 0.084b_6 - 0.18b_7 \quad (6-20)$$
$$BI = 0.3037b_2 + 0.2793b_3 + 0.4743b_4 + 0.5585b_5 + 0.5082b_6 + 0.1863b_7 \quad (6-21)$$

式中　b_2、b_3、b_4、b_5、b_6、b_7——Landsat 8 第 2-7 波段灰度值和 Landsat5 中 TM1～5
　　　　　　　　　　　　　　　　和 TM7 灰度值。

　　（3）植被系数 K_c 确定。植物系数 K_c 指植物不同生长发育时期需水量与潜在蒸散量的比值，主要与植被类型和生育阶段有关。干旱少雨地区由于植被稀少，K_c 直接与地面植被覆盖度有关。根据 FAO-56 的计算方法，可将植物生长周期划分四个阶段分别计算 K_c，植被不同生长阶段的作物系数分布如图 6-10 所示。

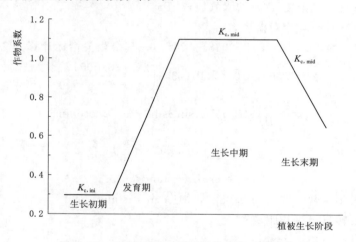

图 6-10　植被不同生长阶段的作物系数分布

　　由图 6-10 可知，植被生长初期和中期的 K_c 值恒定，发育期和生长末期植被系数 K_c 呈线性增减。因此，植被不同生长阶段的作物系数只需计算图中三点，即生长初期的 $K_{c,ini}$、生长中期的 $K_{c,mid}$ 和生长末期的最小值 $K_{c,end}$。

　　1）生长初期植被系数 $K_{c,ini}$：生长初期植被系数 $K_{c,ini}$ 确定方法采用查图法，根据 FAO-56 推荐的生长初期植被系数 $K_{c,ini}$ 变化图（图 6-11），$K_{c,ini}$ 主要由 ET_0 和湿润时间间隔确定；

　　2）生长中期植被系数 $K_{c,mid}$：FAO-56 推荐的生长中期植被系数计算方法主要是农田作物和非农田作物的计算方法，本研究主要考虑天然植被，故选择根据有效地表覆盖率确定植被系数的非农田作物计算方法，主要计算公式为

$$K_{c,mid} = K_{c,min} + [K_{c,full} - K_{c,min}][\min(1, 2f_p, f_{peff}^{\frac{1}{1+h}})] \quad (6-22)$$

式中　$K_{c,min}$——裸露土壤最小植被系数（取值 0.15）；

212

$K_{c,full}$——全覆盖条件下的植被系数；

f_p——实际覆盖度；

f_{peff}——有效覆盖度。

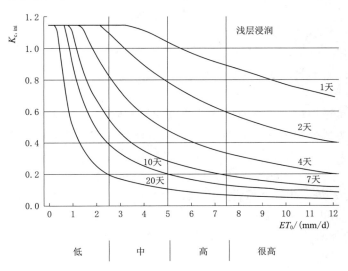

图 6-11 植被生长初期作物系数分布图

式中各项系数计算公式为

$$K_{c,full} = K_{ch} + \left[0.04(u_2 - 2) - 0.004(RH_{min} - 45) \right] \left(\frac{h}{3} \right)^{0.3} \tag{6-23}$$

$$f_{peff} = \frac{f_p}{\sin\eta} \leqslant 1 \tag{6-24}$$

$$\sin\eta = \sin\varphi \sin\delta + \cos\varphi \cos\delta \cos\omega \tag{6-25}$$

$$\delta = 0.409 \sin\left(\frac{2\pi J}{360} - 139 \right) \tag{6-26}$$

式中　K_{ch}——标准风速和湿度下全覆盖植被系数，当 $h \geqslant 2m$ 时 $K_{ch} \leqslant 1.2$；当 $h < 2m$ 时 $K_{ch} = 1.0 + 0.1h$；

δ——太阳纬度，rad；

ω——太阳时角（一般用中午 12 点时的值计算，因此，$\omega = 0$），rad；

J——日序，取值范围为 [1，365]，1 月 1 日为 1。

3）生长末期植被系数 K_{cend}：农田作物在生长末期植被系数计算公式为

$$K_{cend} = K_{c,end} + \left[0.04(u_2 - 2) - 0.004(RH_{min} - 45) \right] \left(\frac{h}{3} \right)^{0.3} \tag{6-27}$$

式中　$K_{c,end}$——生长末期植被系数的典型值，由 FAO-56 之表 12 中查得；

RH_{min}——生长期最小相对湿度，%；

h——植被平均高度，m，$0.1m < h < 10m$。

其余类型植被按生长后期生长状况通过地表覆盖度确定。

（4）土壤水分限制系数确定。土壤水分限制系数计算为

$$K_s = \begin{cases} 1 & \theta > \theta_c \\ \dfrac{\theta - \theta_s}{\theta_c - \theta_s} & \theta_s \leqslant \theta \leqslant \theta_c \\ 0 & \theta < \theta_s \end{cases} \tag{6-28}$$

式中 θ_c——研究区临界土壤含水量；

       θ_s——研究区土壤凋萎系数；

       θ——研究区土壤含水量。

3. 改进生态足迹模型计算方法

为验证生态足迹模型中水资源生态承载力计算扣除 60% 生态环境需水量后 40% 可用水量的合理性，本研究引入天然植被生态需水量计算方法，故改进后的生态足迹计算公式为

$$EC_w = (Q - ET)\psi\gamma_w / P = \alpha Q\psi\gamma_w / P \tag{6-29}$$

式中 α——改进系数，为在水资源开发利用过程中扣除天然植被所需水量后可利用水量占水资源总量的比值；

   $Q - ET$——水资源总量中扣除天然植被所需水量后可利用的水量；

       其他系数与上同。

4. 水资源可持续利用评价指标确定

(1) 水资源生态盈亏确定。从水资源供需关系来看，水资源生态盈余/赤字是水资源的供给量与需求量的差值。其计算公式为

$$水资源生态盈余/赤字 = EC_w - EF_w \tag{6-30}$$

式中 $EC_w > EF_w$ 时水资源开发利用情况较好；

       $EC_w = EF_w$ 时水资源处于供需平衡状态；

       $EC_w < EF_w$ 时表明该地区水资源亏缺，水资源开发利用过度。

(2) 万元 GDP 水资源生态足迹确定。万元 GDP 水资源生态足迹（WGDP）指单位数量的国内生产总值（以万元为单位）所对应水资源生态足迹的大小，可依据其大小衡量该区水资源利用效率的大小，其值越小，说明水资源利用效率越高，反之则越低。计算公式为

$$WGDP = EF_w / GDP \tag{6-31}$$

(3) 水资源生态压力指数确定。水资源可持续利用指数（SU_w）是指某一国家或地区可更新资源的人均生态足迹与生态承载力的比率，代表了区域生态环境的承压程度。具体计算公式一般为

$$EP_i = EF_w / EC_w \tag{6-32}$$

式中 EP_i——水资源生态压力指数。

$0 < EP_i < 1$ 时水资源需求量小于供给量，水资源开发利用处于健康状态；$EP_i = 1$ 时水资源供需处于平衡状态；$EP_i > 1$ 时水资源需求量大于供给量，水资源开发利用处于不健康状态。

(4) 水资源可持续利用指数确定。水资源可持续利用指数指某区域特定时间内水资源供给量满足人类生产生活水资源的需求程度。计算公式为

$$SU_w = EC_w/(EC_w + EF_w) \tag{6-33}$$

式中　当 $SU_w < 0.5$ 时区域水资源利用处于不可持续状态；当 $SU_w > 0.5$ 时区域水资源利用处于可持续状态，SU_w 越大水资源可持续利用程度越好。

6.5　植被系数和参考作物蒸发蒸腾量确定

6.5.1　不同水文年型代表年的选取

民勤绿洲 2000—2018 年降雨量变化如图 6-12 所示。由图 6-12 可知，民勤绿洲年降雨量呈周期性变化，2000—2018 年降雨量平均值为 124.84mm，2013 年降雨量最少，为 84.5mm，2018 年降雨量最大，为 171.1mm，差值为 86.6mm。因此，民勤绿洲降雨量年际间变化较大，以平均值为基准上下波动，其中 2011—2013 年间波动最大。

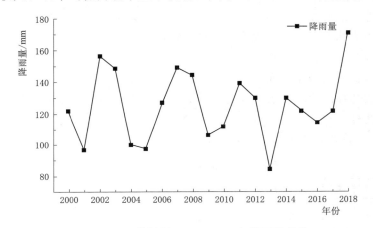

图 6-12　民勤绿洲 2000—2018 年降雨量变化

根据民勤县近 20 年植被生长期降雨序列，依据概率分析法分别选取各站枯水年（$P = 75\%$）、平水年（$P = 50\%$）和丰水年（$P = 26\%$）的水文代表年为 2013 年、2008 年和 2016 年。不同水文年降雨量变化如图 6-13 所示。由图 6-13 可知，民勤绿洲雨季主要集中在 6—9 月，不同水文年降雨特征各不相同，丰水年从 1 月到 10 月均有降雨，3 月降雨量为 28.4mm，但雨季集中降雨量为 56.1mm；枯水年雨季集中降雨量为

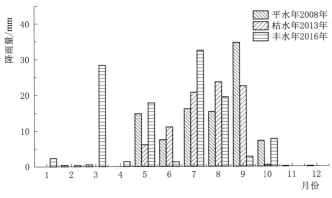

图 6-13　不同水文年降雨量变化

78mm，平水年为 73.8mm，分别占全年降雨量的 92％ 和 76％，而丰水年雨季降雨量最小时段占全年降雨量的 49％。

6.5.2　民勤绿洲植被类型概况

根据《中国植被区划图》可知，民勤绿洲处于温带矮半灌木荒漠地带。主要植被类型为：①乔木，主要以红崖山水库沿岸、苏武林场、石羊河林场、窑街林场和勤峰林场的胡杨树为主，包括少量的松林；②灌丛，分布较多的是多枝柽柳、沙拐枣等；③荒漠植被，主要是泡泡刺、红砂、戈壁针矛、沙生针、盐爪爪、沙蒿、沙冬青等；④草原，主要以西北针矛、长茅草及冰草等为主；⑤栽培植被，主要有小麦、玉米、黄河蜜、棉花、枸杞和茴香等。

根据前人调查研究，民勤绿洲植被类型主要有疏林地、高中覆盖度草地、荒漠植被、农田、裸地、水库和建筑用地等。结合民勤绿洲实际将该区植被类型划分为林地、草地、荒漠植被、耕地、水域和建筑用地。为估算民勤天然植被生态需水量，分别选取胡杨、西北针茅草和红砂为林地、草地和荒漠区典型植被类型。

本研究参考刘娇的研究成果对民勤绿洲植被生长阶段进行划分（表 6-3）。由表 6-3 可知，生育期最长的植被是西北针茅草和红砂，生育期周期为 205 天，而胡杨的生育期周期为 200 天，故选择的生长起点为 4 月 1 日，生长末期的最后时间节点为 10 月 31 日，共历时 7 个月。此外，根据实地调查和查阅资料，本研究将草地高度设为 0.2m，荒漠植被高度设为 1.5m，林地高度设为 10m，可为植被系数计算提供依据。

表 6-3　　　　　　　　　　　　民勤绿洲代表性植被生长阶段划分　　　　　　　　　　　　单位：天

覆盖类型	典型植被	生长起点	生长初期	发育期	生长中期	生长晚期	全生育期
林地	胡杨	4 月 15 日	20	10	125	45	200
草地	西北针茅草	4 月 10 日	70	25	50	60	205
荒漠植被	红砂	4 月 10 日	30	50	95	30	205

6.5.3　参考作物腾发量时空规律

1. 民勤绿洲植被生长期 ET_0 及其变化规律

根据公式 (6-5)～(6-18) 计算民勤绿洲植被生长过程中各月 ET_0 变化（表 6-4）。由表 6-4 可知，民勤绿洲植被生长过程中 ET_0 不同月份存在差异，不同水文年型 4—10 月 ET_0 呈先增后减趋势，不同水文年型同月 ET_0 值由高到低的顺序为丰水年＞枯水年＞平水年，各水文年型月平均 ET_0 值分别为 167.92mm、162.11mm 和 161.58mm。不同月份间 ET_0 变化较大且具有一致性，不同水文年型 ET_0 最大值（5 月）与最小值（10 月）相差均在 80mm 以上，降幅均在 65％ 以上。

表 6-4　　　　　　　　　　　　　　民勤绿洲各月 ET_0 变化

水文年	ET_0/mm							合计
	4 月	5 月	6 月	7 月	8 月	9 月	10 月	
平水年（2008 年）	181.62	205.62	194.12	173.67	148.94	116.59	114.20	1134.75
枯水年（2013 年）	197.41	206.10	174.47	157.39	150.90	125.46	119.33	1131.06
丰水年（2016 年）	202.92	208.62	195.21	185.23	132.20	134.57	116.67	1175.41

2. 植被生长期 ET_0 年际间变化规律

民勤绿洲 ET_0 年际间变化趋势如图 6-14 所示。

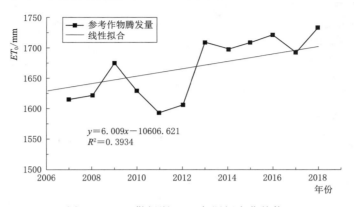

图 6-14 民勤绿洲 ET_0 年际间变化趋势

由图 6-14 可知，2007—2018 年民勤绿洲植被生长期参考作物腾发量 ET_0 总体随年份呈线性变化，从 2007 年的 1614.24mm 变化至 2018 年的最大值 1732.3mm，增幅为 7%，均值为 1666.9mm，变化趋势方程为 $y=6.099x-10606.621$（$R^2=0.3934$）。

6.5.4 植被系数计算

1. 生长初期、中期和末期植被系数

根据民勤绿洲气象数据和遥感数据，分别计算林地、草地和荒漠植被三种天然植被的植被系数，其中植被生长中、末期植被覆盖度分别由 6—7 月和 9 月的 Landsat 5 和 Landsat8 影像获取，可参照吴艳的方法计算植被覆盖度，民勤绿洲不同类型植被覆盖度见表 6-5。

表 6-5　　　　　　　　　　民勤绿洲不同类型植被覆盖度

植被类型	生 长 中 期		生 长 末 期	
	覆盖度	本研究取值	覆盖度	本研究取值
林地	<30%	25%	5%~25%	17%
荒漠植被	<15%	10%	<5%	3%
草地	10%~40%	20%	<10%	7%

根据表 6-5，利用式（6-19）～式（6-21）分别计算 K_{cmin}、K_{cend} 和 K_{cini}，民勤绿洲不同植被类型的植被系数见表 6-6。由表 6-6 可知，平水年红砂所代表草地在整个生育期变化范围最小，波动值为 0.14，而以胡杨为代表的林地变化范围最大，波动值为 0.47。植被生长初期植被系数从大到小的顺序为草地>荒漠>林地，植被生长中期植被系数大小顺序为林地>草地>荒漠植被，而植被生长末期植被系数大小顺序为林地>草地>荒漠植被。

2. 不同植被类型全生育期植被系数

基于不同植被生长阶段划分，结合表 6-6 可得民勤绿洲平水年 4—10 月不同植被类型各月植被系数，并采用线性内插法计算不同类型植被不同生育阶段植被系数（图 6-15）。

表 6-6   民勤绿洲不同植被类型的植被系数

植被类型	生长初期 K_{cini}	生长中期 K_{cmin}	生长末期 K_{cend}
林地	0.33	0.80	0.57
荒漠植被	0.41	0.45	0.29
草地	0.42	0.46	0.32

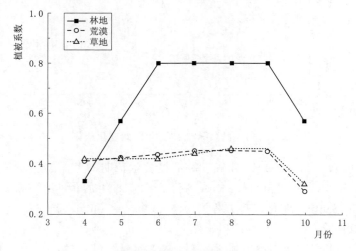

图 6-15　民勤绿洲不同植被类型各月植被系数

由图 6-15 可以看出，植被生育期林地植被系数增长速率最大，月增长速率为0.235，草地和荒漠区增长速率接近且很小，月增长速率为 0.02。在植被生长末期林地增长速率最大，而荒漠植被和草地增长速率仍然接近且很小。

6.5.5　讨论与小结

本研究选取民勤绿洲不同水文代表年型的天然植被类型计算了植被参考作物蒸腾蒸发量 ET_0 和植被系数 K_c。根据民勤绿洲降雨量资料，基于降雨降序序列采用频率分析法选取不同水文代表年型枯水年（2013 年）、平水年（2008 年）和丰水年（2016 年），利用气象资料计算民勤绿洲参考作物腾发量 ET_0，并分析不同水文年型植被生长期年内和年际间 ET_0 变化规律。研究结果发现，不同水文年型天然植被生长期 4—10 月不同月份间 ET_0 变化较大且具有一致性，不同水文年型 ET_0 最大值（5 月）与最小值（10 月）相差均在 80mm 以上，降幅均在 65% 以上。ET_0 年际间变化研究结果发现，民勤绿洲参考作物腾发量大体呈线性增长趋势，从 2007 年的 1614.24mm 增长到 2018 年的最大值 1732.3mm，增幅为 7%，与前人研究结果一致。植被同一生长期内 ET_0 在不同水文年型间变化较大，但 ET_0 大小变化顺序为丰水年＞枯水年＞平水年。

选取民勤绿洲最具代表性的三类天然植被划分其生长阶段，并计算不同植被在不同生长期的植被系数 K_c。草地在整个生育期内变化范围最小（0.14），而林地变化范围最大（0.47）。植被生育期和生长末期林地增长速率均最大，月增长速率分别为 0.235 和0.23，草地和荒漠植被增长速率接近且很小，月增长速率为 0.02。植被生长初期植被系数大小顺序为草地＞荒漠植被＞林地，植被生长中期和末期则均表现为林地＞草地＞荒漠，与周晓东研究结论一致。

6.6 植被面积和土壤水分限制系数确定

6.6.1 民勤绿洲植被面积计算与分析

1. 决策树分类法

决策树是一种利用倒推法确定边界阈值并根据阈值对各种情况是否发生、各类事务归属性划分及其项目是非划分的分类方法，由于其决策流程图类似于树木的枝干，故称为决策树分类法。该分类方法因具有高效、操作简单、分类方法灵活多变及一定的自主学习能力等特点被广泛应用于遥感影像的分类。吴洋基于 Landsat 8 数据对西宁市土地进行分类研究发现，决策树分类法较最大似然法和 IsoData 分类法有相对较高的精度，分类的影像与实际吻合度高。钟嫣然等对建成区进行提取的研究表明，决策树分类法的结果精度更高。

2. 土地分类指标阈值确定

收集整理不同水文年型 Landsat 5 和 Landsat 8 的遥感数据并对其进行预处理，如进行大气矫正、辐射矫正和图像拼接裁剪，然后根据式（6-19）～式（6-21）计算各项分类指标值，并参照李博等 1992 年绘制的中国植被区划图，提取不同土地利用类型增强型植被指数 EVI、土壤亮度 BI 和植被绿度指数 GVI 等相关数据的阈值及所计算 EVI 值。植被面积分类指标见表 6-7。民勤绿洲 EVI 值变化如图 6-16 所示。

表 6-7 植被面积分类指标

指标	EVI	BI	GVI
农田	-0.6～-0.23		
草地	-0.23～-0.2		
林地	-1.3～-0.6		
荒漠	-0.2～-0.15		
水域	-5～-4		1300～1650
建筑用地	-0.2～-0.1	80～120	

3. 民勤绿洲植被分类

（1）决策树分类。根据表 6-7，基于 ENVI 5.3 软件平台决策树分类模块利用工具箱中决策树模型构建决策树（图 6-17），路径为 Classification/Decision Tree/New Decision Tree。依据表 6-7 各项指标添加根节点限制条件，设置各分类指标的颜色属性区分植被类型（图 6-18）。

从图 6-18 可知，民勤绿洲绝大部分未被利用的土地为沙漠，主要植被利用土地类型为耕地，其次是草地和建筑用地，最后为林地。

（2）植被覆盖面积提取。利用 ENVI5.3 软件平台的统计信息工具，该软件根据已完成的植被面积分类图统计不同植被的像素点总数，

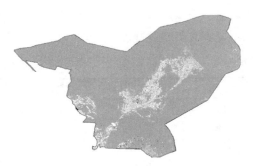

图 6-16 民勤绿洲 EVI 值变化

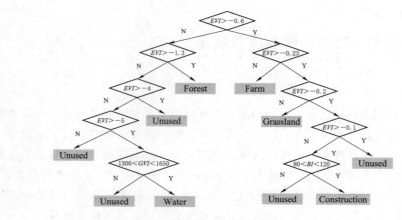

图 6-17 决策树模型

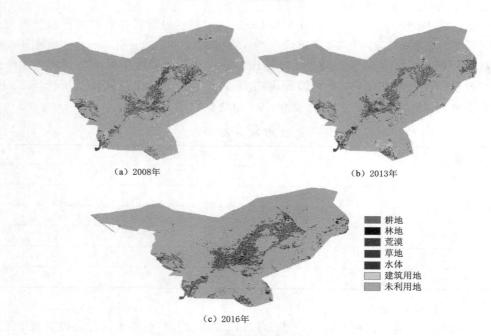

（a）2008年

（b）2013年

耕地
林地
荒漠
草地
水体
建筑用地
未利用地

（c）2016年

图 6-18 民勤绿洲植被面积分类图

下载遥感影像数据的分辨率并计算每个像素点的面积即可得各种植被类型的面积。本研究选取不同水文年型进行遥感影像相关处理，可得民勤绿洲不同类型植被覆盖面积（表6-8）。

表 6-8 民勤绿洲不同土地利用类型面积 单位：万 hm²

区 域	林地	草地	耕地	荒漠植被	建筑用地	水体	总量
平水年（2008 年）	0.95	10.41	8.63	1.86	2.20	0.11	24.16
枯水年（2013 年）	1.09	11.49	6.79	2.46	1.97	0.19	23.97
丰水年（2016 年）	1.32	12.50	5.79	2.62	1.82	0.37	24.42
均值	1.12	11.47	7.07	2.31	1.99	0.22	24.18

从表 6－8 可以看出，草地分布面积最广，水体分布面积最小。从各水平年的均值来看，覆盖面积大小顺序为草地＞耕地＞荒漠植被＞建筑用地＞林地＞水体，面积分别为 11.47 万 hm²、7.07 万 hm²、2.31 万 hm²、1.99 万 hm²、1.12 万 hm² 和 0.22 万 hm²，故草地分布范围最广，占已统计总面积 47％；水体分布范围最小，占已统计总面积 0.92％。在天然植被中草地覆盖面积依然最大，荒漠植被次之，占统计总面积 9.6％；林地分布范围最小，占统计总面积 4.6％。

2008 年（平水年）至 2016 年（丰水年）同一土地利用类型的覆盖面积变化趋势各不相同：水体、荒漠植被、林地和草地四类面积呈增大趋势，但耕地和建筑用地面积呈减小趋势。水体面积在四类土地利用类型中增幅最大，从 2008 年的 1138.59hm² 增至 2016 年的 3703.5hm²，增加 2.25 倍；荒漠植被和林地面积增幅适中，分别为 41％和 38％；草地增幅较小，2008—2016 年增幅仅为 20％；耕地面积与天然植被和水体面积变化趋势相反，从 2008 年的 8.63 万 hm² 减少至 2016 年的 5.79 万 hm²，减幅为 32.95％，建筑用地面积与此类似。究其原因，民勤县自 2007 年开始不断调整产业结构，大力缩减高耗水作物种植面积并实施生态移民等政策，民勤绿洲生态环境得到明显改善。

6.6.2 土壤水分限制系数

王振昌研究成果发现，民勤绿洲田间持水量为 35％，凋萎系数为 7.65％。根据 2020 年 6 月和 9 月民勤绿洲土壤含水量实测结果计算土壤水分限制系数分别为 0.22 和 0.35，与刘娇祁连气象站研究结果一致。因此，参考刘娇的成果，得到其他月份民勤绿洲土壤水分限制系数。民勤绿洲植被生长期土壤水分限制系数 K_s 见表 6－9。

表 6－9　　民勤绿洲植被生长期土壤水分限制系数 K_s

月份	4	5	6	7	8	9	10
K_s	0.14	0.03	0.22	0.23	0.30	0.35	0.12

6.6.3 讨论与小结

本研究基于遥感影像提取了各类植被面积 A_p 并计算了植被生育期土壤水分限制系数 K_s，结果可用于后期天然植被生态需水量估算。从土地利用类型来看，覆盖面积大小顺序为草地＞耕地＞荒漠植被＞建筑用地＞林地＞水体，面积分别为 11.47 万 hm²、7.07 万 hm²、2.31 万 hm²、1.99 万 hm²、1.12 万 hm² 和 0.22 万 hm²，故草地分布范围最广，占已统计总面积 47％；水体分布范围最小，占已统计总面积 0.92％。在天然植被中草地覆盖面积依然最大，荒漠次之，占统计总面积 9.6％；林地分布范围最小，占统计总面积 4.6％。2008—2016 年同一土地利用类型的覆盖面积变化趋势各不相同：水体、荒漠植被、林地和草地四类面积呈增大趋势，但耕地和建筑用地面积呈减小趋势。水体面积在四类土地利用类型中增幅最大，从 2008 年的 1138.59hm² 增至 2016 年的 3703.5hm²，增加 2.25 倍；荒漠植被和林地面积增幅适中，分别为 41％和 38％；草地增幅较小，2008—2016 年增幅仅为 20％；耕地面积与天然植被和水体面积变化趋势相反，从 2008 年的 8.63 万 hm² 减少至 2016 年的 5.79 万 hm²，减幅为 32.95％，建筑用地面积与此类似。因此，民勤绿洲生态环境得到有效改善。卢辉雄还发现，民勤绿洲天然林地和草地面积总体呈增加趋势，草地和未利用土地是天然林地转化的主要来源，而天然草地增加主要归功于未利用土地。

从空间尺度来看，耕地覆盖面积为林地的 5 倍，表明民勤绿洲生态环境改善仍有较大的提升空间。李渊等基于民勤生态环境恶化得到有效遏制现状提出生态修复与经济发展相结合的思路，即严格控制地下水开采，不断调整配水机制，倾力打造生态旅游。为进一步改善民勤绿洲生态环境，不仅要从水资源和经济发展角度考虑，还要从水文、气象、社会和生态系统方面进行全面规划，详细制定全方位多角度的绿洲综合治理方案。

6.7 民勤绿洲天然植被生态需水量计算分析

6.7.1 天然植被蒸散量

根据式（6-3）和前述相关系数（植被系数 K_c、参考作物蒸发蒸腾量 ET_0 和土壤水分限制系数）计算可得天然植被蒸散量 ET_c。

1. 不同植被类型各生长阶段蒸散量

从时间尺度对民勤绿洲林地、荒漠区和草地三种植被类型蒸散量进行计算可得各种类型植被蒸散量（表6-10～表6-12）。

表 6-10   林 地 各 月 的 蒸 散 量   单位：mm

水文年	生长初期	生育期	生 长 中 期				生长末期
	4 月	5 月	6 月	7 月	8 月	9 月	10 月
平水年（2008 年）	8.39	3.33	34.17	31.96	35.75	32.65	7.81
枯水年（2013 年）	10.23	3.80	33.01	31.13	38.93	37.76	8.16
丰水年（2016 年）	9.94	3.61	35.65	35.36	32.92	39.09	7.98

从表 6-10 可知，林地蒸散量主要集中在 6—9 月（生长中期）。以平水年为例，4 个月中林地水分需求量呈现先增后减趋势，从 6 月的 34.17mm 上升到 8 月最大值 35.75mm 后减少，增加 1.58mm，之后减少到 9 月的 32.65mm，减幅 9.5%。主要原是此期林地处于生长中期，为生长发育最旺盛时期，也是民勤县一年中降雨最多和温度最高月份。林地其他生长阶段蒸散量大小顺序为生长初期＞生长末期＞发育期，以生育期蒸散量最小，仅为3.33mm；5—6 月蒸散量增速最大，为原来的 8.6 倍。不同水文年型民勤绿洲林地蒸散量平均值分别为生长初期 9.52mm，生育期 3.58mm，生长中期 139.45mm，生长末期7.98mm。

从不同水文年型来看（表6-11），林地生长初期和生育期蒸散量大小顺序为枯水年＞丰水年＞平水年；生长中期蒸散量大小顺序为丰水年＞枯水年＞平水年，其中丰水年蒸散量为143.02mm，平水年为134.53mm，两者差值在四个生长阶段中最大；生长末期蒸散量大小顺序为枯水年＞丰水年＞平水年，其中平水年为最低年份。

表 6-11   荒漠区各月植被蒸散量   单位：mm

水文年	生长初期	生育期		生 长 中 期			生长末期
	4 月	5 月	6 月	7 月	8 月	9 月	10 月
平水年（2008 年）	10.42	2.59	18.79	17.97	20.11	18.36	3.97
枯水年（2013 年）	9.67	2.41	16.50	17.01	21.28	20.64	4.15
丰水年（2016 年）	10.80	2.53	18.68	19.60	18.24	21.67	4.06

［9］ Gleick PH. Water in crisis：Paths to sustainable water use ［J］. Ecological Applications，1998，8（3）：571-579.

［10］ Daniel H，Ulf J，Erik K. A framework for systems analysis of sustainable urban water management ［J］. Environmental Impact Assessment Review，2000，20（3）：311-321.

［11］ Bobba A G，Singh V P，Bengtsson L. Sustainable Development of Water Resources in India ［J］. Environmental Management，1997，21（3）：367-393.

［12］ Sophocleous M. From safe yield to sustainable development of water resources—the Kansas experience ［J］. Journal of Hydrology，2000，235（1-2）：27-43.

［13］ Sullivan C A，Meigh J R，Giacomello A M. The Water Poverty Index：Development and application at the community scale ［J］. Natural Resources Forum，2003，27（3）：189-199.

［14］ Ty T V，Sunada K，Ichikawa Y，et al. Evaluation of the state of water resources using Modified Water Poverty Index：a case study in the Srepok River basin，Vietnam - Cambodia ［J］. International Journal of River Basin Management，2010，8（3-4）：305-317.

［15］ El - Gafy E D. The water poverty index as an assistant tool for drawing strategies of the Egyptian water sector ［J］. Ain Shams Engineering Journal，2018，9（2）：173-186.

［16］ Walmsley J，Carden M，C Revenga，Sagona F，Smith M. Indicators of sustainable development for catchment management in South Africa - Review of indicators from around the world ［J］. Water SA，2001，27（4）：539-548.

［17］ Seema Bathla，Mamta Mukherjee. Issues and options for sustainable development of water resource and use in India ［J］. Social Change，2001，31（1-2）：61-74.

［18］ Tivvari P C，Joshi B. Environmentalchanges and sustainable development of water resources in the Himalayan Headwaters of India ［J］. Water Resources Management，2012，26（4）：883-907.

［19］ Rajović G.，Bulatović J. Some aspects of economic - gerographical view on the sustainable development of water resources ［J］. Eurasia：Economics & Business，2017，1（1）：98-109.

［20］ Perilla O L U，Gomez A G，Gomez A G，et al. Methodology to assess sustainable management of water resources in coastal lagoons with agricultural uses：An application to the Albufera lagoon of Valencia（Eastern Spain）［J］. Ecological Indicators，2012，13（1）：129-143.

［21］ 王忠静，翁文斌，马宏志. 干旱内陆区水资源可持续利用规划方法研究 ［J］. 清华大学学报（自然科学版），1998，38（1）：35-36.

［22］ 崔振才，田文苓. 水资源持续利用规划与水利可持续发展 ［J］. 河北水利水电技术，1999（4）：12-13.

［23］ 冯谦诚. 水资源可持续利用是可持续发展的必然要求 ［J］. 河北水利水电技术，1999（4）：18-19.

［24］ 冯尚友，梅亚东. 水资源持续利用系统规划 ［J］. 水科学进展，1998，9（1）：2-7.

［25］ 刘恒. 水资源可持续利用的原则与保障条件 ［J］. 中国水利，2000（8）：51-53.

［26］ 崔振才，田文苓，王瑞恩. 水资源持续利用规划与水利可持续发展 ［J］. 海河水利，2000（2）：6-7.

［27］ 陈宁，张彦军. 水资源可持续发展的概念、内涵及指标体系 ［J］. 地域研究与开发，1998，17（4）：38-40.

［28］ 李靖，雷兴刚，熊耀湘. 区域水资源可持续利用问题与对策 ［J］. 云南农业大学学报，1998，13（2）：244-248.

［29］ 陈国樑. 福建省水资源的政策制定及其可持续利用对策 ［J］. 福建农业大学学报（社会科学版），2000，3（1）：8-14.

［30］ 许文海. 甘肃水资源可持续利用的主要途径 ［J］. 甘肃科技，2000（6）：9.

以平水年为例（表6-11），生长中期荒漠植被蒸散量变化规律和林地相同，即生长中期蒸散量最大，其他阶段蒸散量大小顺序为生育期＞生长初期＞生长末期，与林地不同的是生育期蒸散量仅次于生长中期，源于荒漠植被生育期比林地长1个月。生长末期蒸散量最小，仅为3.97mm。不同水文年型民勤绿洲荒漠植被蒸散量平均值分别为生长初期10.3mm，生育期20.5mm，生长中期58.29mm，生长末期4.06mm。与林地相比，荒漠植被蒸散量相对稳定，从生育期到生长中期林地蒸散量增加135.87mm，而荒漠植被仅增加37.79mm。

从不同水文年型来看，荒漠植被生长初期和生育期蒸散量大小顺序为平水年＞丰水年＞枯水年；生长中期蒸散量大小顺序为丰水年＞枯水年＞平水年，其中丰水年蒸散量为59.51mm，平水年为56.44mm，两者相差3.07mm，差值在四个植被生长阶段中最大；生长末期荒漠植被蒸散量大小顺序则为枯水年＞丰水年＞平水年。

由表6-12可知，与林地和荒漠区相同的是，6—9月也是草地蒸散量最大的4个月。但不同的是，草地持续时间最长的是生长初期，而林地和荒漠植被则是生长中期，故草地各生长阶段蒸散量变化情况与林地和荒漠植被有所不同。以平水年为例，草地蒸散量大小顺序为生长中期＞生长初期＞生育期＞生长末期，其中生长中期蒸散量最大，为38.47mm，生长末期蒸散量最小，为4.39mm，两者相差34.47mm。不同水文年型民勤绿洲草地蒸散量平均值分别为生长初期29.88mm，发育期16.84mm，生长中期40.34mm，生长末期4.48mm。与林地和荒漠植被相比，草地各生长阶段蒸散量更为稳定，生育期至生长中期蒸散量增加13.5mm，为三者中增幅最小，仅为生育期草地蒸散量的80.2%，荒漠植被蒸散量增幅最大为184.3%，而生长中期林地蒸散量增加则为生育期的38倍。

表6-12 草 地 各 月 蒸 散 量 单位：mm

水文年	生长初期			生育期	生长中期		生长末期
	4月	5月	6月	7月	8月	9月	10月
平水年（2008年）	10.68	2.59	17.94	17.58	20.55	18.77	4.39
枯水年（2013年）	9.67	2.16	13.43	14.84	21.28	20.64	4.58
丰水年（2016年）	10.94	2.41	16.53	18.11	18.44	21.90	4.48

从不同水文年型来看，草地生长初期蒸散量大小顺序为平水年＞丰水年＞枯水年，其中平水年蒸散量为31.21mm，枯水年为25.27mm，两者相差5.95mm，差值在四个生长阶段中最大；草地生育期蒸散量大小顺序为枯水年＞平水年＞丰水年，生长中期大小顺序为枯水年＞丰水年＞平水年，生长末期大小顺序则为枯水年＞丰水年＞平水年。

2. 天然植被蒸散量

从不同生育期来看，综合考虑林地、荒漠植被和草地，不同类型植被蒸散量主要集中在6—9月和生长中期，林地、荒漠植被和草地蒸散量占总生育期蒸散量的比例分别为87%、43%和63%，而生育期和生长末期植被蒸散量占比则小于32%。

从不同植被类型来看，民勤绿洲植被蒸散量大小顺序为林地＞荒漠植被＞草地，其中林地蒸散量在不同水文年型均值为160.54mm，草地蒸散量均值为90.64mm，两者相差

59.9mm，差值为草地蒸散量的 66.1%。

从不同水文年型来看，同一生长阶段不同植被在不同水文年型蒸散量表现具有一定规律性。不同植被类型生长中期平水年蒸散量最小，均值为 76.76mm；生长末期蒸散量在不同水文年型表现为枯水年＞丰水年＞平水年，其中枯水年植被蒸散量均值为 5.63mm，平水年均值为 5.39mm。

6.7.2　天然植被生态需水量

利用不同类型天然植被覆盖面积 A_p 和蒸散量 ET_c，根据式（6-3）和式（6-4）计算不同水文年型植被生态需水量，民勤绿洲天然植被生态需水量见表 6-13。

表 6-13　　　　民勤绿洲天然植被生态需水量　　　　单位：万 m^3

水文年	植被类型	植被需水定额	植被生态需水量
平水年（2008 年）	林地	1469.07	12811.88
	荒漠植被	1711.97	
	草地	9630.84	
枯水年（2013 年）	林地	1772.99	13972.88
	荒漠植被	2250.98	
	草地	9948.9	
丰水年（2016 年）	林地	2167.88	16276.35
	荒漠植被	2508.50	
	草地	11599.97	

从表 6-13 可以看出，民勤绿洲植被生态需水量丰水年最大，为 1.63 亿 m^3；枯水年次之，为 1.40 亿 m^3；平水年植被生态需水量最小，仅为 1.28 亿 m^3，最大值与最小值相差 0.35 亿 m^3，差值为平水年的 27%。所有水文年型不同植被需水定额大小顺序为草地＞荒漠植被＞林地。以枯水年为例，草地需水定额最大，为林地的 4.8 倍，林地需水定额最小（0.177 亿 m^3），主要原因是草地与林地覆盖面积差距较大，草地面积为林地的 11 倍。

6.7.3　生态足迹经验系数改进

1. 经验系数的改进

为验证生态足迹模型中水资源生态承载力计算中扣除 60% 生态环境需水量后 40% 可用水量的合理性，依据所计算民勤绿洲生态需水量与民勤绿洲水资源总量，利用式（6-29）计算经验系数即参数 α，不同水文年型生态足迹参数 α 见表 6-14。

表 6-14　　　　不同水文年型生态足迹参数 α

水文年	生态需水量/亿 m^3	水资源总量/亿 m^3	经验系数 α
平水年（2008 年）	1.2812	2.52	0.49
枯水年（2013 年）	1.3972	2.16	0.36
丰水年（2016 年）	1.6276	314	0.48

　　根据黄林楠的研究，在水资源开发利用过程中水资源总量的 60% 用于维持生态环境，可供人类开发利用的水资源总量为 40%。本研究发现，民勤县不同水文年型该系数枯水年最小（0.36），平水年最大（0.49）。在极度缺水的民勤绿洲，α 取值 0.4 较为适宜。在根据计算结果对该系数进行改进时，可大致取三个不同水文年型的平均值，即 $\alpha = 0.45$。根据改进后的经验系数 $\alpha = 0.45$ 确定最终的生态足迹模型为：$EC_w = 0.45 Q \psi \gamma_w / P_w$。

　　2. 改进后经验系数的适应性

　　根据所计算民勤绿洲天然植被生态需水量验证生态足迹模型中经验系数 0.4 对民勤绿洲的适用性，结果表明该系数虽适用于民勤绿洲，但对水资源匮乏的民勤绿洲来说该系数不够精确，因此根据研究成果对其进行改进，取该系数 α 为 0.45，即水资源可利用水量占水资源总量的 45%，该结果与张岳等"我国水资源可利用水量占水资源总量的 40%～50%"的研究结论基本一致。

6.7.4　讨论与小结

　　本研究计算了民勤绿洲不同类型植被的蒸散量、生态需水量及据此进行经验系数改进的生态足迹模型。从不同生育期来看，不同类型植被蒸散量主要集中在 6—9 月和生长中期，林地、荒漠植被和草地蒸散量占总生育期蒸散量的比例分别为 87%、43% 和 63%，而生育期和生长末期植被蒸散量占比则小于 32%。从不同植被类型来看，民勤绿洲植被蒸散量大小顺序为林地＞荒漠植被＞草地，其中林地蒸散量在不同水文年型均值为160.54mm，草地蒸散量均值为 90.64mm，两者相差 59.9mm，差值为草地蒸散量的66.1%。张圆研究发现，植被蒸散量在 6 月、7 月、8 月这三个月最大，且该流域不同类型植被林地蒸散量最大，与本研究结论相同。魏天锋也发现，该流域植被蒸散量与植被生长阶段具有高度一致性，7—9 月为作物生长发育最旺盛时期，对水分的需求量达到最大，因此植被蒸散量也最大。从不同水文年型来看，同一生长阶段不同植被在不同水文年型蒸散量表现具有一定规律性。不同植被类型生长中期平水年蒸散量最小，均值为 76.76mm；生长末期蒸散量在不同水文年型表现为枯水年＞丰水年＞平水年，其中枯水年植被蒸散量均值为 5.63mm，平水年均值为 5.39mm。

　　所有水文年型不同植被需水定额大小顺序为草地、荒漠植被、林地，其中草地需水定额最大，为林地的 4.8 倍，林地需水定额最小，为 0.177 亿 m³。从生态需水量计算结果来看，民勤绿洲植被生态需水量丰水年最大，为 1.63 亿 m³；枯水年次之，为 1.40 亿 m³；平水年植被生态需水量最小，仅为 1.28 亿 m³，最大值与最小值相差 0.35 亿 m³，差值为平水年的 27%。因此，民勤绿洲天然植被生态需水量变化范围为 1.28 亿～1.63 亿 m³。陈乐等研究发现，2010 年民勤县最小生态需水量为 0.958 亿 m³，适宜生态需水量为1.791 亿 m³，最大生态需水量为 2.88 亿 m³，生态需水量变化范围为 0.958 亿～2.88 亿 m³。张瑞君等发现，民勤县天然植被生态需水量为 0.3743 亿～1.2443 亿 m³。张凯等则发现，民勤绿洲植被最低生态需水量为 1.493 亿 m³，与本研究结果较为一致。

6.8　民勤绿洲水资源可持续利用评价

6.8.1　水资源账户划分

　　根据黄林楠对民勤绿洲水资源账户的划分方法，本研究将民勤绿洲水资源账户划分为三级账户，水资源账户划分见表 6-15。

表 6-15　　　　　　　　　　　水 资 源 账 户 划 分

一 级 账 户	二 级 账 户	三 级 账 户
水资源生态足迹	生产用水	第一产业
		第二产业
		第三产业
	生活用水	城市生活用水
		农村生活用水
	生态用水	城市环境用水
		农村生态用水

6.8.2　水资源生态足迹

根据改进的生态足迹模型，利用民勤绿洲 2007—2018 年二级和三级账户用水量计算 2007—2018 年民勤绿洲水资源生态足迹和各级账户生态足迹，民勤绿洲城市化率与第一产业生态足迹相关性如图 6-19 所示。民勤绿洲 2007—2018 年水资源生态足迹变化见表 6-16。

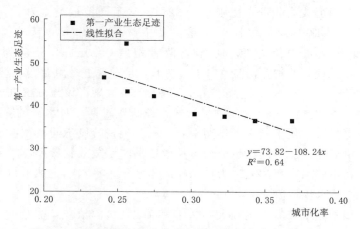

图 6-19　民勤绿洲城市化率与第一产业生态足迹相关性

表 6-16　　　　　　民勤绿洲 2007—2018 年水资源生态足迹变化　　　　　　单位：万 hm²

年份	生产用水生态足迹				生活用水生态足迹	生态用水生态足迹	水资源生态足迹
	第一产业	第二产业	第三产业	总和			
2007	87.61	1.49	0.4826	89.10	1.31	14.71	105.12
2008	80.43	0.52	0.4595	80.96	1.88	12.37	95.21
2009	72.24	0.25	0.4050	72.48	1.23	14.88	88.59
2010	53.16	0.38	0.3306	53.53	1.12	3.37	58.02
2011	54.32	0.40	0.3306	54.72	0.86	2.35	57.93
2012	46.72	0.82	0.3306	47.53	0.90	9.57	58.01
2013	43.14	0.95	0.3306	44.09	0.93	11.22	56.25

年份	生产用水生态足迹				生活用水生态足迹	生态用水生态足迹	水资源生态足迹
	第一产业	第二产业	第三产业	总和			
2014	42.23	0.97	0.3306	43.20	0.85	15.14	59.19
2015	37.88	0.94	0.3306	38.82	0.83	19.61	59.26
2016	37.31	1.09	0.3306	38.40	0.50	22.33	61.55
2017	36.54	0.71	0.3306	37.25	0.50	21.11	59.18
2018	36.53	0.71	0.3306	37.24	0.50	21.12	59.19

由表 6-16 可知，民勤绿洲 2007—2018 年水资源生态足迹总体呈下降趋势，水资源生态足迹均值为 68.13 万 hm²，从 2007 年的最大值 105.12 万 hm² 下降至 2018 年的最小值 59.19 万 hm²，降幅为 43.7%。在水资源二级账户中，生产用水、生活用水和生态用水生态足迹均值分别为 53.11 万 hm²、0.95 万 hm² 和 13.98 万 hm²，占民勤绿洲水资源生态足迹的比例分别为 78.05%、1.40% 和 20.55%。2007—2018 年生产用水生态足迹减幅最大，从 2007 年的 89.10 万 hm² 减少至 2018 年的 37.24 万 hm²，减幅为 58.2%，生活用水生态足迹减幅次之，为 0.62%；生态用水生态足迹则与之相反，从 2007 年的 14.71 万 hm² 增加至 2018 年的 21.12 万 hm²，增幅为 43.6%。在水资源三级账户中，第一产业生态足迹占水资源生态足迹总量的比重最大，为 72.5%，2007—2018 年下降 51.07 万 hm²，降幅为 58.3%；第二和第三产业生态足迹分别下降 0.78 万 hm² 和 0.152 万 hm²。因此，农业用水是民勤绿洲最主要的用水形式。由图 6-19 可知，民勤绿洲第一产业生态足迹与城市化率呈极显著负相关，相关系数为 0.8。民勤绿洲水资源生态足迹下降主要源于产业结构优化、农业种植结构调整、用水效率提高、植树造林和减少灌溉面积及用水总量等。

6.8.3 水资源生态承载力

根据如前所计算参数 α 和式 (6-28)，计算可得民勤绿洲改进后的水资源生态承载力与降雨量变化、降雨量相关关系如图 6-20 和图 6-21 所示。

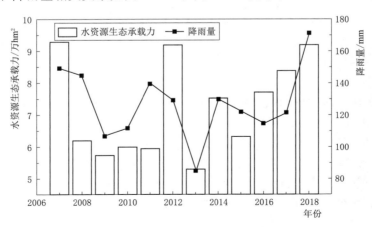

图 6-20 民勤绿洲水资源生态承载力与降雨量变化

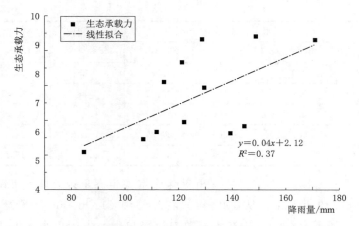

图 6-21 民勤绿洲水资源生态承载力与降雨量相关关系

从图 6-20 可知，民勤绿洲历年水资源生态承载力波动较大，2008—2011 年水资源生态承载力保持相对稳定，2013—2018 年承载力稳步提升，从 2013 年的 5.31 万 hm² 增加至 2018 年的 9.16 万 hm²，增幅为 42%，与降雨量表现基本相似。图 6-21 分析结果表明，民勤绿洲水资源生态承载力与降雨量间的相关系数为 0.61，水资源生态承载力受降雨量影响较大，2013 年民勤绿洲遭受严重干旱，整个汛期未出现大范围强降水，是该区2013 年水资源生态承载力最低的主要原因。

6.8.4 水资源可持续利用评价

1. 水资源生态盈亏

民勤绿洲 2007—2018 年水资源生态盈亏变化见表 6-17。从表 6-17 可以看出，2007—2018 年民勤绿洲水资源一直处于生态赤字状态，总体上呈平稳上升态势，从 2007年的 -1.02 万 hm² 增加至 2018 年的 -0.51 万 hm²，增幅为 50%，表明自 2007 年以来民勤绿洲水权管理制度实施与现代高效农业和先进节水技术的推广应用促进了生态环境的改善。

表 6-17 民勤绿洲 2007—2018 年水资源生态盈亏变化

年 份	2007	2008	2009	2010	2011	2012	2013	2014	2015	2016	2017	2018
水资源生态赤字/万 hm²	-1.02	-0.96	-0.89	-0.83	-0.52	-0.52	-0.49	-0.51	-0.52	-0.53	-0.54	-0.51

2. 万元 GDP 水资源生态足迹

根据民勤绿洲三级水资源账户中各级水资源与三产增加值数据，利用式（6-31）计算可得万元 GDP 水资源生态足迹变化（图 6-22）。由图 6-22 可知，2007—2018 年万元GDP 生态足迹呈下降趋势，最大值为 3.96hm²/万元（2007 年），最小值为 0.76hm²/万元（2018 年），降幅为 81%。在水资源三级账户中，第一产业万元 GDP 生态足迹降幅最大，从 2010 年的 3.89hm²/万元下降到 2018 年的 1.35hm²/万元，降幅为 65.3%，表明第一产业水分利用效率提升最快。第二产业万元 GDP 生态足迹从 2010 年的 0.04hm²/万元增加至 2018 年的 0.07hm²/万元，增加 0.03hm²/万元。第三产业万元 GDP 生态足迹基本保持平稳，均值为 0.02hm²/万元，而第一产业最小值为 1.95hm²/万元，远高于第三产业，因而第三产业水资源利用效率最高。因此，近年来民勤绿洲水资源利用效率不断提高，以第一产业贡献最大，效果也最为显著，生态环境治理成效明显。

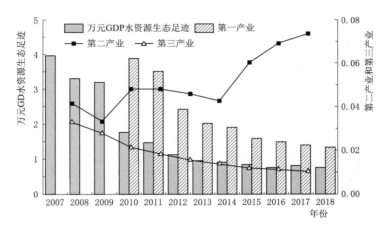

图 6-22　民勤绿洲万元 GDP 水资源生态足迹变化

3. 水资源生态压力指数

民勤绿洲生水资源态压力指数变化曲线如图 6-23 所示。由图 6-23 可知，2007—2018 年民勤绿洲水资源生态压力指数 EP_i 远大于 1，说明水资源长期处于"不安全"状态，但民勤绿洲水资源生态压力指数呈下降趋势，从 2008 年的 11.32 下降到 2018 年的 6.46，降幅为 43%。其中 2013—2018 年生态压力指数降幅最大，为 14.7357，说明民勤绿洲社会经济对水资源需求的压力在逐渐降低。

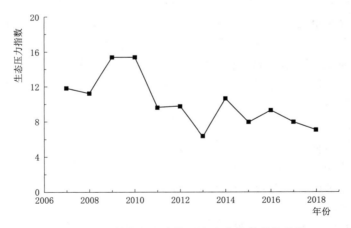

图 6-23　民勤绿洲生水资源态压力指数变化曲线

4. 水资源可持续利用指数

水资源可持续利用指数变化曲线如图 6-24 所示。由图 6-24 可知，民勤绿洲水资源可持续利用指数远小于 0.5，故水资源处于不可持续状态，但该系数呈上升趋势。水资源可持续利用指数从 2007 年的 0.07 增大到 2018 年的 0.12，增幅为 71%，表明自 2007 年石羊河流域综合治理以来民勤绿洲一系列节水措施促进了水资源可持续利用程度逐年提高。

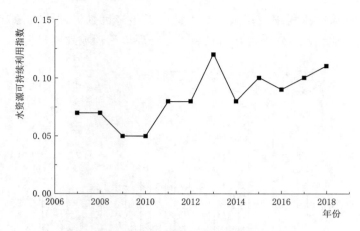

图 6-24　水资源可持续利用指数变化曲线

6.8.5　讨论与小结

民勤绿洲 2007—2018 年水资源生态足迹总体呈下降趋势，降幅为 43.7％。在水资源二级账户中，生产用水、生活用水和生态用水生态足迹分别占水资源生态足迹的比例分别为 78.05％、1.40％和 20.55％，生产用水生态足迹占比最高但减幅最大（58.2％）；生态用水生态足迹则呈上升态势，增幅为 43.6％。在水资源三级账户中，第一产业生态足迹占水资源生态足迹总量的比重最大，占比 72.5％，但用水效率最低。因此，农业用水是民勤绿洲最主要的用水形式。此外，民勤绿洲第一产业生态足迹与城市化率呈极显著负相关，相关系数为 0.8，而闻熠等对长江三角洲城市群生态足迹研究结果则发现此两者间呈显著正相关，主要原因是两者研究区域存在较大差异，后者研究重点在于城市群的大小与规模，该值往往随城市化率的增大而上升，故第一产业生态足迹与城市化率呈显著正相关关系；而民勤绿洲第一产业生态足迹研究的重点是农业水资源生态足迹，随着城市化发展农村人口的流动导致农业用水总量减少，故第一产业生态足迹与城市化率间呈负相关关系。因此，进一步推进城市化率能有效改善民勤绿洲水资源生态赤字状态。而第三产业生态足迹占水资源生态足迹的比重最小但用水效率最高，因此大力发展第三产业可进一步缓解水资源短缺状况。

民勤绿洲历年水资源生态承载力波动较大，水资源生态承载力与降雨量呈极显著正相关，相关系数为 0.61。熊娜娜等对成都市水资源承载力研究结果与本研究结果相似。郭利丹等水资源生态足迹研究发现，江苏省水资源承载力变化规律与降雨量基本一致，也与本研究结论基本一致。

民勤绿洲 2007—2018 年水资源处于生态赤字的不可持续状态，水资源生态承载力小于生态足迹，水资源需求大于供给，处于不安全状态。但自 2007 年以来，水资源生态足迹总量不断减少，而水资源生态承载力呈缓慢上升状态，供需差距逐渐减小，万元 GDP 水资源生态足迹呈下降趋势，说明水资源利用率在不断提升，生态压力指数不断减小，表明民勤绿洲水资源虽处于不可持续状态，但其可持续利用水平正在不断提升。何生湖研究结果也发现，石羊河流域处于不可持续开发利用状态。本研究未考虑不同区域间水资源的差异性，但历年水资源生态足迹和生态承载力及生态赤字分析结果在一定程度上反映了民勤绿洲水资源整体情况和可持续利用状况。

6.9 主要结论

本研究引入 FAO 推荐的植被生态需水量计算方法对生态足迹模型相关参数进行改进，并根据改进的生态足迹模型对民勤绿洲水资源可持续利用进行评价。利用降雨资料选取不同水文年型（枯水年、平水年和丰水年），运用 Penman - Monteith 公式计算不同水文年型逐日、逐月 ET_0，选择民勤绿洲天然植被类型中最具代表性的三类植被并划分其生长阶段；根据 FAO - 56 推荐的单作物系数法计算不同植被在不同水文年型的植被系数 K_c，基于遥感影像提取各类植被不同水文年型植被面积，以此为基础采用 FAO 推荐的公式对民勤绿洲生态需水量进行计算，并改进生态足迹模型的经验系数，最后评价民勤绿洲水资源可持续利用状况。主要研究结论如下：

（1）采用 FAO - 56 推荐的 Penman - Monteith 公式计算民勤绿洲 4—10 月参考作物腾发量 ET_0，并从时间尺度分析 ET_0 变化规律。结果发现，不同水文年型天然植被生长期 4—10 月 ET_0 各月间变化较大且具有一致性，以 5 月最大，10 月最小，两者相差 80mm 以上。不同水文年型各月 ET_0 大小顺序为丰水年＞枯水年＞平水年，各水文年型月平均 ET_0 分别为 167.92mm、162.11mm 和 161.58mm。研究年际变化时发现，民勤绿洲参考作物腾发量呈显著增长趋势，2007—2018 年增幅为 7%。

（2）民勤绿洲参考作物腾发量大体呈线性增长趋势，2007—2018 年增幅为 7%。植被同一生长期内 ET_0 在不同水文年型大小变化顺序为丰水年＞枯水年＞平水年。民勤绿洲草地植被系数 K_c 在整个生育期内变化范围最小（0.14），而林地变化范围最大（0.47）。植被生育期和生长末期林地增长速率均最大，月增长速率分别为 0.235 和 0.23，草地和荒漠植被增长速率接近且很小，月增长速率为 0.02。植被生长初期植被系数大小顺序为草地＞荒漠植被＞林地，植被生长中期和末期则均表现为林地＞草地＞荒漠。

（3）从土地利用类型来看，覆盖面积大小顺序为草地＞耕地＞荒漠植被＞建筑用地＞林地＞水体，草地分布范围最广，占已统计总面积 47%；水体分布范围最小，占已统计总面积 0.92%。在天然植被中草地覆盖面积依然最大，荒漠次之，占统计总面积 9.6%；林地分布范围最小，占统计总面积 4.6%。2008—2016 年同一土地利用类型的覆盖面积变化趋势各不相同：水体、荒漠植被、林地和草地四类面积呈增大趋势，但耕地和建筑用地面积呈减小趋势。水体面积在四类土地利用类型中增幅最大，2008—2016 年增加 2.25 倍；荒漠植被和林地面积增幅适中，分别为 41% 和 38%；草地增幅较小，仅为 20%；耕地面积与天然植被和水体面积变化趋势相反，减幅为 32.95%。从空间尺度来看，耕地覆盖面积为林地的 5 倍，表明民勤绿洲生态环境改善仍有较大的提升空间。

（4）从生育期来看，不同类型植被蒸散量主要集中在 6—9 月和生长中期，林地、荒漠植被和草地蒸散量占总生育期蒸散量的比例分别为 87%、43% 和 63%，而生育期和生长末期植被蒸散量占比则小于 32%。从植被类型来看，民勤绿洲植被蒸散量大小顺序为林地＞荒漠植被＞草地，其中林地蒸散量在不同水文年型大于草地 66.1%。从水文年型来看，不同植被类型生长中期平水年蒸散量最小，均值为 76.76mm；生长末期蒸散量在不同水文年型表现为枯水年＞丰水年＞平水年，其中枯水年植被蒸散量均值为 5.63mm，平水年为 5.39mm。所有水文年型不同植被需水定额大小顺序为草地＞荒漠植被＞林地，其中草地需水定额最大，为林地的 4.8 倍，林地最小。从生态需水量来看，民勤绿洲植被生态需水量丰水年最大，为 1.63 亿 m^3；枯水年次之，为 1.40 亿 m^3；平水年植被生态需水量最小，仅为 1.28 亿 m^3。

（5）对民勤绿洲天然植被生态需水量验证生态足迹模型中经验系数 0.4 进行改进，取其值 α 为 0.45，即水资源可利用水量占水资源总量的 45%。结果发现，民勤绿洲 2007—2018 年水资源生态足迹总体呈下降趋势，降幅为 43.7%。在水资源二级账户中，生产用水、生活用水和生态用水生态足迹分别占水资源生态足迹的比例分别为 78.05%、1.40% 和 20.55%，生产用水生态足迹占比最高但减幅最大（58.2%）；生态用水生态足迹则呈上升态势，增幅为 43.6%。在水资源三级账户中，第一产业生态足迹占水资源生态足迹总量的比重最大，占比 72.5%，但用水效率最低。因此，农业用水是民勤绿洲最主要的用水形式。此外，民勤绿洲第一产业生态足迹与城市化率呈极显著负相关，相关系数为 0.8。因此，进一步推进城市化能有效改善民勤绿洲水资源生态赤字状态。民勤绿洲历年水资源生态承载力波动较大，水资源生态承载力与降雨量呈极显著正相关，相关系数为 0.61。

（6）民勤绿洲 2007—2018 年水资源处于生态赤字的不可持续状态，水资源生态承载力小于生态足迹，水资源需求大于供给，处于不安全状态。但自 2007 年以来，水资源生态足迹总量不断减少，而水资源生态承载力呈缓慢上升状态，供需差距逐渐减小，万元GDP 水资源生态足迹呈下降趋势，说明水资源利用率在不断提升，生态压力指数不断减小，表明民勤绿洲水资源虽处于不可持续状态，但其可持续利用水平正在不断提升。

参 考 文 献

［1］ 中华人民共和国国家统计局. 中国统计年鉴 2020［M］. 北京：中国统计出版社，2020.

［2］ Alshalalfeh Z，Napier F，Scandret E. Water nakba in palestine：sustainable development goal 6 versus Israeli hydro - hegemony［J］. Local Environment，2018，23（1）：117 - 124.

［3］ Haider H，Singh P，Ali W，et al. Sustainability evaluation of surface water quality management options in developing countries：multicriteria analysis using fuzzy UTASTAR method［J］. Water Resources Management，2015，29（8）：2987 - 3013.

［4］ 张振龙，孙慧，苏洋，等. 中国西北干旱地区水资源利用效率及其影响因素［J］. 生态与农村环境学报，2017，33（11）：961 - 967.

［5］ 马尚有，白生才，张龙儒. 民勤绿洲荒漠化成因分析及防治对策［J］. 农业开发与装备，2020，（5）：84，86.

［6］ 张兆鹏，李增元，田昕，等. 1987—2016 年红崖山水库面积时空变化分析［J］. 甘肃农业大学学报，2018，53（5）：127 - 135.

［7］ 潘燕辉，李丁，马金珠，等. 民勤绿洲边缘区人口资源与生态环境协调发展实证［J］. 兰州大学学报（自然科学版），2012，48（6）：49 - 53，62.

［8］ 齐恒. 可持续发展概论［M］. 南京：南京大学出版社，2011.

[31] 于保静. 石羊河流域水资源可持续开发利用探讨 [J]. 甘肃水利水电技术, 2000, 36 (2): 84-85.

[32] 张志新. 试论新疆水资源可持续利用的对策 [J]. 灌溉排水, 2000, 10 (1): 42-49.

[33] 薛小杰, 于长生, 黄强, 等. 水资源可持续利用模型及其应用研究 [J]. 西安理工大学学报, 2000, 16 (3): 301-305.

[34] 蒋业放, 梁季阳. 水资源可持续利用规划耦合模型与应用 [J]. 地理研究, 2000, 19 (1): 37-44.

[35] 王先甲. 水资源持续利用的多目标分析方法 [J]. 系统工程理论与实践, 2001 (3): 128-135.

[36] 葛吉琦. 水资源可持续利用评价 [J]. 科技与经济, 1998 (S1): 27-30.

[37] 卞建民, 杨建强. 水资源可持续利用评价的指标体系研究 [J]. 水土保持通报, 2000, 20 (4): 43-45.

[38] 杨建强, 罗先香. 水资源可持续利用的系统动力学仿真研究 [J]. 城市环境与城市生态, 1999 (4): 3-5.

[39] 郭怀成, 戴永立, 王丹, 等. 城市水资源政策实施效果的定量化评估 [J]. 地理研究, 2004, 23 (6): 745-752.

[40] 汪峡. 水资源可持续利用的目标函数及其指标内涵 [J]. 山东水利, 2000 (11): 9-11.

[41] 徐良芳, 冯国章, 刘俊民. 区域水资源可持续利用及其评价指标体系研究 [J]. 西北农林科技大学学报 (自然科学版), 2002, 30 (2): 119-122.

[42] 金菊良, 张礼兵, 魏一鸣. 水资源可持续利用评价的改进层次分析法 [J]. 水科学进展, 2004, 15 (2): 227-232.

[43] 李如忠, 金菊良, 钱家忠, 等. 基于指标体系的区域水资源合理配置初探 [J]. 系统工程理论与实践, 2005 (3): 125-132.

[44] 潘峰, 梁川, 王志良, 等. 模糊物元模型在区域水资源可持续利用综合评价中的应用 [J]. 水科学进展, 2003, 14 (3): 271-275.

[45] 张清华. 缺水地区水资源可持续利用评价与对策探究 [J]. 中国水运 (下半月), 2020, 20 (5): 163-164, 236.

[46] 邹君. 湖南省水资源可持续利用综合评价研究 [J]. 节水灌溉, 2007 (2): 18-21.

[47] 李湘姣, 王先甲. 珠江三角洲水资源可持续利用综合评价分析 [J]. 水文, 2005, 25 (6): 12-17.

[48] 杨广, 何新林, 李俊峰, 等. 玛纳斯河流域水资源可持续利用评价方法 [J]. 生态学报, 2011, 31 (9): 2407-2413.

[49] 王琳, 张超. 基于"驱动力-压力-状态-影响-响应"模型的潍坊区域水资源可持续利用评价 [J]. 中国海洋大学学报 (自然科学版), 2013, 43 (12): 75-80.

[50] 高波, 王莉芳, 庄宇. DPSIR 模型在西北水资源可持续利用评价中的应用 [J]. 四川环境, 2007, 26 (1): 33-35, 62.

[51] 郭利丹, 井沛然. 基于生态足迹法的江苏省水资源可持续利用评价 [J]. 水利经济, 2020, 38 (3): 19-25, 83-84.

[52] 周学磊. 新疆玛纳斯河流域水资源可持续利用水平评价 [J]. 黑龙江水利科技, 2020, 48 (3): 163-167.

[53] 易丽萍, 李俊峰, 范文波. 基于层次分析法的阿克苏地区水资源可持续开发利用评价 [J]. 水资源与水工程学报, 2007 (1): 44-48, 52.

[54] 杨世杰, 陈义华. 基于 AHP 的水资源可持续利用潜力评价——以山东半岛蓝色经济区为例 [J]. 中国农村水利水电, 2014 (4): 83-86, 89.

[55] 崔莹. 重庆市水资源可持续利用能力模糊综合评价 [D]. 重庆: 西南大学, 2017.

234

［56］ 布瑶. 基于模糊综合评价和主成分分析的水资源承载力评价研究［D］. 西安：西安科技大学，2019.

［57］ 何小龙. 云南省水资源可持续开发利用模糊综合评价［D］. 成都：四川大学，2006.

［58］ 刘婧尧. 天津市水资源可持续利用的系统动力学研究［D］. 北京：北京林业大学，2014.

［59］ 张雄. 基于系统动力学的天津市水土资源可持续利用研究［D］. 北京：北京林业大学，2016.

［60］ 刘童，杨晓华，薛淇芮，等. 系统动力学模型在吉林省水资源承载力的仿真应用［J］. 中国农村水利水电，2020（1）：106－110.

［61］ 田巍，门宝辉，屈承珺，等. 区域水资源可持续利用指标体系及评价方法的研究进展［J］. 水资源研究，2016，5（3）：246－254.

［62］ 姜宇. 基于人工神经网络的水资源承载力研究［D］. 哈尔滨：黑龙江大学，2019.

［63］ 刘增进，张敏，王振雨，等. 基于神经网络的郑州市水资源可持续利用综合评价［J］. 中国农村水利水电，2008（12）：55－58，62.

［64］ William E R. Ecological footprints and appropriated carrying capacity：what urban economics leaves out［J］. Environment and Urbanization，1992，4（2）：121－130.

［65］ Mathis Wackernagel，William E Ress. Our Ecological Footprint：Reducing Human Impact on the Earth［M］. Gabriola Island：New Society Publishers，1996.

［66］ 周悦，谢屹. 基于生态足迹模型的辽宁省水资源可持续利用分析［J］. 生态学杂志，2014，33（11）：3157－3163.

［67］ 王先庆，李博，李进，等. 基于生态足迹模型的水资源可持续利用分析［J］. 人民长江，2019，50（5）：107－112.

［68］ 黄强，孟二浩. 西北旱区水文水资源科技进展与发展趋势［J］. 水利与建筑工程学报，2019，17（3）：1－9.

［69］ 黄林楠，张伟新，姜翠玲，等. 水资源生态足迹计算方法［J］. 生态学报，2008，28（3）：1280－1286.

［70］ 郭利丹，井沛然. 基于生态足迹法的江苏省水资源可持续利用评价［J］. 水利经济，2020，38（3）：19－25，83－84.

［71］ 王畅. 湖北省水资源生态足迹研究［D］. 武汉：华中师范大学，2013.

［72］ 李允洁，吕惠进，卜鹏. 基于生态足迹法的浙江省水资源可持续利用分析［J］. 长江科学院院报，2016，33（12）：22－26，32.

［73］ 张倩，谢世友. 基于水生态足迹模型的重庆市水资源可持续利用分析与评价［J］. 灌溉排水学报，2019，38（2）：93－100.

［74］ 熊娜娜，谢世友. 成都市水资源生态足迹及承载力时空演变研究［J］. 西南大学学报（自然科学版），2019，41（6）：118－126.

［75］ 民勤县统计局，国家统计局. 民勤县国民经济和社会发展统计资料汇编［M］. 国家统计局民勤调查队，2005－2015.

［76］ 肖笃宁，李小玉，宋冬梅，等. 民勤绿洲地下水开采时空动态模拟［J］. 中国科学. D辑：地球科学，2006，（6）：567－578.

［77］ 王雅云. 民勤绿洲地下水埋深动态变化及其影响因子研究［D］. 兰州：甘肃农业大学，2018.

［78］ 蒋菊芳，魏育国，韩涛，等. 近30年石羊河流域生态环境变化及驱动力分析［J］. 中国农学通报，2018，34（21）：121－126.

［79］ 李爱霞. 民勤县生态环境治理对策的总结与回顾［J］. 甘肃水利水电技术，2015，51（7）：14－17.

［80］ 张岳. 中国水资源与可持续发展［M］. 南宁：广西科学技术出版社，2000.

［81］ 焦雯珺，闵庆文，李文华，等. 基于ESEF的水生态承载力评估——以太湖流域湖州市为例［J］. 长江流域资源与环境，2016，25（1）：147－155.

［82］ 刘娇. 基于 3S 技术的黑河流域植被生态需水量研究 ［D］. 咸阳：西北农林科技大学，2014.

［83］ 陈乐，张勃，任培贵. 石羊河流域天然植被适宜生态需水量估算 ［J］. 水土保持通报，2014，34 （1）：327-333.

［84］ 张爱民，郝天鹏，周和平，等. 新疆白杨河流域特征及生态植被需水分析 ［J］. 生态学报，2021，41 （5）：1921-1930.

［85］ 白泽龙，姜亮亮. 基于 RS 和 GIS 的乌伦古河流域天然植被生态需水研究 ［J］. 新疆环境保护，2020，42 （2）：1-7.

［86］ 王正兴，刘闯，HUETE Alfredo. 植被指数研究进展：从 AVHRR-NDVI 到 MODIS-EVI ［J］. 生态学报，2003，23 （5）：979-987.

［87］ 郭铌. 植被指数及其研究进展 ［J］. 干旱气象，2003，21 （4）：71-75.

［88］ 王正兴，刘闯，陈文波，等. MODIS 增强型植被指数 EVI 与 NDVI 初步比较 ［J］. 武汉大学学报（信息科学版），2006，31 （5）：407-410，427.

［89］ 范晓秋. 水资源生态足迹研究与应用 ［D］. 南京：河海大学，2005.

［90］ 谭秀娟，郑钦玉. 我国水资源生态足迹分析与预测 ［J］. 生态学报，2009，29 （7）：3559-3568.

［91］ 赵先贵，马彩虹，高利峰，等. 基于生态压力指数的不同尺度区域生态安全评价 ［J］. 中国生态农业学报，2007，15 （6）：135-138.

［92］ 中国科学院中国植被图编辑委员会. 中国植被图集 ［M］. 北京：科学出版社，2001.

［93］ 吴艳. 基于 Landsat 5/8 时序数据汶川县域植被覆盖变化监测 ［J］. 测绘与空间地理信息，2021，44 （2）：52-54.

［94］ 佟玲，康绍忠，杨秀英，等. 石羊河流域参考作物蒸发蒸腾量空间分布规律的研究 ［J］. 沈阳农业大学学报，2004 （Z1）：432-435.

［95］ 李晴，杨鹏年，彭亮，等. 基于 MOD16 数据的焉耆盆地蒸散量变化研究 ［J］. 干旱区研究，2021，38 （2）：351-358.

［96］ 张春玲，张勃，周丹，等. 石羊河流域近 53a 参考作物蒸散量的敏感性分析 ［J］. 水土保持通报，2014，34 （1）：303-306，310.

［97］ 周晓东. 基于 GIS 的云南小江流域植被生态需水量时空分布规律 ［D］. 北京：中国地质科学院，2017.

［98］ 杨凯. 城市土地利用/覆盖分类及其空间格局分析 ［D］. 长沙：中南大学，2008.

［99］ E. Weiss, S. E. Marsh, E. S. Pfirman. Application of NOAA-AVHRR NDVI time-series data to assess changes in Saudi Arabia's rangelands ［J］. International Journal of Remote Sensing, 2001, 22 （6）：1005-1027.

［100］ 刘勇洪，牛铮，王长耀. 基于 MODIS 数据的决策树分类方法研究与应用 ［J］. 遥感学报，2005，9 （4）：405-412.

［101］ 吴洋. 基于 Landsat8 数据的西宁市土地利用分类方法比较研究 ［D］. 咸阳：西北农林科技大学，2015.

［102］ 钟嫣然，李晓龙. 多特征融合的遥感影像建成区提取研究 ［J］. 地理空间信息，2021，19 （1）：8-12，4.

［103］ 王振昌. 民勤荒漠绿洲区棉花根系分区交替灌溉的节水机理与模式研究 ［D］. 咸阳：西北农林科技大学，2008.

［104］ 卢辉雄，聂振龙，刘敏，等. 基于 RS 和 GIS 的石羊河流域近 50 年土地覆被类型变化研究 ［J］. 地质与资源，2020，29 （2）：165-171，179.

［105］ 李渊，张芮，石岩，等 干旱绿洲区水资源规划配置与生态环境修复——以石羊河流域民勤绿洲为例 ［J］. 水利规划与设计，2019 （1）：6-8.

［106］ 张圆. 呼图壁流域遥感蒸散发及生态需水研究 ［D］. 乌鲁木齐：新疆大学，2015.

［107］魏天锋. 基于 SEBAL 模型的博尔塔拉河流域典型植被生态需水估算［D］. 乌鲁木齐：新疆大学，2015.

［108］陈乐，张勃，任培贵. 石羊河流域天然植被适宜生态需水量估算［J］. 水土保持通报，2014，34（1）：327－333.

［109］张瑞君，段争虎，谭明亮，等. 石羊河流域天然植被生态需水量估算及预测［J］. 中国沙漠，2012，32（2）：545－550.

［110］张凯，韩永翔，司建华，等. 民勤绿洲生态需水与生态恢复对策［J］. 生态学杂志，2006，25（7）：813－817.

［111］闻熠，高峻，姚扬，等. 基于改进参数的长三角城市群生态足迹时空动态及驱动因子分析［J］. 环境工程技术学报，2020，10（1）：133－141.

［112］何生湖. 石羊河流域水资源可持续利用评价［J］. 甘肃农业科技，2009（5）：11－15.